第7章　蒙版与合成
课后练习：使用多种蒙版制作箱包创意广告

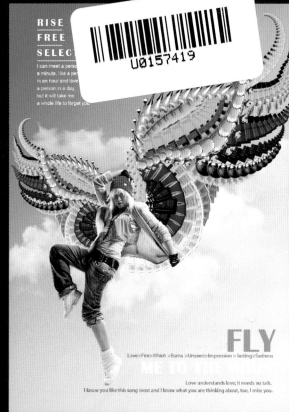

第2章　Photoshop基本操作
课后练习：使用复制并自由变换制作创意翅膀

第4章　绘画与图像修饰
延伸学习：为画面增添朦胧感

第6章　实用抠图技法
课后练习：唯美人像合成

第6章 实用抠图技法
延伸学习：使用钢笔工具为人像抠图

第4章 绘画与图像修饰
课后练习：使用形状动态与散布制作绚丽光斑

第10章 文字
课后练习：创建文字路径制作烟花字

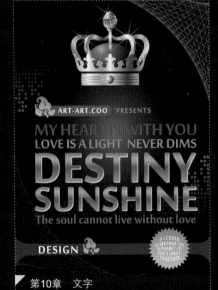

第10章 文字
综合实例：制作设计感文字招贴

第6章　实用抠图技法
课后练习：去除人像背景

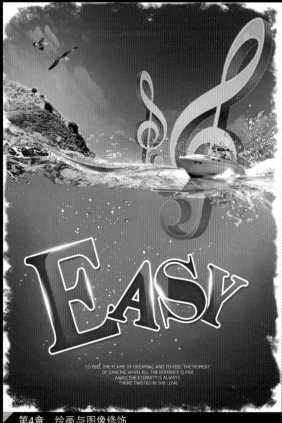

第4章　绘画与图像修饰
综合实例：使用绘制工具制作清凉海报

第10章　文字
课后练习：制作圣诞贺卡

第5章　调色
练习实例：使用阈值制作涂鸦墙

第6章 实用抠图技法
课后练习：制作中国风招贴

第6章 实用抠图技法
课后练习：制作数码产品广告

第11章 滤镜
课后练习：制作风景画

第11章 滤镜
课后练习：使用添加杂色滤镜制作雪景

第9章 矢量绘图
综合实例：使用矢量工具制作网页广告

人人都爱PS——
中文版Photoshop 2022技术教程
（实例版 第2版）

218集同步视频+60个实例案例+海量拓展学习资源+在线学习交流

赠：80个核心技法练习案例和107集视频+6章PS拓展功能电子书和37集视频+15部拓展学习电子书与速查手册+ Camera Raw照片处理电子书和15集讲解视频+PS资源库与实用设计素材库+PPT教学课件

唯美世界　编著

中国水利水电出版社
www.waterpub.com.cn
·北京·

内 容 提 要

《人人都爱PS——中文版Photoshop 2022技术教程（实例版 第2版）》是一本系统讲解Photoshop软件应用的完全自学教程、视频教程。本书主要讲述了Photoshop入门必备知识和PS抠图、修图、调色、合成、特效等核心技术，以及PS在平面设计、电商美工、数码照片处理、网页设计、UI设计、手绘插画、服装设计、室内设计、建筑设计、园林景观设计、创意设计等方面的应用技术。

全书分为2个部分，第1部分讲解了Photoshop入门和基本操作；第2部分讲解了Photoshop的核心功能操作，包括选区与填色、数字绘画与图像修饰、调色、实用抠图技法、蒙版与合成、图层混合与图层样式、矢量绘图、文字和滤镜等。

本书配备的各类学习资源包括：①218集同步教学视频、全书实例的素材和源文件；②视频陪练：80个PS核心技法练习案例、配套素材源文件和107集视频讲解；③6章PS拓展功能电子书、素材源文件和37集讲解视频；④Camera Raw照片处理电子书、素材源文件和15集讲解视频；⑤15部拓展学习电子书及速查手册：《配色宝典》《构图宝典》《创意宝典》《商业设计宝典》《色彩速查宝典》《行业色彩应用宝典》《Illustrator基础》《CorelDRAW基础》《Photoshop常用快捷键速查》《Photoshop工具速查》《Photoshop滤镜速查手册》《常用颜色色谱表》《解读色彩情感密码》《7款PS实用插件基本介绍》《43个高手设计师常用网站》；⑥PPT教学课件；⑦PS资源库、实用设计素材库。

本书全彩印刷，图文对照讲解，语言通俗易懂，特别适合Photoshop零基础读者、在校学生、培训班学员、自学人员和广大PS爱好者学习。本书以目前最新版的Photoshop 2022版本编写，Photoshop其他版本的读者也可参考学习。

图书在版编目（CIP）数据

人人都爱PS：中文版Photoshop 2022技术教程：实例版 / 唯美世界编著 . —2版 . —北京：中国水利水电出版社，2022.10
 ISBN 978-7-5226-0712-2

Ⅰ . ①人… Ⅱ . ①唯… Ⅲ . ①图像处理软件 – 教材 Ⅳ . ①TP391.413

中国版本图书馆CIP数据核字（2022）第084784号

书　　名	人人都爱PS——中文版Photoshop 2022技术教程（实例版 第2版） RENREN DOU AI PS—ZHONGWENBAN Photoshop 2022 JISHU JIAOCHENG	
作　　者	唯美世界　编著	
出版发行	中国水利水电出版社 （北京市海淀区玉渊潭南路1号D座 100038） 网址：www.waterpub.com.cn E-mail：zhiboshangshu@163.com 电话：（010）62572966-2205/2266/2201（营销中心）	
经　　售	北京科水图书销售有限公司 电话：（010）68545874、63202643 全国各地新华书店和相关出版物销售网点	
排　　版	北京智博尚书文化传媒有限公司	
印　　刷	河北文福旺印刷有限公司	
规　　格	185mm×235mm　16开本　16.75印张　507千字　2插页	
版　　次	2018年10月第1版第1次印刷 2022年10月第2版　2022年10月第1次印刷	
印　　数	0001—6000册	
定　　价	69.80元	

前言
Preface

Photoshop（简称PS）软件是Adobe公司研发的世界著名的、使用广泛的图像处理软件。Photoshop在日常设计中的应用非常广泛，平面设计、电商美工、数码照片处理、网页设计、UI设计、手绘插画、服装设计、室内设计、建筑设计、园林景观设计、创意设计等都要用到它，它几乎成了各种设计的必备软件。

本书显著特色

1. 配套视频讲解，手把手教您学习
本书配备了大量的同步教学视频，涵盖全书几乎所有实例，如同老师在身边手把手教您，可以让学习更轻松、更高效。

2. 二维码扫一扫，随时随地看视频
本书在章首页、重点、难点、知识点等多处设置了二维码，通过手机扫一扫，可以随时随地在手机上看视频（若个别手机不能播放，可下载后在电脑上观看）。

3. 内容极为全面，注重学习规律
本书涵盖了Photoshop几乎所有工具、命令的常用的相关功能，是市场上有关Photoshop内容的最全面的图书之一。同时采用"知识点+理论实践+实例练习+课后练习+综合实例+延伸学习+技巧提示"的模式编写，符合轻松易学的学习规律。

4. 实例极为丰富，强化动手能力
"练一练"便于读者动手操作，在模仿中学习。"延伸学习"可以巩固知识，在练习某个功能时触类旁通。"练习实例"用来加深印象，熟悉实战流程。"课后练习"在掌握了基本操作后，尝试独立制图，激发自主探索的能力。大型商业案例则是为将来的设计工作奠定基础。

5. 案例效果精美，注重审美熏陶
PS只是工具，设计好的作品一定要有美的意识。本书案例效果精美，目的是加强读者对美感的熏陶和培养。

6. 配套资源完善，便于深度广度拓展
除了提供几乎覆盖全书的配套视频和素材源文件外，本书还根据设计师必学的内容赠送了大量教学与练习资源。

① 本书配套资源：218集同步视频、全书实例的素材和源文件；

② 视频陪练：80个PS核心技法练习案例、配套素材源文件和107集视频讲解；

③ 6章PS拓展功能电子书、素材源文件和37集讲解视频；

④ Camera Raw照片处理电子书、素材源文件和15集讲解视频；

⑤ 15部拓展学习电子书及速查手册：《配色宝典》《构图宝典》《创意宝典》《商业设计宝典》《色彩速查宝典》《行业色彩应用宝典》《Illustrator基础》《CorelDRAW基础》《Photoshop常用快捷键速查》《Photoshop工具速查》《Photoshop滤镜速查手册》《常用颜色色谱表》《解读色彩情感密码》《7款PS实用插件基本介绍》《43个高手设计师常用网站》；

⑥ PS资源库、实用设计素材库；

⑦ PPT教学课件、教学大纲和课程教案。

7. 专业作者心血之作，经验技巧尽在其中

作者系艺术学院讲师、Adobe® 创意大学专家委员会委员、Corel中国专家委员会成员。设计、教学经验丰富，大量的经验技巧融在书中，可以提高学习效率，少走弯路。

8. 提供在线服务，随时随地可交流

提供微信公众号、QQ群等多渠道互动、答疑、下载等服务。

本书服务

1. Photoshop软件获取方式

本书提供的下载文件包括教学视频和素材等，教学视频可以演示观看。要按照书中实例操作，必须安装Photoshop 2022软件之后，才可以进行操作。可以通过如下方式获取Photoshop 简体中文版：

（1）登录Adobe官方网站查询。

（2）可到网上咨询、搜索购买方式。

2. 关于本书资源下载

（1）读者使用手机微信扫描并关注下方的微信公众号（设计指北），输入PS07122至公众号后台，获取本书的资源下载链接。将该链接复制到计算机浏览器的地址栏中，根据提示进行下载。本书资源存储在百度网盘，请读者事先在电脑中安装百度网盘和解压缩软件，以保证正常下载和使用。

（2）读者可加入本书的读者交流圈，与其他读者在线学习交流，或查看本书的相关资讯。

设计指北

读者交流圈

说明：为了方便读者学习，本书提供了大量的素材资源供读者下载，这些资源仅限于读者学习使用，不可用于其他任何商业用途，否则，由此带来的一切后果由读者承担。

关于作者

本书由唯美世界组织编写，瞿颖健、曹茂鹏负责主要编写任务，参与本书编写和资料整理的还有瞿玉珍、董辅川、王萍、杨力、瞿学严、杨宗香、曹元钢、张玉华、李芳、孙晓军、张吉太、唐玉明、朱于凤等。部分插图素材购买于摄图网，在此一并表示感谢。

编 者
2022年8月

目录

Contents

218集 大型高清视频讲解

第1章　Photoshop入门 ·················· 1

📹 视频讲解：26分钟　13集

1.1　认识Photoshop ·················· 2
　1.1.1　Photoshop概述 ················· 2
　1.1.2　Photoshop的应用 ················ 3
　1.1.3　Photoshop的学习方法 ·············· 5
1.2　安装与启动Photoshop ··············· 8
　1.2.1　安装Photoshop ················ 8
🔰重点 1.2.2　认识Photoshop的工作界面 ············ 9
　1.2.3　退出Photoshop ················ 12
　1.2.4　选择合适的工作区域 ·············· 13
1.3　文件的基本操作 ················· 13
🔰重点 1.3.1　新建文件 ················· 14
🔰重点 1.3.2　打开图像文件 ··············· 15
　1.3.3　打开多个图像文件 ··············· 16
　1.3.4　使用"打开为"命令打开扩展名不匹配的文件 ··· 16
🔰重点 1.3.5　向文件中置入对象 ·············· 17
🔰重点 1.3.6　存储文件 ·················· 17
🔰重点 1.3.7　存储格式的选择 ·············· 18
　1.3.8　关闭文件 ·················· 19
　练习实例：使用"置入嵌入对象"命令制作拼贴画 ··· 19
1.4　便捷的图像查看工具 ·············· 20
🔰重点 1.4.1　缩放工具 ················· 20
🔰重点 1.4.2　抓手工具 ················· 21
1.5　错误操作的处理 ················ 21
🔰重点 1.5.1　操作的还原与重做 ············· 21
🔰重点 1.5.2　使用"历史记录"面板还原操作 ········ 22
1.6　打印设置 ··················· 22
🔰重点 1.6.1　设置打印选项 ··············· 22
　1.6.2　使用"打印一份"命令 ············· 23
　综合实例：使用新建、置入、存储命令制作饮品广告 ··· 23

第2章　Photoshop基本操作 ············· 26

📹 视频讲解：55分钟　26集

2.1　调整图像的尺寸及方向 ············· 27
🔰重点 2.1.1　调整图像尺寸 ··············· 27
🔰重点 2.1.2　设置画布大小 ··············· 28
🔰重点 2.1.3　练一练：使用"裁剪工具" ········· 29
　2.1.4　练一练：使用"透视裁剪工具" ········ 30
🔰重点 2.1.5　旋转画布 ················· 31
2.2　图层基本操作 ················· 31
　2.2.1　了解"图层"的特性 ············· 31
🔰重点 2.2.2　"图层"面板 ··············· 32
🔰重点 2.2.3　选择图层 ················· 33
🔰重点 2.2.4　新建图层 ················· 33
🔰重点 2.2.5　删除图层 ················· 34
🔰重点 2.2.6　复制图层 ················· 34
🔰重点 2.2.7　调整图层顺序 ··············· 34
🔰重点 2.2.8　移动图层 ················· 35
🔰重点 2.2.9　练一练：对齐图层 ············· 36
🔰重点 2.2.10　练一练：分布图层 ············ 36
　延伸学习：对齐、分布制作整齐版面 ········· 36
　2.2.11　锁定图层 ················· 37
　2.2.12　练一练：使用"图层组"管理图层 ······ 37
🔰重点 2.2.13　合并图层 ················ 38
🔰重点 2.2.14　栅格化图层 ··············· 39
2.3　剪切/复制/粘贴 ················ 39
🔰重点 2.3.1　复制与粘贴 ··············· 39
🔰重点 2.3.2　剪切与粘贴 ··············· 39
　2.3.3　合并复制 ·················· 40
🔰重点 2.3.4　清除图像 ················· 40
2.4　图像变换与变形 ················ 40
🔰重点 2.4.1　自由变换 ················· 40
　练习实例：使用"变换"命令制作立体书籍 ······ 43
　课后练习：复制并自由变换制作创意翅膀 ······· 44
　2.4.2　内容识别缩放 ················ 44
2.5　常用辅助工具 ················· 45
🔰重点 2.5.1　标尺 ·················· 45
🔰重点 2.5.2　参考线 ················· 46
　2.5.3　智能参考线 ················· 46
　2.5.4　网格 ··················· 46
　2.5.5　对齐 ··················· 47
　课后练习：复制并重复变换制作暗调合成 ········ 47

第3章 选区与填色 ························· 48

📹 视频讲解：48分钟 22集

3.1 基本选区创建工具 ··················· 49
重点 3.1.1 练一练：使用"矩形选框工具" ······· 49
重点 3.1.2 练一练：使用"椭圆选框工具" ······· 51
3.1.3 练一练：使用"单行选框工具"/"单列
选框工具" ························· 51
重点 3.1.4 使用"套索工具"绘制随意选区 ······· 51
重点 3.1.5 使用"多边形套索工具"创建尖角选区 ··· 52

3.2 选区的基本操作 ····················· 52
重点 3.2.1 取消选区 ······················· 52
3.2.2 重新选择 ······················· 52
重点 3.2.3 练一练：移动选区位置 ············· 52
重点 3.2.4 全选 ························· 53
重点 3.2.5 反选 ························· 53
3.2.6 隐藏和显示选区 ················· 53
3.2.7 存储选区 ······················· 53
3.2.8 载入选区 ······················· 53

3.3 颜色设置 ······················· 54
重点 3.3.1 前景色与背景色 ················· 54
重点 3.3.2 拾色器 ······················· 54
重点 3.3.3 使用"吸管工具"拾取画面中的颜色 ··· 55
延伸学习：从优秀作品中拾取颜色 ······· 56

3.4 填充与描边 ····················· 56
重点 3.4.1 使用前景色/背景色填充 ··········· 56
重点 3.4.2 练一练：使用"填充"命令 ········· 57
3.4.3 练一练：使用"油漆桶工具" ········· 58
课后练习：使用"油漆桶工具"为背景填充图案 ··· 59
重点 3.4.4 练一练：使用"渐变工具" ········· 59
练习实例：使用"渐变工具"制作果汁广告 ··· 62
重点 3.4.5 练一练：使用"描边"命令 ········· 63
课后练习：使用"填充"与"描边"命令制作
剪贴画人像 ··················· 64

3.5 选区的编辑 ····················· 65
重点 3.5.1 变换选区 ····················· 65
重点 3.5.2 选择并遮住 ··················· 65
练习实例：使用"选择并遮住"命令为长发模特
换背景 ····················· 68
重点 3.5.3 创建边界选区 ················· 69
重点 3.5.4 平滑选区 ····················· 69
重点 3.5.5 扩展选区 ····················· 69

课后练习：扩展选区制作不规则图形的底色 ··· 69
3.5.6 收缩选区 ······················· 70
3.5.7 羽化选区 ······················· 70
3.5.8 扩大选取 ······················· 70
3.5.9 选取相似 ······················· 71
综合实例：填充合适的前景色制作运动广告 ··· 71

第4章 数字绘画与图像修饰 ············· 73

📹 视频讲解：59分钟 25集

4.1 绘画工具 ······················· 74
重点 4.1.1 使用"画笔工具" ··············· 74
延伸学习：使用"画笔工具"为画面增添朦胧感 ··· 76
4.1.2 铅笔工具 ······················· 76
4.1.3 练一练：颜色替换工具 ············· 77
4.1.4 混合器画笔工具 ················· 78
重点 4.1.5 橡皮擦工具 ··················· 79

4.2 使用"画笔设置"面板设置画笔属性 ········· 79
重点 4.2.1 认识"画笔设置"面板 ··········· 80
重点 4.2.2 笔尖形状设置 ················· 81
重点 4.2.3 形状动态 ····················· 81
课后练习：使用形状动态与散布制作绚丽光斑 ··· 82
重点 4.2.4 散布 ························· 83
4.2.5 纹理 ························· 83
4.2.6 双重画笔 ······················· 84
重点 4.2.7 颜色动态 ····················· 84
重点 4.2.8 传递 ························· 85
4.2.9 画笔笔势 ······················· 86
4.2.10 其他选项 ······················· 86

4.3 瑕疵去除工具 ····················· 87
重点 4.3.1 练一练：使用"仿制图章工具" ····· 87
延伸学习：克隆出多个蝴蝶 ··········· 87
4.3.2 图案图章工具 ··················· 88
重点 4.3.3 污点修复画笔工具 ············· 88
重点 4.3.4 修复画笔工具 ················· 88
重点 4.3.5 修补工具 ····················· 89
4.3.6 练一练：内容感知移动工具 ········· 90
4.3.7 红眼工具 ······················· 90

4.4 "历史记录画笔"工具组 ··········· 91
4.4.1 历史记录画笔 ··················· 91
4.4.2 历史记录艺术画笔 ··············· 91

4.5 图像的简单修饰 ··················· 92

🎯重点 4.5.1　模糊工具 ……………………… 92
🎯重点 4.5.2　锐化工具 ……………………… 92
　　　4.5.3　涂抹工具 ……………………… 92
🎯重点 4.5.4　减淡工具 ……………………… 93
　　　延伸学习：制作纯白色背景 …………… 93
🎯重点 4.5.5　加深工具 ……………………… 94
　　　延伸学习：制作纯黑色背景 …………… 94
🎯重点 4.5.6　练一练：使用"海绵工具" … 94
4.6　综合实例：使用绘制工具制作清凉海报 …… 95

第5章　调色 …………………………… 98

📹 视频讲解：71分钟 33集

5.1　调色前的准备工作 ……………………… 99
　　　5.1.1　如何调色 ………………………… 99
🎯重点 5.1.2　练一练：使用"调整"命令调色 … 99
🎯重点 5.1.3　练一练：使用"新建调整图层"命令调色 … 100
5.2　自动调色命令 …………………………… 101
　　　5.2.1　自动对比度 …………………… 101
　　　5.2.2　自动色调 ……………………… 101
　　　5.2.3　自动颜色 ……………………… 101
5.3　调整图像的明暗 ………………………… 102
🎯重点 5.3.1　亮度/对比度 ………………… 102
🎯重点 5.3.2　练一练：色阶 ……………… 103
🎯重点 5.3.3　曲线 ………………………… 104
　　　练习实例：使用曲线打造朦胧暖调 … 106
🎯重点 5.3.4　曝光度 ……………………… 107
🎯重点 5.3.5　阴影/高光 …………………… 108
5.4　调整图像的色彩 ………………………… 110
　　　5.4.1　自然饱和度 …………………… 110
🎯重点 5.4.2　色相/饱和度 ………………… 111
　　　延伸学习：使用"色相/饱和度"命令制作七色花 … 112
🎯重点 5.4.3　色彩平衡 …………………… 113
　　　练习实例：使用"色彩平衡"命令制作唯美少女
　　　　　　外景照片 ……………………… 113
🎯重点 5.4.4　黑白 ………………………… 114
　　　5.4.5　练一练：照片滤镜 …………… 115
　　　5.4.6　通道混合器 …………………… 115
　　　5.4.7　颜色查找 ……………………… 116
　　　5.4.8　反相 …………………………… 117
　　　5.4.9　色调分离 ……………………… 117
　　　5.4.10　阈值 ………………………… 117

　　　练习实例：使用"阈值"命令制作涂鸦墙 ……… 117
🎯重点 5.4.11　渐变映射 …………………… 118
　　　课后练习：使用"渐变映射"命令打造复古
　　　　　　电影色调 ……………………… 119
🎯重点 5.4.12　可选颜色 …………………… 119
　　　练习实例：使用"可选颜色"命令制作小清新色调 … 119
　　　课后练习：夏季变秋季 ……………… 121
　　　5.4.13　练一练：使用"HDR色调"命令 … 121
　　　5.4.14　去色 ………………………… 122
　　　5.4.15　练一练：匹配颜色 …………… 122
🎯重点 5.4.16　练一练：替换颜色 ………… 123
　　　5.4.17　色调均化 …………………… 124
　　　综合实例：打造清新淡雅色调 ……… 125

第6章　实用抠图技法 …………………… 128

📹 视频讲解：72分钟 23集

6.1　抠图与选区 ……………………………… 129
6.2　利用颜色差异抠图 ……………………… 129
🎯重点 6.2.1　练一练：使用"快速选择工具"创建选区 … 130
　　　课后练习：为饮品照片更换背景 …… 130
　　　6.2.2　练一练：使用"魔棒工具"获取某种颜色
　　　　　　选区 …………………………… 130
　　　课后练习：制作数码产品广告 ……… 132
🎯重点 6.2.3　使用"磁性套索工具" ……… 132
　　　课后练习：制作唯美人像合成 ……… 132
🎯重点 6.2.4　使用"魔术橡皮擦工具"擦除相同颜色区域 … 133
　　　课后练习：去除人像背景 …………… 133
　　　6.2.5　使用"背景橡皮擦工具" …… 134
　　　延伸学习：使用"背景橡皮擦工具"去除图像背景 … 134
　　　课后练习：合成人像海报 …………… 135
　　　6.2.6　练一练：使用"色彩范围"命令获取特定
　　　　　　颜色选区 ……………………… 135
　　　课后练习：制作中国风招贴 ………… 137
6.3　钢笔抠图 ………………………………… 137
　　　6.3.1　钢笔、路径和锚点 …………… 137
🎯重点 6.3.2　练一练：使用"钢笔工具"绘制路径 … 138
　　　6.3.3　调整路径形态 ………………… 139
🎯重点 6.3.4　将路径转换为选区 ………… 140
　　　延伸学习：使用"钢笔工具"为人像抠图 … 140
　　　6.3.5　使用"自由钢笔工具" ……… 142
　　　6.3.6　使用"磁性钢笔工具" ……… 143
　　　练习实例：使用"磁性钢笔工具"为人像更换背景 … 143

6.4 通道抠图 ············· 144
▶重点 6.4.1 通道抠图原理 ········· 144
▶重点 6.4.2 通道与选区的关系 ······· 145
▶重点 6.4.3 练一练：使用通道进行抠图 ··· 145
▶重点 延伸学习：使用通道抠图抠出小动物 ··· 147
▶重点 延伸学习：使用通道抠图抠出透明酒杯 ··· 148
▶重点 延伸学习：使用通道抠图抠出云朵 ··· 149
　　　 课后练习：使用抠图工具制作食品广告 ··· 150

第7章　蒙版与合成 ············· 151

📹 视频讲解：28分钟　6集

7.1 认识"蒙版" ············· 152
7.2 剪贴蒙版 ············· 152
　　　 7.2.1 剪贴蒙版的原理 ········· 153
▶重点 7.2.2 练一练：创建剪贴蒙版 ····· 153
▶重点 7.2.3 释放剪贴蒙版 ········· 154
　　　 课后练习：制作用户信息页面 ····· 154
7.3 图层蒙版 ············· 155
　　　 7.3.1 图层蒙版的原理 ········· 155
▶重点 7.3.2 练一练：创建图层蒙版 ····· 155
▶重点 7.3.3 图层蒙版的基本操作 ······ 156
　　　 练习实例：制作古典婚纱版式 ····· 158
　　　 课后练习：使用多种蒙版制作箱包创意广告 ··· 160

第8章　图层混合与图层样式 ······· 161

📹 视频讲解：33分钟　11集

8.1 图层透明效果 ············· 162
▶重点 8.1.1 设置"不透明度" ········ 162
　　　 8.1.2 设置"填充" ··········· 163
8.2 图层混合模式 ············· 163
　　　 8.2.1 练一练：设置图层混合模式 ··· 163
　　　 8.2.2 组合模式组 ··········· 164
▶重点 8.2.3 加深模式组 ··········· 164
▶重点 8.2.4 减淡模式组 ··········· 164
▶重点 8.2.5 对比模式组 ··········· 165
　　　 8.2.6 比较模式组 ··········· 165
　　　 8.2.7 色彩模式组 ··········· 166
　　　 练习实例：制作运动鞋创意广告 ···· 166
　　　 课后练习：使用混合模式制作"人与城市" ··· 168
8.3 为图层添加样式 ············· 168

▶重点 8.3.1 图层样式的使用方法 ······ 168
▶重点 8.3.2 斜面和浮雕 ··········· 171
▶重点 8.3.3 描边 ·············· 173
　　　 课后练习：使用图层样式制作卡通文字 ··· 174
▶重点 8.3.4 内阴影 ············· 174
▶重点 8.3.5 内发光 ············· 175
　　　 课后练习：制作透明吊牌 ······· 176
　　　 8.3.6 光泽 ·············· 176
　　　 8.3.7 颜色叠加 ··········· 176
　　　 8.3.8 渐变叠加 ··········· 176
　　　 课后练习：使用"渐变叠加"样式制作多彩招贴 ··· 177
　　　 8.3.9 图案叠加 ··········· 177
▶重点 8.3.10 外发光 ············ 177
▶重点 8.3.11 投影 ············· 178
　　　 课后练习：动感缤纷艺术字 ····· 179
　　　 综合实例：制作炫彩光效海报 ···· 179

第9章　矢量绘图 ············· 181

📹 视频讲解：78分钟　17集

9.1 什么是矢量绘图 ············· 182
　　　 9.1.1 认识矢量图 ··········· 182
　　　 9.1.2 路径与锚点 ··········· 182
▶重点 9.1.3 矢量绘图的三种模式 ······ 183
▶重点 9.1.4 练一练：使用"形状"模式绘图 ··· 184
　　　 课后练习：使用"钢笔工具"制作圣诞矢量插画 ··· 185
　　　 9.1.5 像素模式 ··········· 185
　　　 课后练习：使用"钢笔工具"制作童装款式图 ··· 186
9.2 使用"形状工具组" ············· 186
▶重点 9.2.1 矩形工具 ··········· 187
　　　 课后练习：使用"矩形工具"制作手机App
　　　　　　　　启动页面 ··········· 188
　　　 课后练习：使用"矩形工具"制作名片 ··· 189
▶重点 9.2.2 三角形工具 ··········· 189
▶重点 9.2.3 椭圆工具 ··········· 189
　　　 9.2.4 多边形工具 ··········· 190
　　　 9.2.5 直线工具 ··········· 190
　　　 9.2.6 练一练：自定形状工具 ···· 191
　　　 课后练习：使用"钢笔工具"与"矩形工具"
　　　　　　　　制作企业网站宣传图 ···· 192
9.3 矢量对象的编辑操作 ············· 192
▶重点 9.3.1 移动路径 ··········· 192
▶重点 9.3.2 练一练：路径操作 ······ 193

课后练习：设置合适的路径操作制作抽象图形 ··· 194
9.3.3 变换路径 ···························· 194
9.3.4 对齐、分布路径 ·················· 194
9.3.5 调整路径排列方式 ·············· 194
9.3.6 定义为自定形状 ·················· 194
9.3.7 练一练：填充路径 ·············· 195
9.3.8 练一练：描边路径 ·············· 195
课后练习：使用矢量绘图工具制作唯美卡片 ··· 196
重点 9.3.9 删除路径 ······················· 196
9.3.10 使用"路径"面板管理路径 ··· 196
综合实例：使用矢量绘图工具制作网页广告 ··· 196

第10章 文字 ···························· 200

视频讲解：60分钟 21集

10.1 使用文字工具 ·························· 201
重点 10.1.1 文字工具及其选项 ············ 201
重点 10.1.2 练一练：创建点文字 ········· 202
课后练习：在选项栏中设置文字属性 ······· 204
课后练习：创建点文字制作简约标志 ······· 204
重点 10.1.3 练一练：创建段落文字 ······· 204
练习实例：创建段落文字制作男装宣传页 ··· 205
重点 10.1.4 练一练：创建路径文字 ······· 206
10.1.5 练一练：创建区域文字 ······· 206
课后练习：创建区域文字制作杂志内页 ····· 207

10.2 对文字进行变形 ······················ 207
课后练习：变形艺术字 ····················· 208

10.3 使用"文字蒙版工具" ·············· 208

10.4 编辑文字属性 ·························· 209
重点 10.4.1 使用"字符"面板 ············ 209
重点 10.4.2 使用"段落"面板 ············ 210
课后练习：网店粉笔字公告 ··············· 212
课后练习：制作圣诞贺卡 ··············· 212

10.5 编辑文字 ······························ 212
重点 10.5.1 将文字栅格化为普通图层 ··· 212
课后练习：栅格化文字对象制作火焰字 ··· 212
10.5.2 将文字转换为形状 ·············· 213
10.5.3 创建文字路径 ·················· 213
课后练习：创建文字路径制作烟花字 ······· 213
综合实例：使用文字工具制作具有设计感的
文字招贴 ······························ 214

第11章 滤镜 ···························· 216

视频讲解：85分钟 21集

11.1 使用滤镜 ······························ 217
重点 11.1.1 练一练：使用滤镜库 ········· 217
练习实例：制作具有涂鸦感的绘画 ········· 218
课后练习：制作风景画 ····················· 219
11.1.2 练一练：使用"自适应广角"滤镜 ····· 219
11.1.3 练一练：使用"镜头校正"滤镜 ····· 220
重点 11.1.4 练一练：使用"液化"滤镜 ····· 221
11.1.5 练一练：使用"消失点"滤镜 ····· 222
重点 11.1.6 练一练：使用滤镜组 ········· 223
11.1.7 练一练：使用智能滤镜 ········· 224

11.2 "风格化"滤镜组 ···················· 224
11.2.1 查找边缘 ······················· 225
11.2.2 等高线 ························· 225
11.2.3 风 ····························· 225
11.2.4 浮雕效果 ······················· 225
11.2.5 扩散 ··························· 226
11.2.6 拼贴 ··························· 226
11.2.7 曝光过度 ······················· 226
11.2.8 凸出 ··························· 226
11.2.9 油画 ··························· 227

11.3 "模糊"滤镜组 ······················ 228
11.3.1 表面模糊 ······················· 228
重点 11.3.2 动感模糊 ·················· 228
11.3.3 方框模糊 ······················· 228
重点 11.3.4 高斯模糊 ·················· 229
11.3.5 进一步模糊 ···················· 229
11.3.6 径向模糊 ······················· 229
重点 11.3.7 练一练：使用"镜头模糊"滤镜 ···· 230
11.3.8 模糊 ··························· 231
11.3.9 平均 ··························· 231
11.3.10 特殊模糊 ···················· 231
11.3.11 形状模糊 ···················· 231

11.4 "模糊画廊"滤镜组 ·················· 232
11.4.1 练一练：使用"场景模糊"滤镜 ··· 232
重点 11.4.2 练一练：使用"光圈模糊"滤镜 ··· 233
重点 11.4.3 练一练：使用"移轴模糊"滤镜 ··· 234
11.4.4 练一练：使用"路径模糊"滤镜 ··· 234
11.4.5 练一练：使用"旋转模糊"滤镜 ··· 235

11.5 "扭曲"滤镜组 ···················· 236

11.5.1　波浪 ……………………………… 236
11.5.2　波纹 ……………………………… 236
重点 11.5.3　练一练：使用"极坐标"滤镜 …… 237
11.5.4　挤压 ……………………………… 237
11.5.5　切变 ……………………………… 238
11.5.6　球面化 …………………………… 238
延伸学习：制作"大头照" ………………… 238
11.5.7　水波 ……………………………… 238
11.5.8　旋转扭曲 ………………………… 239
重点 11.5.9　练一练：使用"置换"滤镜 …… 239

11.6　"锐化"滤镜组　　　　　　　 240
重点 11.6.1　USM锐化 …………………… 240
重点 11.6.2　练一练：使用"防抖"滤镜 …… 241
11.6.3　进一步锐化 ……………………… 242
11.6.4　锐化 ……………………………… 242
11.6.5　锐化边缘 ………………………… 242
重点 11.6.6　智能锐化 …………………… 242

11.7　"视频"滤镜组　　　　　　　 243
11.7.1　NTSC颜色 ……………………… 243
11.7.2　逐行 ……………………………… 243

11.8　"像素化"滤镜组　　　　　　 243
11.8.1　彩块化 …………………………… 243
11.8.2　彩色半调 ………………………… 244
11.8.3　点状化 …………………………… 244
11.8.4　晶格化 …………………………… 244
重点 11.8.5　马赛克 ……………………… 244

11.8.6　碎片 ……………………………… 245
11.8.7　铜版雕刻 ………………………… 245

11.9　"渲染"滤镜组　　　　　　　 245
11.9.1　火焰 ……………………………… 245
11.9.2　图片框 …………………………… 246
11.9.3　树 ………………………………… 246
11.9.4　分层云彩 ………………………… 247
11.9.5　光照效果 ………………………… 247
重点 11.9.6　镜头光晕 …………………… 248
11.9.7　纤维 ……………………………… 249
11.9.8　练一练：使用"云彩"滤镜 ……… 249

11.10　"杂色"滤镜组　　　　　　 250
重点 11.10.1　练一练：使用"减少杂色"滤镜 … 250
重点 11.10.2　蒙尘与划痕 ……………… 251
11.10.3　去斑 …………………………… 251
重点 11.10.4　添加杂色 ………………… 251
课后练习：使用"添加杂色"滤镜制作雪景 … 252
11.10.5　中间值 ………………………… 252

11.11　"其他"滤镜组　　　　　　 252
11.11.1　HSB/HSL ……………………… 252
11.11.2　高反差保留 …………………… 252
11.11.3　位移 …………………………… 253
11.11.4　自定 …………………………… 253
11.11.5　最大值 ………………………… 253
11.11.6　最小值 ………………………… 253
综合实例：使用"彩色半调"滤镜制作音乐海报 … 253

赠送电子书

目 录
Contents

超值赠送

    亲爱的读者朋友，通过以上内容的学习，我们已经详细了解了Photoshop的主要功能及操作要领。另外，PS还有一些不经常使用的功能，如切片、视频与动画等，因本书容量有限，我们将此部分内容以电子书的形式附赠给读者（包括对应视频讲解和素材源文件），读者可从本书"前言"中获取下载链接。

第1章　通道 …………………………………… 1

1.1　什么是"通道" …………………………… 2

1.2　颜色通道的基本操作 ……………………… 2

    1.2.1　选择通道 ……………………………… 3

    课后练习：水平翻转通道制作双色图像 …… 3

    1.2.2　通道调色 ……………………………… 4

    1.2.3　分离通道 ……………………………… 4

    1.2.4　合并通道 ……………………………… 5

    练习实例：通道调色打造复古感风景照片 … 5

1.3　认识Alpha通道 …………………………… 6

▲重点 1.3.1　新建Alpha通道 ………………… 6

▲重点 1.3.2　使用颜色通道复制出Alpha通道 … 6

▲重点 1.3.3　使用选区创建Alpha通道 ……… 7

    1.3.4　通道计算 ……………………………… 7

    1.3.5　应用图像 ……………………………… 8

▲重点 1.4　专色通道 ………………………… 8

    综合实例：使用Lab颜色模式进行通道调色 … 10

第2章　网页切片与输出 ……………………… 11

2.1　Web安全色 ………………………………… 12

▲重点 2.1.1　转化为安全色 …………………… 12

    2.1.2　练一练：在安全色状态下工作 ……… 12

2.2　网页切片 …………………………………… 13

    2.2.1　什么是网页切片 ……………………… 13

    2.2.2　切片工具 ……………………………… 14

▲重点 2.2.3　练一练：创建切片 ……………… 14

    2.2.4　基于参考线创建切片 ………………… 15

    2.2.5　基于图层创建切片 …………………… 15

    2.2.6　自动划分切片 ………………………… 16

▲重点 2.2.7　练一练：切片的基本操作 ……… 16

    2.2.8　提升切片 ……………………………… 17

▲重点 2.2.9　设置切片选项 …………………… 18

    课后练习：基于参考线创建并组合切片 …… 18

▲重点 2.3　Web图形输出 …………………… 19

    2.3.1　使用预设参数输出网页 ……………… 19

    2.3.2　设置不同的存储格式 ………………… 20

    综合实例：使用切片工具进行网页切片 …… 21

第3章　创建3D立体效果 …………………… 23

3.1　进入3D的世界 …………………………… 24

    3.1.1　从文件新建3D图层 ………………… 24

    3.1.2　3D面板与属性面板 ………………… 25

    3.1.3　设置3D视图 ………………………… 26

3.2　创建3D对象 ……………………………… 27

▲重点 3.2.1　创建常见的3D几何体 ………… 27

▲重点 3.2.2　练一练：从所选图层新建3D模型 … 28

▲重点 3.2.3　3D对象的移动、旋转、缩放 …… 29

    3.2.4　练一练：从所选路径创建3D模型 … 30

    3.2.5　从当前选区新建3D模型 …………… 30

    3.2.6　将多个3D对象合并为一个 ………… 30

    3.2.7　3D相机工具与3D对象工具 ……… 30

赠送电子书目录

3.3　编辑3D对象材质 ………………………… 31
　　　3.3.1　材质属性面板 …………………… 32
▶重点 3.3.2　练一练:自定义对象材质 ……… 33
　　　3.3.3　为3D对象绘制纹理 ……………… 34
　　　3.3.4　使用3D材质吸管和拖放工具 …… 34
　　　课后练习:制作3D卡通文字 …………… 34
3.4　使用3D光源 …………………………… 35
▶重点 3.4.1　练一练:创建3D光源 ………… 35
▶重点 3.4.2　3D光源参数设置 ……………… 36
3.5　渲染 …………………………………… 37
　　　3.5.1　渲染设置 ……………………… 39
▶重点 3.5.2　渲染3D模型 …………………… 39
3.6　栅格化3D对象 ………………………… 40
3.7　3D文件的存储与导出 ………………… 40
　　　3.7.1　存储3D文件 ………………… 40
　　　3.7.2　导出3D对象 ………………… 40
　　　综合实例:罐装饮品包装设计 ……… 40

第4章　视频与动画 ………………………… 45

4.1　认识"时间轴"面板 …………………… 46
4.2　视频时间轴动画 ……………………… 46
　　　4.2.1　认识"时间轴"面板的视频时间轴模式 …… 46
▶重点 4.2.2　在Photoshop中打开视频文件 … 47
　　　练习实例:为画面添加动态光效 …… 49
▶重点 4.2.3　练一练:制作视频动画 ……… 51
　　　4.2.4　练一练:制作视频过渡效果 …… 53
　　　4.2.5　删除动画效果 …………………… 54
　　　延伸学习:使用透明度动画制作视频转场 ……… 54
4.3　制作帧动画 …………………………… 55
　　　4.3.1　认识"时间轴"面板的帧动画模式 …… 55
▶重点 4.3.2　练一练:制作帧动画 ………… 56
　　　综合实例:制作时间轴动画 …………… 58

第5章　文档的自动处理 ………………… 62

5.1　"动作"与自动化 ……………………… 63
　　　5.1.1　认识"动作"面板 ……………… 63
▶重点 5.1.2　练一练:记录"动作" ……… 63
▶重点 5.1.3　练一练:使用"动作"快速处理图像 … 64
　　　5.1.4　在动作中插入菜单项目 ……… 64
　　　5.1.5　插入"停止"动作 ……………… 64
　　　5.1.6　在动作中插入路径 …………… 65
5.2　存储和载入动作 ……………………… 65
　　　5.2.1　使用其他动作库 ………………… 65
　　　5.2.2　存储为动作库文件 …………… 66
　　　5.2.3　载入动作库 …………………… 66
▶重点 5.3　使用"批处理"命令处理大量文件 … 67
5.4　使用"图像处理器"命令批量限制图像尺寸 69
　　　综合实例:批处理制作清新美食照片 … 70

第6章　综合实战 ………………………… 72

6.1　打造高色感的通透风光照片 ………… 73
6.2　婚纱摄影后期修饰 …………………… 75
　　　Part 1　人像修饰美化 ……………… 75
　　　Part 2　环境修饰与整体调整 ……… 78
6.3　可爱风格网站活动页面的制作 ……… 80
　　　Part 1　制作网页导航 ……………… 80
　　　Part 2　制作网页主体图形 ………… 82
　　　Part 3　制作主题字体 ……………… 83
　　　Part 4　制作栏目模块 ……………… 84
6.4　卡通风格娱乐节目海报 ……………… 86
　　　Part 1　制作背景部分 ……………… 87
　　　Part 2　制作相框 …………………… 88
　　　Part 3　制作顶部元素 ……………… 91

扫一扫 看视频

Photoshop入门

本章主要讲解 Photoshop 的一些基础知识，包括认识 Photoshop 工作区，在 Photoshop 中进行新建、打开、置入、存储、打印文件等基本操作，学习在 Photoshop 中查看图像细节的方法，学习操作的撤销与还原方法，了解打印命令的使用方法。

重点知识掌握：

- 熟悉Photoshop的工作界面。
- 掌握新建、打开、置入、存储等命令的使用方法。
- 掌握缩放工具、抓手工具的使用方法。
- 熟练掌握前进一步、后退一步命令的使用方法和快捷键。
- 熟练掌握"历史记录"面板的使用方法。

通过本章学习，我能做：

通过本章基础知识的学习，能够熟练掌握 Photoshop 文件的新建、打开、置入、存储等功能，使用这些功能能够将多张图片添加到一个文档中，制作出简单的拼贴画，或者为照片添加一些装饰元素。

1.1 认识Photoshop

正式开始学习 Photoshop 之前，读者肯定有好多问题想问。例如，Photoshop 是什么？能干什么？对我有用吗？我能用 Photoshop 做什么？学 Photoshop 难吗？怎么学 Photoshop？这些问题将在本节得到解答。

1.1.1 Photoshop概述

大家口中所说的 PS，也就是 Photoshop，全称是 Adobe Photoshop 2022（目前最新版），是由 Adobe Systems 开发并发行的一款图像处理软件。Adobe 是 Photoshop 所属公司的名称；Photoshop 是软件名称，常被缩写为 PS；2022 是这款 Photoshop 的版本号，如图 1-1 和图 1-2 所示。

随着技术的不断发展，Photoshop 的技术团队也在不断对软件功能进行优化。从 20 世纪 90 年代至今，Photoshop 经历了多次版本的更新，比较早的是 Photoshop 5.0、Photoshop 6.0、Photoshop 7.0，到前几年的 Photoshop CS4、Photoshop CS5、Photoshop CS6，以及近几年的 Photoshop CC、Photoshop CC 2015、Photoshop CC 2017、Photoshop CC 2018、Photoshop CC 2019、Photoshop 2020、Photoshop 2021 等。图 1-2 所示为不同版本的 Photoshop 的启动界面。

图 1-1　　　　　　　　　　　　　　　　　　　图 1-2

> **提示：选择合适的版本。**
>
> 目前，Photoshop 的多个版本都拥有数量众多的用户群，每个版本的升级都会有性能上的提升和功能上的改进，但是在日常工作时并不一定要使用最新版本。要知道，新版本虽然可能会有功能上的更新，但是对设备的要求也会有所提升，在软件的运行过程中就可能会消耗更多的系统资源。所以，在用新版本（如 Photoshop 2022）的时候可能会感觉特别"卡"，操作反应非常慢，非常影响工作效率。这时就要考虑是否因为计算机配置较低，无法更好地满足 Photoshop 的运行要求。可以尝试使用低版本 Photoshop，如 Photoshop CC 2019。如果"卡""顿"的问题得以缓解，那么就安心地使用这个版本吧！虽然是较早期的版本，但是其功能也是非常强大的，与最新版本之间没有特别大的差别，几乎不会影响到日常工作。图 1-3 和图 1-4 所示为 Photoshop 2022 以及 Photoshop CC 2019 的操作界面，不仔细观察甚至很难发现两个版本的差别。所以，即使学习的是 Photoshop 2022 版本的教程，使用低版本去练习也是完全可以的，它们之间除去几个小功能上的差别之外，几乎不影响使用。

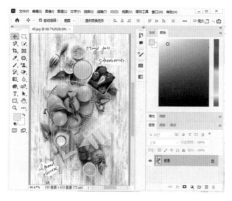

图 1-3

图 1-4

1.1.2　Photoshop的应用

前面提到了 Photoshop 是一款"图像处理"软件，那么什么是"图像处理"呢？简单来说，图像处理就是指围绕数字图像进行的各种各样的编辑和修改过程。例如，把原本灰蒙蒙的风景照变得鲜艳明丽（见图 1-5），对证件照进行瘦脸或美白、裁切掉多余背景（见图 1-6）等操作，都可以称为图像处理。

图 1-5

图 1-6

其实 Photoshop 强大的图像处理功能远不限于此，对于摄影师来说，Photoshop 绝对是集万千功能于一身的"数码暗房"。模特闭眼了？没问题！场景乱七八糟？没问题！服装脏了？没问题！外景写真天气不好？没问题！风光照片游人入画？没问题！集体照缺了个人？还是没问题！有了 Photoshop，再加上熟练的操作，这些问题统统可以搞定。用 Photoshop 进行图像处理前后照片对比如图 1-7 和图 1-8 所示。

图 1-7

图 1-8

其实 Photoshop 并不仅仅是一款图像处理软件，更是一款设计师必备的软件。因为，设计作品在呈现前，设计师往往要绘制大量的草稿、设计稿、效果图等。在没有计算机的年代里，这些操作都需要在纸张上进行，而在计算机技术蓬勃发展的今天，无纸化办公、数字化图像处理技术早已融入产品设计中，甚至融入我们每个人的日常生活中。数字化图像处理技术给人们带来了很多的便利，Photoshop 既是画笔，又是纸张，我们可以在 Photoshop 中随意地绘画，随意地插入漂亮的照片、图片、文字。掌握了 Photoshop 无疑是获得了一把"利剑"，数字化的制图过程不仅节省了很多时间，更能够实现精准制图。图 1-9、图 1-10 所示为用 Photoshop 制作的海报。

图 1-9   图 1-10

    当前设计行业有很多分支，除了平面设计，还有室内设计、景观设计、UI 设计、服装设计、产品设计、游戏设计、动画设计等行业，而每种设计行业可能还会进一步细分。例如，图 1-11 所示的作品更接近平面设计师的工作——海报设计。

    除了海报设计之外，标志设计、书籍装帧设计、广告设计、包装设计、卡片设计等也在平面设计的范畴内，如图 1-12 ~ 图 1-14 所示。虽然不同的设计师所做的工作内容不同，但这些工作中几乎都少不了 Photoshop 的身影。

图 1-15   图 1-16

图 1-11   图 1-12

    对于服装设计师而言，在 Photoshop 中不仅可以进行服装款式图的绘制、服装效果图的绘制，还可以对成品服装照片进行美化，如图 1-17 ~ 图 1-20 所示。

图 1-13   图 1-14

    室内设计师通常会利用 Photoshop 进行室内效果图的后期美化处理，如图 1-15 所示。景观设计师的效果图有很大一部分工作也可以在 Photoshop 中进行，如图 1-16 所示。

图 1-17   图 1-18

图 1-19　　　　　　图 1-20

产品设计要求尺寸精准、比例正确，所以在 Photoshop 中很少会进行平面图的绘制，而是更多地使用 Photoshop 绘制产品概念稿或效果图，如图 1-21 和图 1-22 所示。

图 1-21　　　　　　图 1-22

游戏设计是一项工程量大，涉及工种较多的设计类型，不仅需要美术设计人员，还需要程序开发人员。Photoshop 主要应用于游戏设计的游戏界面、角色设定、场景设定、材质贴图绘制等方面，虽然 Photoshop 也具有 3D 功能，但是目前几乎不会在游戏设计中应用到 Photoshop 的 3D 功能，游戏设计中的 3D 部分主要使用 Autodesk 3DMax、Autodesk Maya 等专业软件来完成，如图 1-23 和图 1-24 所示。

图 1-23　　　　　　图 1-24

动画设计与游戏设计相似，虽然不能够使用 Photoshop 制作动画片，但是可以使用 Photoshop 进行角色设定、场景设定等"平面""静态"绘图方面的工作，如图 1-25 和图 1-26 所示。

插画设计并不算是一个新的行业，但是随着数字技术的普及，插画绘制的过程更多地从纸上转移

到计算机上。数字绘图不仅可以轻松地在油画、水彩画、国画、版画、素描画、矢量画、像素画等多种绘画模式之间切换，还可以轻松消除绘图过程中的"失误"，创造出前所未有的视觉效果，同时也使插画更方便地为印刷行业服务。Photoshop 是数字插画师常用的绘图软件，除此之外，Painter、Illustrator 也是插画师常用的工具。图 1-27~ 图 1-30 所示为优秀的插画作品。

图 1-25　　　　　　图 1-26

图 1-27　　　　　　图 1-28

图 1-29　　　　　　图 1-30

1.1.3　Photoshop的学习方法

千万别把学 Photoshop 想得太难！学习 Photoshop 其实很简单，就像玩手机一样。手机可以用来打电话、发短信，也可以用来聊天、玩游戏、看电影；同样，Photoshop 可以用来工作、赚钱，也可以用来给自己修美照，或者恶搞好朋友的照片。所以，在学习 Photoshop 之前，希望大家一定要把 Photoshop 当成一个有趣的工具。首先得喜欢去"玩"它，想要去"玩"它，像手机一样不离手，这样学习 Photoshop 的过程将会是愉悦而快速的。

前面铺垫了很多，相信大家对 Photoshop 已经有一定的认识了，下面开始告诉大家如何有效地学习 Photoshop。

Step1：观看简短视频教程，快速入门。

如果你急切地要在最短的时间内达到能够简单使用 Photoshop 的目的，建议你观看一套非常简单而且基础的教学视频，本书就配备了这样一套视频教程：《新手必看——Photoshop 基础视频教程》。这套视频教程选取了 Photoshop 中最常用的功能并制作成视频，每个视频讲解一个或几个小工具，时间都非常短，短到在你感到枯燥之前就结束了讲解。视频虽短，但是建议你一定要打开 Photoshop，跟着视频一起尝试使用 Photoshop。

由于该"入门级"的视频教程时长较短，所以部分参数没有详细讲解。如果在练习的过程中遇到了问题，马上翻开本书找到相应的小节，阅读这部分内容即可。

当然，一分耕耘，一分收获，学习没有捷径。2 个小时的学习效果与 200 个小时的学习效果肯定是不一样的。只学习了 Photoshop 的简短视频内容是无法参透其全部功能的。但是，学完这个视频教程，你应该能够做一些简单的操作了，如照片调色、祛斑、祛痘、去瑕疵，或者做个名片、标志、简单广告等，效果图如图 1-31~图 1-34 所示。

图 1-31 　　　　图 1-32 　　　　图 1-33 　　　　图 1-34

Step2：翻开本书的同时打开Photoshop进行系统学习。

经过基础视频教程的学习后，我们应该已经"看上去"学会了 Photoshop。但是要知道，之前的学习只接触到了 Photoshop 的皮毛而已，很多功能只是做到了"能够使用"，而不一定能够做到"了解并熟练应用"的程度。所以接下来开始系统地学习 Photoshop。本书主要以操作为主，所以在翻开本书学习的同时，需要打开 Photoshop，边看书边练习。因为 Photoshop 是一门应用型技术，单纯的理论讲解很难使我们熟记功能操作。而且 Photoshop 的操作是"动态"的，每次鼠标的移动或点击都可能会触发指令，所以在动手练习的过程中才能够更直观、更有效地理解软件功能。

Step3：勇于尝试，试了才懂。

在软件学习过程中，一定要"勇于尝试"。在使用 Photoshop 的工具或命令时，总能看到很多参数或选项设置。面对这些参数，看书的确可以了解参数的作用，但是更好的办法是动手尝试。例如，随意勾选一个选项，把数值调到最大、最小、中间分别观察效果，移动滑块的位置，看看有什么变化。又如 Photoshop 中的调色命令，可以实时显示参数调整的预览效果，试一试就能看到变化，如图 1-35 所示。再如设置了画笔的选项后，在画面中随意绘制也能够看到笔触的差异，所以动手试试可以更容易、更直观地看到效果。

图 1-35

Step4：别死记硬背参数，没什么用。

在学习 Photoshop 的过程中，切忌死记硬背书中的参数。同样的参数在不同的情况下得到的效果肯定各不相同。比如同样的画笔大小，在较大尺寸的文档中绘制出的笔触会显得很小，而在较小尺寸的文档中则可能显得很大。所以在学习过程中，我们需要理解参数为什么这么设置，而不是死记特定的参数。

Photoshop 的参数设置并不复杂，在独立制图的过程中，涉及参数设置时可以多次尝试各种不同的参数，肯定能够得到看起来很舒服的"合适"的参数。图 1-36 和图 1-37 所示为相同参数在不同图片上的效果。

Step5：抓住重点，快速学习。

为了能够更有效地快速学习，在本书的目录中可以看到部分内容被标注为重点，这部分知识需要优先学习，如果你的时间比较充裕，可以将非重点的知识一并学习。案例的练习是非常重要的，书中的练习案例非常多，通过案例的操作不仅可以巩固本章学过的知识，还能够复习之前学过的知识，而且在此基础上还能够尝试使用其他章节介绍的功能，为后面章节的学习做铺垫。

Step6：在临摹中进步。

在上一步的学习后，应该能够熟练地掌握 Photoshop 的常用功能了。接下来就需要通过大量的制图练习提升技术。

图 1-36   图 1-37

如果此时你恰好有需要完成的设计工作或课程作业，这将是非常好的练习过程。如果没有这样的机会，那么建议你去各大设计网站欣赏优秀的设计作品，并选择适合自己水平的优秀作品进行"临摹"。仔细观察优秀作品的构图、配色、元素的应用以及细节的表现，尽可能一模一样地把它制作出来。这并不是教大家去抄袭优秀作品的创意，而是通过对画面内容无限接近地临摹，尝试在没有教程的情况下，实现独立思考、独立解决制图过程中遇到的技术问题的能力，以此来提升我们应用 Photoshop 的功力。图 1-38 和图 1-39 所示为难度不同的临摹作品。

图 1-38   图 1-39

Step7：网上搜一搜，自学成才。

当然，我们在独立作图的时候，肯定也会遇到各种各样的问题，比如临摹的作品中出现了光效效果，这个效果可能是我们之前没有接触过的，那么这时，用"百度"搜索一下就是最便捷的方式了，如图 1-40 和图 1-41 所示。网络上有非常多的教学资源，善于利用网络自主学习是非常有效的自我提升手段。

Step8：永不止步地学习。

好了，到这一步，Photoshop 软件技术对于我们来说已

图 1-40   图 1-41

经不是问题了。克服了技术障碍，接下来就可以尝试独立设计了。有了好的创意和灵感，通过 Photoshop 在画面中准确有效地表达出来，才是我们的终极目标。要知道，在设计的道路上，软件技术学习的结束并不意味着设计学习的结束。国内外优秀作品的学习，新鲜设计理念的吸纳以及设计理论的研究都应该是永不止步的。

想要成为一名优秀的设计师，自学能力是非常重要的。学校的老师无法把全部知识塞进我们的脑袋，很多时候，网络和书籍更能够帮助我们。

提示：快捷键背不背？

很多新手朋友会执着于背快捷键，熟练掌握快捷键的确很方便，但是快捷键速查表中列出了很多快捷键，要想背下所有快捷键可能会花很长时间，并不是所有的快捷键都能用上，有的工具命令在实际操作中几乎用不到。所以建议先不用急着背快捷键，逐渐尝试使用 Photoshop，在使用的过程中体会哪些操作是会经常使用的，然后再看下这些操作是否有快捷键，最后进行有选择的记忆。

其实快捷键大多是很有规律的，很多命令的快捷键与其英文名称相关。例如，"打开"命令的英文是 Open，其快捷键就选取了首字母 O 并组合 Ctrl 键同时使用；"新建"命令的快捷键则是 Ctrl+N（New 的首字母）。这样记忆就容易多了。

1.2 安装与启动Photoshop

凭着坚定要学好 Photoshop 的决心，接下来我们就要开始 Photoshop 的美妙之旅了。首先来了解一下如何安装 Photoshop，Photoshop 不同版本的安装方式略有不同，本书讲解的是 Photoshop 2022 的安装方式。想要安装其他版本的 Photoshop 可以在网络上搜索一下，非常简单。在安装了 Photoshop 之后，我们应该熟悉 Photoshop 的操作界面，为后面的学习做准备。

1.2.1 安装Photoshop

想要使用 Photoshop，就需要安装安装 Photoshop。安装 Photoshop 的具体步骤如下：

步骤 01 首先，打开Adobe的官方网站www.adobe.com/cn/，单击右上角的"帮助与支持"按钮，然后单击右侧的"下载和快速入门"按钮，如图1-42所示。接着在打开的窗口中找到Photoshop，单击"立即购买"可以进行购买，单击"免费试用"可以进行试用，如图1-43所示。

图 1-42

图 1-43

步骤 02 弹出下载的窗口，按照提示进行下载即可，如图1-44所示。下载完成后可以找到安装程序，如图1-45所示。

图 1-44

Photoshop_Set-Up

图 1-45

步骤 03 双击安装程序进行安装。首先会弹出登录界面，需要进行登录，如果没有Adobe ID，可以单击顶部的"创建账户"按钮，按照提示创建一个新的账户，并进行登录，如图1-46所示。

图 1-46

步骤 04 在弹出的Adobe Creative Cloud 窗口中勾选"Adobe 正版服务"选项，然后单击"开始安装"按钮，开始进行安装，如图1-47所示。

图 1-47

步骤 05 开始进行安装，如图1-48所示。

图 1-48

步骤 06 安装完成后，可以在计算机的"开始"菜单中找到软件，也可以在桌面中创建快捷方式，如图1-49所示。

图 1-49

 提示：试用与购买。

在没有购买 Photoshop 软件之前，可以免费使用一小段时间。如果需要长期使用，则需要购买。

【重点】1.2.2　认识Photoshop的工作界面

双击 Adobe Photoshop 2022 的快捷方式即可启动该软件，如图 1-50 所示。

Adobe
Photoshop
2022

图 1-50

扫一扫 看视频

启动界面如图 1-51 所示。

图 1-51

如果之前用 Photoshop 进行过一些文档的操作，在欢迎界面中会显示之前操作过的文档，如图 1-52 所示。

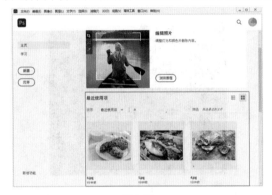

图 1-52

虽然打开了 Photoshop，但是此时看到的却不是 Photoshop 的完整界面，因为当前的软件中并没有能够操作的文档，所以很多功能都未被显示。为了便于学习，可以单击左侧的"打开"按钮。在弹出的对话框中选择一个图片文档，单击对话框右下角的"打开"按钮，如图 1-53 所示。

图 1-53

此时图片文档被打开，Photoshop 的界面才得以呈现，如图 1-54 所示。

图 1-54

Photoshop 的工作界面由菜单栏、选项栏、标题栏、工具箱、状态栏、文档窗口和多个面板组成。

1.菜单栏

Photoshop 的菜单栏中包含多个菜单项，单击菜单项，即可打开相应的下拉菜单。每个下拉菜单中都包含多个命令，而有的命令后方还带有▶符号，表示该命令还包含多个子命令。有的命令后方带有一串的"字母"，这些字母就是该命令的快捷键。例如，"文件"菜单下的"关闭"命令后方显示着 Ctrl+W，那么同时按下键盘上的 Ctrl 键和 W 键即可快速使用该命令，如图 1-55 所示。

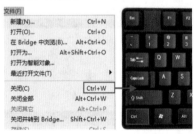

图 1-55

对于菜单命令，本书采用形如"执行'图像→调整→曲线'命令"的书写方式，也就是首先单击菜单栏中的"图像"菜单项，接着将光标向下移动到"调整"命令处，在弹出的子菜单中，单击"曲线"命令菜单项，如图 1-56 所示。

图 1-56

2.文档窗口/标题栏/状态栏

执行"文件→打开"命令，在弹出的对话框中随意选择一个图片文件，单击"打开"按钮，如图 1-57 所示。随即这张图片就会在 Photoshop 的文档窗口中打开，在窗口的左上角位置（标题栏）就可以看到关于这个文档的相关信息了（文档名称、文档格式、缩放比例以及颜色模式等），如图 1-58 所示。

状态栏位于文档窗口的下方，可以显示当前文档大小、文档尺寸、当前工具和测量比例等信息，单击状态栏中的三角形按钮 › 图标，可以设置要显示的内容，如图 1-59 所示。

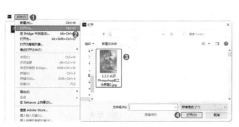

图 1-57

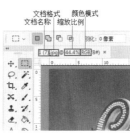

图 1-58

图 1-59

3.工具箱与选项栏

工具箱位于 Photoshop 操作界面的左侧，在工具箱中可以看到有很多个小图标，每个图标都是一个或一组工具，有的图标右下角显示着 ◢，表示这是个工具组，其中可能包含多个工具。右击该工具组按钮，即可看到该工具组中的其他工具，将光标移动到某个工具上单击，即可选择该工具，如图 1-60 所示。

选择了某个工具后，在菜单栏的下方，是选项栏，其中可以看到当前使用的工具的参数选项，不同工具，其选项栏也不同，如图 1-61 所示。

图 1-60

图 1-61

4.面板

面板主要用来配合图像的编辑、对操作进行控制以及设置参数等。默认情况下，面板堆叠于 Photoshop 界面的右侧，如图 1-63 所示。面板可以堆叠在一起，单击面板名即可切换到相对应的面板。将光标移动至面板名称上方，按住鼠标左键拖动即可将面板与 Photoshop 界面进行分离，如图 1-64 所示。如果要将面板堆叠在一起，可以拖动该面板到界面上方，当出

图 1-62

现蓝色边框后松开鼠标，即可完成堆叠操作，如图 1-65 所示。

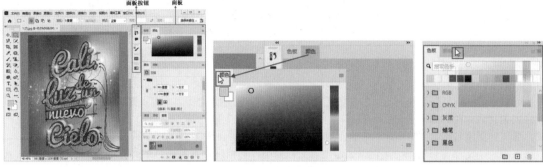

| 图 1-63 | 图 1-64 | 图 1-65 |

单击面板中的按钮 ，可以将面板折叠为按钮。反之，单击按钮 ，可以打开面板，如图 1-66 所示。在每个面板的右上角都有"面板菜单"按钮 ，单击该按钮可以打开该面板的菜单选项，如图 1-67 所示。

| 图 1-66 | 图 1-67 |

Photoshop 中有很多面板，通过 Photoshop 的"窗口"命令可以打开或关闭面板。执行"窗口"命令下的子命令就可以打开相对应的面板。例如，执行"窗口→信息"命令，即可打开"信息"面板。如果命令前方带有✔标志，说明这个面板已经打开了，再次执行该命令将关闭这个面板。

提示：如何让界面变为默认状态？

学习完本节后，难免会打开一些不需要的面板，或者一些面板并没有"规规矩矩"地堆叠在原来的位置。一个一个地重新拖动调整费时又费力，这时执行"窗口→工作区→复位基本功能"命令，即可恢复到默认状态。

1.2.3 退出Photoshop

当不需要使用 Photoshop 时，就可以把该软件关闭。可以单击界面右上角的"关闭"按钮 ，也可以执行"文件→退出"命令（快捷键为 Ctrl+Q）退出 Photoshop，如图 1-68 所示。关闭软件之前，可能涉及文件的"存储"问题，可以到本书的 1.3.6 小节中寻找答案。

图 1-68

1.2.4 选择合适的工作区域

　　Photoshop 为有不同制图需求的用户提供了多种工作区。执行"窗口→工作区"命令，在子菜单中可以切换工作区类型，如图 1-69 所示。不同工作区的差别主要在于面板的显示。例如，3D 工作区主要用于显示 3D 面板和"属性"面板，而"绘画"工作区则更侧重于显示颜色选择以及画笔设置的面板，如图 1-70 和图 1-71 所示。

图 1-69　　　　　　　　　　图 1-70　　　　　　　　　　图 1-71

　　在实际操作中，我们可能会发现有的面板比较常用，而有的面板则几乎不会用到。可以在"窗口"菜单下关闭部分面板，只保留必要的面板，如图 1-72 所示。执行"窗口→工作区→新建工作区"命令，可以将当前界面状态存储为可以随时使用的工作区。在弹出的对话框中为工作区设置一个名称，接着单击"存储"按钮，即可存储当前工作区，如图 1-73 所示。执行"窗口→工作区"命令，在子菜单下可以选择前面自定义的工作区，如图 1-74 所示。

图 1-72　　　　　　　　　　图 1-73　　　　　　　　　　图 1-74

 提示：删除自定义的工作区。

　　执行"窗口→工作区→删除工作区"命令，在弹出的对话框中选择需要删除的工作区即可。

1.3　文件的基本操作

　　熟悉了 Photoshop 的操作界面后，下面就可以开始正式接触 Photoshop 的功能了。但是打开 Photoshop 之后，会发现很多功能都无法使用，这是因为当前的 Photoshop 中没有可以操作的文件，所以需要新建文件，或者打开已有的图像文件。在对文件进行编辑的过程中还经常会用到"置入"操作，文件制作完成后需要对文件进行"存储"，而存储文件时就涉及存储文件格式的选择，下面就来学习这些知识。图 1-75 所示为 Photoshop 的基本操作流程。

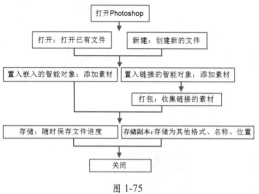

图 1-75

重点 1.3.1 新建文件

打开了 Photoshop，此时界面中什么都没有，想要进行设计作品的制作，首先要新建一个文件。执行"文件→新建"命令。新建文件之前，至少要考虑如下几个问题：要新建一个多大的文件？分辨率要设置多大？颜色模式选择哪一种？这一系列问题都是在"新建文档"对话框中进行设置的。

（1）启动 Photoshop 之后，单击界面左侧的"新建"按钮，或者执行"文件→新建"命令（快捷键为 Ctrl+N），如图 1-76 所示。随即就会打开"新建文档"对话框，如图 1-77 所示。这个对话框可以分为 3 个部分：顶端是预设的尺寸选项组，左侧是预设选项或最近使用过的项目，右侧是自定义选项设置区域。

图 1-76

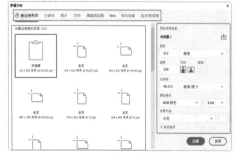

图 1-77

（2）如果要选择系统内置的一些预设文档尺寸，可以单击预设选项组的名称，然后选择一个合适的"预设"图标，单击"创建"按钮，即可完成新建。例如，新建一个 A4 大小的空白文档，就需要单击"打印"选项。然后单击 A4 选项，在右侧可以看到相应的尺寸，单击"创建"按钮。如果需要制作比较特殊的尺寸，就需要自己进行设置，直接在对话框右侧进行"宽度""高度"等参数的设置即可，如图 1-78 所示。

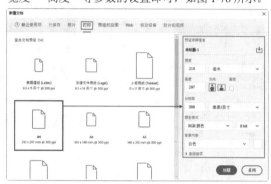

图 1-78

文档尺寸参数如下：

- **宽度/高度**：设置文件的宽度和高度，其单位有"像素""英寸""厘米""毫米""点""派卡""列"7 种。

- **分辨率**：设置文件的分辨率大小，其单位有"像素/英寸"和"像素/厘米"两种。创建新文件时，宽度与高度通常与实际印刷的尺寸相同（超大尺寸文件除外）。而在不同情况下，分辨率需要进行不同的设置。通常来说，图像的分辨率越高，印刷出来的质量就越好，但也并不是任何图像都需要将分辨率设置为较高的数值。一般印刷品的分辨率为 150~300dpi，高档画册的分辨率在 350dpi 以上，大幅的喷绘广告（1 米以内）的分辨率为 70~100dpi，巨幅喷绘的分辨率为 25dpi，多媒体显示图像的分辨率为 72dpi。当然分辨率的数值并不是一成不变的，需要根据计算机以及印刷精度等实际情况进行设置。

- **颜色模式**：设置文件的颜色模式以及相应的颜色深度。

- **背景内容**：设置文件的背景内容，有"白色""背景色"和"透明"3 个选项。

- **高级选项**：展开该选项组，在其中可以进行"颜色配置文件"以及"像素长宽比"的设置。

根据不同行业，Photoshop 将常用的尺寸进行了分类。我们可以根据需要在预设中找到所需要的尺寸。例如，如果用于排版、印刷，那么选择"打印"选项，即可在下方看到常用的打印尺寸。如果是一名 UI 设计师，那么选择"移动设备"选项，在下方就可以看到时下最流行的电子移动设备的常用尺寸了，如图 1-79 和图 1-80 所示。

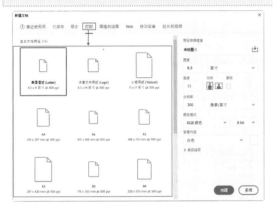

图 1-79

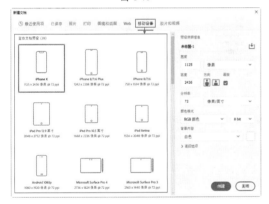

图 1-80

重点 1.3.2 打开图像文件

想要处理图像，或者想要继续编辑之前的设计方案，这就需要在 Photoshop 中打开已有的文件。执行"文件→打开"命令（快捷键为 Ctrl+O），然后在弹出的对话框中找到文件所在的位置，选择需要打开的文件，单击"打开"按钮，如图 1-81 所示，即可在 Photoshop 中打开该文件，如图 1-82 所示。

扫一扫 看视频

图 1-81

图 1-82

有时在"打开"对话框中已经找到了图片所在的文件夹，但却没有看到要打开的图片，该怎么办？

遇到这种情况，首先需要看一下"打开"对话框的底部，"文件名"右侧显示的是否为"所有格式"，如果显示"所有格式"，则表明此时所有 Photoshop 支持的格式文件都可以被显示。一旦此处显示某个特定格式，那么其他格式的文件即使存在于文件夹中，也无法被显示。解决的办法就是单击文件名右侧的下拉箭头，设置为"所有格式"。

如果还是无法显示要打开的文件，那么可能这个文件并不是 Photoshop 所支持的格式。如何知道 Photoshop 支持哪些格式呢？可以在"打开"对话框的底部单击格式列表看一下其中包含的文件格式。

1.3.3 打开多个图像文件

1. 打开多个文件

扫一扫 看视频

在"打开"对话框中可以一次性地选择多个文件打开，可以按住鼠标左键拖动框选多个文件，也可以按住 Ctrl 键单击多个文件，然后单击"打开"按钮，如图 1-83 所示。接着被选中的多张图片就都会被打开，但默认情况下只能显示其中一张图片，如图 1-84 所示。

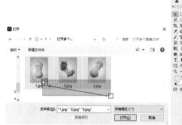
图 1-83

图 1-84

2. 多个文件间的切换

虽然一次性打开了多个文件，但是文档窗口中只显示了一个文件。单击文件名称即可切换到相对应的文档窗口，如图 1-85 所示。

3. 切换文档窗口为浮动模式

默认情况下打开多个文件时，多个文件均会合并到文档窗口中，除此之外，文档窗口还可以脱离界面，呈现浮动的状态。将光标移动至文件名称上方，按住鼠标左键向界面外拖动，如图 1-86 所示。松开鼠标左键后文档窗口即为浮动的状态，如图 1-87 所示。

若要恢复为堆叠的状态，可以将浮动的窗口拖动到文档窗口上方，当出现蓝色边框后松开鼠标左键即可完成堆叠，如图 1-88 所示。

图 1-85

图 1-86

图 1-87

图 1-88

4. 多文件同时显示

要一次性查看多个文件，除了让窗口浮动之外，还有一个办法，就是通过设置"窗口排列方式"进行查看。执行"窗口→排列"命令，在子菜单中可以看到多种文档窗口的显示方式，选择适合自己的方式即可，如图 1-89 所示。例如，打开了 3 张图片，想要一次性看到，可以选择"三联垂直"这种方式，效果如图 1-90 所示。

图 1-89

图 1-90

> **提示：将文件以智能对象打开。**
>
> 执行"文件→打开为智能对象"命令，然后在弹出的对话框中选择一个文件将其打开，此时该文件将以智能对象的形式被打开。

1.3.4 使用"打开为"命令打开扩展名不匹配的文件

如果要打开扩展名与实际格式不匹配的文件，或者没有扩展名的文件，可以执行"文件→打开为"命令，如图 1-91 所示。

打开"打开"对话框，选择文件并在列表中为它指定正确的格式，如图 1-92 所示。如果文件不能打开，则选取的格式可能与文件的实际格式不匹配，或者文件已经损坏。

图 1-91　　　　　　　　　图 1-92

【重点】1.3.5　向文件中置入对象

使用 Photoshop 制图时，经常需要使用其他的图片元素来丰富画面效果。前面学到了"打开"命令，而"打开"命令只能将图片在 Photoshop 中以一个独立文件的形式打开，并不能添加到当前的文件中，而通过"置入"操作则可以实现向文件中置入对象。

扫一扫 看视频

1.置入嵌入对象

在已有的文件中执行"文件→置入嵌入对象"命令，然后在弹出的对话框中选择好需要置入的文件，单击"置入"按钮，如图 1-93 所示。随即选择的对象会被置入到当前文件内，此时置入的对象边缘处带有定界框和控制点，如图 1-94 所示。

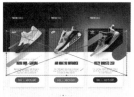

图 1-93　　　　　　　　　图 1-94

按住鼠标左键拖动定界框上的控制点可以放大或缩小图像，还可以旋转图像。按住鼠标左键拖动图像可以调整置入对象的位置（缩放、旋转等操作与"自由变换"操作非常接近，具体操作方法将在 2.4.1 小节进行学习），如图 1-95 所示。调整完成后按 Enter 键即可完成置入操作，此时定界框会消失。"图层"面板中也可以看到新置入的智能对象图层（智能对象图层右下角有图标），如图 1-96 所示。

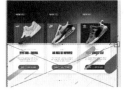

图 1-95　　　　　　　　　图 1-96

2.将智能对象转换为普通图层

置入后的素材对象会作为智能对象，"智能对象"有几点好处。例如，可以对图像进行缩放、定位、斜切、旋转或变形操作，并且不会降低图像的质量。但是"智能对象"无法直接进行内容的编辑（如删除局部、用画笔工具在上方进行绘制等）。如果想要对智能对象的内容进行编辑，就需要在该图层上右击，执行"栅格化图层"命令，将智能对象转换为普通对象后进行编辑，如图 1-97 和图 1-98 所示。

图 1-97　　　　　　　　　图 1-98

> **提示：栅格化智能对象。**
>
> 如果在操作过程中出现"处理前必须先栅格化此智能对象。编辑内容将不再可用。是否栅格化此智能对象？"的提示，如图 1-99 所示。那么一定要看一下"图层"面板中，所选的图层是否为智能对象。如果是，则需要在该图层上右击，执行"栅格化图层"命令，将智能对象转换为普通对象后进行编辑。

图 1-99

【重点】1.3.6　存储文件

当我们对一个文件进行了编辑，可能需要将当前操作保存到当前文件中。这时需要执行"文件→存储"命令（快捷键为 Ctrl+S）。如果存储文件时没有弹出任何对话框，则会以原始位置进行存储。存储时将保留所做的更改，并且会替换掉上一次保存的文件。

扫一扫 看视频

如果是第一次对文件进行存储，则会弹出"另存为"对话框，在这里可以选择文件的存储位置，并设置文件名和文件保存类型，如图 1-100 所示。

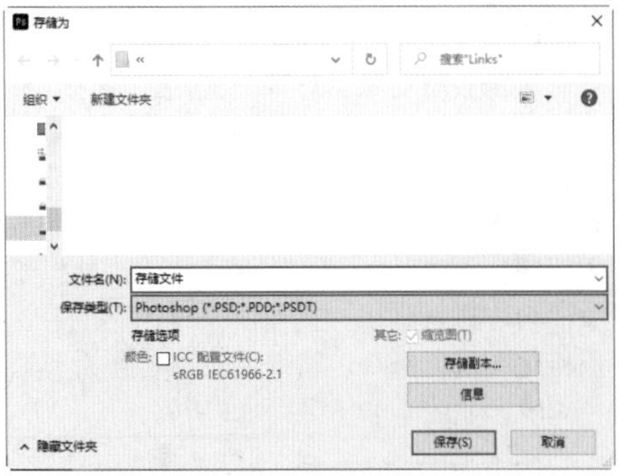

图 1-100

重点 1.3.7 存储格式的选择

想要对已经存储过的文件更换位置、名称或格式，可以使用“存储副本”命令。

执行“文件→存储副本”命令，在弹出的“存储副本”对话框中单击“保存类型”按钮，在下拉列表中可以看到多种文件格式。例如，选择JPEG格式后单击“保存”按钮即可完成保存操作，如图1-101所示。

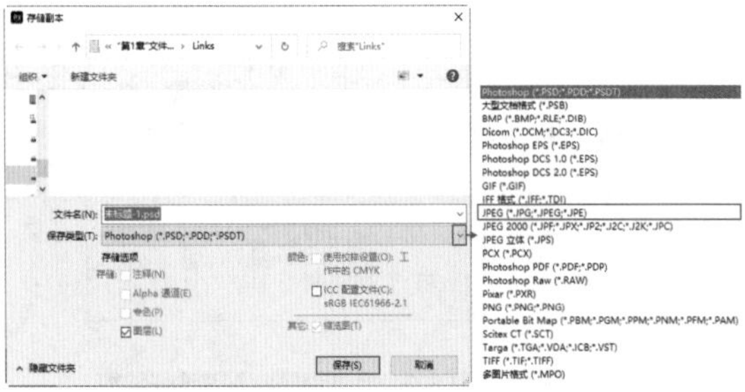

图 1-101

在“保存类型”下拉列表中可以看到多种文件格式，但是并不是每种格式都经常使用，选择哪种格式才是正确的呢？下面来认识几种常见的图像格式。

（1）PSD：Photoshop源文件格式，保存所有图层内容。在存储新建的文件时，我们会发现默认的格式为Photoshop(*.PSD;*.PDD;*.PSDT)，PSD格式是Photoshop的默认存储格式，能够保存图层、蒙版、通道、路径、未栅格化的文字、图层样式等。在一般情况下，保存文件都采用这种格式，以便随时进行修改。

选择该格式，然后单击“保存”按钮，接着会弹出“Photoshop格式选项”对话框，勾选“最大兼容”选项可以保证在其他版本的Photoshop中能够正确打开该文件，在这里单击“确定”按钮即可。也可以勾选“不再显示”选项，单击“确定”按钮，就可以每次都采用当前设置，并不再显示该对话框，如图1-102所示。

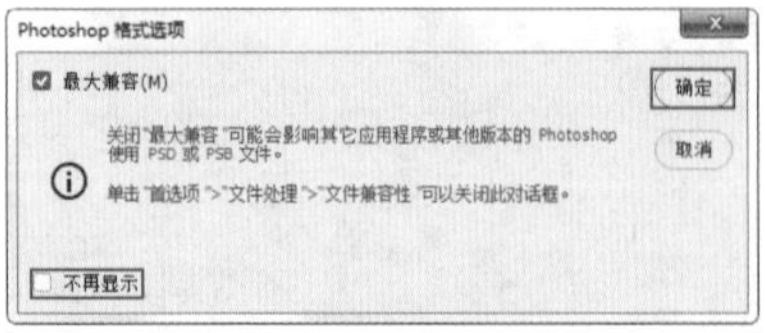

图 1-102

提示：非常方便的PSD格式。

PSD格式文件可以在多款Adobe软件中应用，在实际操作中也经常会直接将PSD格式文件置入到Illustrator、InDesign等平面设计软件中。除此之外，After Effects、Premiere等影视后期制作软件也可以使用PSD格式文件。

（2）GIF：动态图片、网页元素。GIF格式是输出图像到网页最常用的格式。GIF格式采用LZW压缩，它支持透明背景和动画，被广泛应用在网络中。网页切片后常以GIF格式进行输出，除此之外，常见的动态QQ表情、搞笑动图也是GIF格式的。选择这种格式，会弹出“索引颜色”对话框，在这里可以进行“调板”“颜色”等设置，勾选“透明度”可以保存图像中的透明部分。

（3）JPEG：最常用的图像格式，方便存储、浏览、上传。JPEG格式是平时最常用的图像格式。它是一种最有效、最基本的有损压缩格式，被绝大多数的图形处理软件所支持。JPEG格式常用于制作一个对质量要求并不是特别高，而且需要上传到网络、传输给他人或者在计算机上随时查看的图像。例如，做了一个标志设计的作业，修了张照片等。对于要求极高的图像输出打印，最好不使用JPEG格式，因为它是以损坏图像质量的方式提高压缩质量的。

存储时选择这种格式，会将文档中的所有图层合并，并进行一定的压缩，存储为一个在绝大多数计算机、手机等电子设备上可以轻松预览的图像格式。在选择格式时可以看到保存类型显示为JPEG(*.JPG;*.JPEG;*.JPE)，JPEG是这种图像格式的名称，而这种图像格式的后缀名可以是JPG或JPEG。

选择此格式并单击“保存”按钮之后，会弹出“JPEG选项”对话框，在这里可以进行图像品质的设置，品质数值越大，图像质量越高，文件大小也就越大。如果对图像文件的大小有要求，那么就可以参考右侧的文件大小数值来调整图像的品质。设置完成后单击"确定"按钮，如图 1-103 所示。

图 1-103

（4）TIFF：高质量图像，保存通道图层。TIFF 格式是一种通用的图像文件格式，可以在绝大多数制图软件中打开并编辑，而且也是桌面扫描仪扫描生成的图像格式。TIFF格式最大的特点就是能够最大程度地保持图像质量不受影响，而且能够保存文档中的图层信息以及Alpha通道。但TIFF并不是Photoshop特有的格式，所以有些Photoshop特有的功能（如调整图层、智能滤镜）就无法被保存下来。这个格式常用于对图像文件质量要求较高，而且还需要在没有安装Photoshop的计算机上预览使用时。例如，制作了一个平面广告需要发送到印刷厂。选择该格式后，会弹出"TIFF选项"对话框，在这里可以进行图像压缩选项的设置，如果对图像质量要求很高，可以选择"无"，然后单击"确定"按钮。

（5）PNG：透明背景、无损压缩。当图像文件中有一部分区域是透明的时候，存储成JPG格式会发现透明的部分被填充上了颜色；存储成PSD格式又不方便打开；存储成TIFF格式，文件又比较大。这时不要忘了PNG格式。PNG是一种是专门为Web开发的，用于将图像压缩到Web上的文件格式。与GIF格式不同的是，PNG格式支持244位图像并产生无锯齿状的透明背景。PNG格式由于可以实现无损压缩，并且背景部分是透明的，因此常用来存储背景透明的素材。选择该格式后，会弹出"PNG选项"对话框，对压缩方式进行设置后，单击"确定"按钮完成操作。

（6）PDF：电子书。PDF格式是由Adobe Systems公司创建的一种文件格式，允许在屏幕上查看电子文档，也就是通常所说的"PDF电子书"。PDF文件还可被嵌入到Web的HTML文档中。这种格式常用于多页面的排版中。选择这种格式，在弹出的"存储Adobe PDF"对话框中可以选择一种高质量或低质量的"Adobe PDF预设"，也可以在左侧列表中进行压缩、输出的设置。

1.3.8　关闭文件

执行"文件→关闭"命令（快捷键为 Ctrl+W）可以关闭当前所选的文件，或者单击文档窗口右上角的"关闭"按钮✕，也可以关闭所选文件，如图 1-104 所示。执行"文件→关闭全部"命令或按快捷键 Alt+Ctrl+W 可以关闭所有打开的文件。

图 1-104

> 提示：关闭并退出Photoshop。
>
> 执行"文件→退出"命令或者单击程序窗口右上角的"关闭"按钮，可以关闭所有的文件并退出 Photoshop。

练习实例：使用"置入嵌入对象"命令制作拼贴画

文件路径	第1章\练习实例：使用"置入嵌入对象"命令制作拼贴画
难易指数	★★★★★
技术掌握	"打开"命令、"置入嵌入对象"命令、"栅格化智能图层"命令

案例效果

案例效果如图 1-105 所示。

扫一扫 看视频

图 1-105

操作步骤

步骤 01 ▶ 执行"文件→打开"命令，在弹出的"打开"

对话框中找到素材位置，选择素材1.jpg，单击"打开"按钮，如图1-106所示，图片就打开了，图片素材中的参考线方便我们进行操作，如图1-107所示。

图 1-106　　　　　　图 1-107

步骤02 执行"文件→置入嵌入对象"命令，在打开的"置入嵌入的对象"对话框中找到素材位置，选择素材2.jpg，单击"置入"按钮，如图1-108所示，效果如图1-109所示。

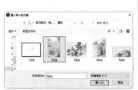 

图 1-108　　　　　　图 1-109

步骤03 将图片素材向左移动，如图1-110所示。按Enter键完成置入操作，如图1-111所示。

图 1-110　　　　　　图 1-111

步骤04 此时置入的对象为智能对象，可以将其栅格化。选择智能图层，然后右击，在弹出的菜单中执行"栅格化图层"命令，如图1-112所示。此时智能图层变为普通图层，如图1-113所示。

图 1-112　　　　　　图 1-113

步骤05 用同样的方式依次置入其他素材。最终效果如图1-114所示。

图 1-114

> **提示：置入嵌入对象。**
>
> 置入对象后会显示定界框，即使不需要调整大小，也需要按Enter键完成置入操作，因为定界框会影响到下一步的操作。

1.4　便捷的图像查看工具

在 Photoshop 中编辑图像文件的过程中，有时需要观看画面的整体，有时需要放大显示画面的局部，这时就可以使用工具箱中的"缩放工具"和"抓手工具"。除此之外，"导航器"面板也可以帮助我们方便地定位到画面的局部。

重点 1.4.1　缩放工具

扫一扫 看视频

进行图像编辑时，经常需要对画面的细节进行操作，这就需要将画面的显示比例放大一些。此时可以使用工具箱中的"缩放工具"，单击工具箱中的"缩放工具"按钮 🔍，将光标移动到画面中，如图1-115所示。单击即可放大图像显示比例，如需放大多倍可以多次单击，如图1-116所示，也可以直接按快捷键Ctrl+"+"来放大图像显示比例。

图 1-115

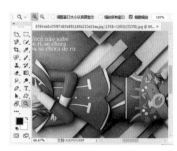

图 1-116

"缩放工具"既可以放大显示比例，也可以缩小显示比例，在"缩放工具"的选项栏中可以切换该工具的模式，单击"缩小"按钮 🔍 可以切换到缩小模式，在画布中单击可以缩小图像，也可以直接按快捷键 Ctrl+"−"键来缩小图像显示比例，如图 1-117 所示。

图 1-117

提示："缩放工具"不改变图像的真实大小。

使用"缩放工具"放大或缩小的只是图像在屏幕上显示的比例，图像的真实大小是不会发生改变的。

在"缩放工具"选项栏中可以看到其他选项设置，如图 1-118 所示。

图1-118

- ☐ 调整窗口大小以满屏显示：勾选该选项后，在缩放窗口的同时自动调整窗口的大小。

- ☐ 缩放所有窗口：如果当前打开了多个文件，勾选该选项后可以同时缩放所有打开的文档窗口。

- ☑ 细微缩放：勾选该选项后，在画面中按住鼠标左键并向左侧或右侧拖动鼠标，能够以平滑的方式快速放大或缩小窗口。

- 100%：单击该按钮，图像将以实际像素的比例进行显示。

- 适合屏幕：单击该按钮，可以在窗口中最大化显示完整的图像。

- 填充屏幕：单击该按钮，可以在整个屏幕范围内最大化显示完整的图像。

重点 1.4.2 抓手工具

当画面显示比例比较大的时候，有些局部可能就无法显示，这时可以使用工具箱中的"抓手工具" 🖐️，在画面中按住鼠标左键并拖动，如图 1-119 所示。界面中显示的图像区域产生了变化，如图 1-120 所示。

扫一扫 看视频

图 1-119　　　　　　　图 1-120

提示：快速切换到"抓手工具"。

在使用其他工具时，按住 Space 键（即空格键）即可快速切换到"抓手工具"状态，此时在画面中按住鼠标左键并拖动即可平移画面，松开 Space 键时，会自动切换回之前使用的工具。

1.5 错误操作的处理

当使用画笔和画布绘画时，画错了就需要很费力地擦掉或盖住；在暗房中冲洗照片，出现失误，照片可能就无法挽回了。与此相比，使用 Photoshop 等数字图像处理软件最大的便利之处就在于能够"重来"。操作出现错误，没关系，简单一个命令，就可以轻轻松松地"回到从前"。

重点 1.5.1 操作的还原与重做

执行"编辑→还原"命令（快捷键为 Ctrl+Z）可以撤销错误操作。

执行"编辑→重做"命令或使用快捷键 Shift+Ctrl+Z 可以重做刚刚撤销过的操作，如图 1-121 所示。

扫一扫 看视频

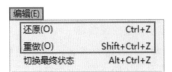

图 1-121

 提示：增加可撤销的步骤数量。

默认情况下，Photoshop 能够撤销的步骤数量并不多，如果想要增多，可以执行"编辑→首选项→性能"命令，然后改大"历史记录状态"的数值。但要注意，如果将"历史记录状态"的数值设置得过大，会占用更多的系统内存。

重点 1.5.2 使用"历史记录"面板还原操作

在 Photoshop 中，对文件进行过的编辑操作被称为"历史记录"。而"历史记录"面板是 Photoshop 中一项用于记录对文件进行过操作的记录。执行"窗口→历史记录"命令，打开"历史记录"面板，如图 1-122 所示。

扫一扫 看视频

图 1-122

当对文件进行一些编辑操作时，会发现"历史记录"面板中出现了刚刚进行的操作条目。单击其中某一项历史记录操作，就可以使文件返回之前的编辑状态，如图 1-123 所示。

图 1-123

"历史记录"面板还有一项功能：快照。这项功能可以为某个操作状态快速"拍照"，将其作为一项"快照"，留在"历史记录"面板中，以便于在很多操作步骤以后还能够返回到之前某个重要的状态。选择需要创建快照的状态，然后单击"创建新快照"按钮，如图 1-124 所示，即可出现一个新的快照，如图 1-125 所示。

图 1-124   图 1-125

如需删除快照，在"历史记录"面板中选择需要删除的快照，然后单击"删除当前状态"按钮 或将快照拖动到该按钮上，在弹出的对话框中单击"是"按钮即可。

1.6 打印设置

作品制作完成后，经常需要打印为纸质的实物。想要进行打印，首先需要设置合适的打印参数。

重点 1.6.1 设置打印选项

步骤 01 执行"文件→打印"命令，打开"Photoshop 打印设置"对话框，在这里可以进行打印参数的设置。首先需要在右侧顶部设置要使用的打印机，输入打印份数，选择打印版面。单击"打印设置"按钮，可以在弹出的对话框中设置打印纸张的尺寸。

步骤 02 在"位置和大小"选项组中设置文档位于打印页面的位置和缩放大小（也可以直接在左侧打印预览图中调整图像大小）。勾选"居中"选项，可以将图像定位于可打印区域的中心；取消勾选"居中"选项，可以在"顶"和"左"输入框中输入数值来定位图像，也可以在预览区域中移动图像进行自由定位，从而打印部分图像。勾选"缩放以适合介质"选项，可以自动缩放图像到适合纸张的可打印区域；取消勾选"缩放以适合介质"选项，可以在"缩放"选项中输入图像的缩放比例，或在"高度"和"宽度"选项中设置图像的尺寸。勾选"打印选定区域"选项可以启用对话框中的裁剪控制功能，调整定界框移动或缩放图像，如图1-126所示。

图 1-126

步骤 03 展开"色彩管理"选项，可以进行颜色的设置，如图1-127所示。

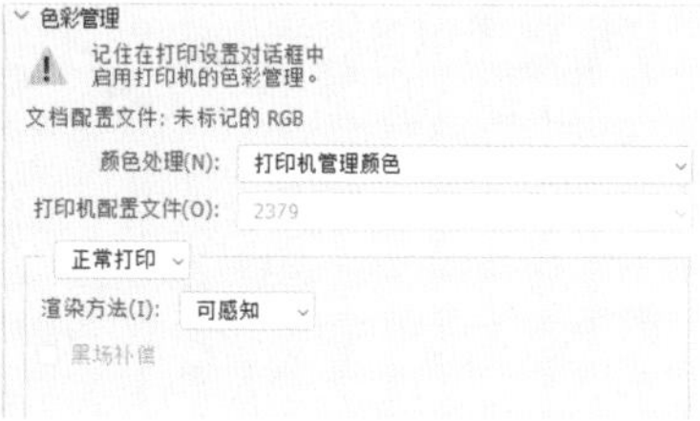

图 1-127

- **颜色处理**：设置是否使用色彩管理。如果使用色彩管理，则需要设置将其应用到程序中或打印设备中。
- **打印机配置文件**：选择适用于打印机和将要使用的纸张类型的配置文件。
- **渲染方法**：指定颜色从图像色彩空间转换到打印机色彩空间的方式，共有"可感知""饱和度""相对比色""绝对比色"4个选项。"可感知"渲染将尝试保留颜色之间的视觉关系，色域外的颜色转变为可重现颜色时，色域内的颜色可能会发生变化。因此，如果图像的色域外的颜色较多，"可感知"渲染是最理想的选择。"相对比色"渲染可以保留较多的原始颜色，是色域外的颜色较少时的最理想选择。

步骤 04 在"打印标记"选项组中可以指定页面标记，如图1-128所示。

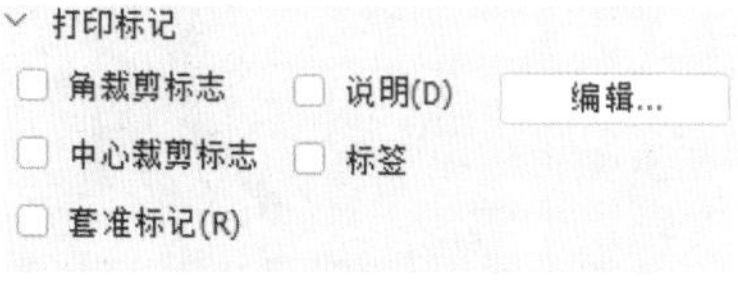

图 1-128

- **角裁剪标志**：在要裁剪页面的位置打印裁剪标记。可以在角上打印裁剪标记。在PostScript打印机上，勾选该选项将打印星形色靶。

- **说明**：打印在"文件简介"对话框中输入的任何说明文本（最多300个字符）。
- **中心裁剪标志**：在要裁剪页面的位置打印裁剪标记。可以在每条边的中心打印裁剪标记。
- **标签**：在图像上方打印文件名。如果打印分色，则将分色名称作为标签的一部分进行打印。
- **套准标记**：在图像上打印套准标记（包括靶心和星形靶）。这些标记主要用于对齐PostScript打印机上的分色。

步骤 05 展开"函数"选项组，如图1-129所示。

图 1-129

- **药膜朝下**：使文字在药膜朝下（即胶片或相纸上的感光层背对）时可读。在正常情况下，打印在纸上的图像是药膜朝上打印的，感光层正对时文字可读。打印在胶片上的图像通常采用药膜朝下的方式打印。
- **负片**：打印整个输出（包括所有蒙版和任何背景色）的反相版本。
- **背景**：选择要在页面上的图像区域外打印的背景色。
- **边界**：在图像周围打印一个黑色边框。
- **出血**：在图像内而不是在图像外打印裁剪标记。

步骤 06 全部设置完成后，单击"打印"按钮即可打印文件。单击"确定"按钮会保存当前的打印设置。

1.6.2 使用"打印一份"命令

执行"编辑→打印一份"命令，即可设置好打印选项，快速打印当前文件。

综合实例：使用新建、置入、存储命令制作饮品广告

文件路径	第1章\综合实例：使用新建、置入、存储命令制作饮品广告
难易指数	★★★★★
技术掌握	新建命令、置入嵌入对象命令、存储命令

案例效果

案例效果如图 1-130 所示。

扫一扫 看视频

图 1-130

操作步骤

步骤 01 执行"文件→新建"命令或按快捷键Ctrl+N，在弹出的"新建文档"对话框中选择"打印"选项，接着选择A4选项，单击按钮■，单击"创建"按钮，如图1-131所示，则新建文件，如图1-132所示。

图 1-131

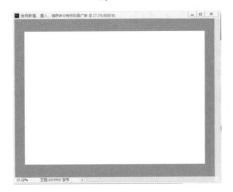

图 1-132

步骤 02 执行"文件→置入嵌入对象"命令，在打开的"置入嵌入的对象"对话框中找到素材位置，选择素材1.jpg，单击"置入"按钮，如图1-133所示。接着将光标移动到素材右上角处，等比例放大素材，如图1-134所示。然后双击或按Enter键，此时定界框消失，完成置入操作，如图1-135所示。

图 1-133

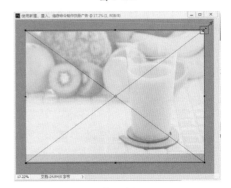

图 1-134

图 1-135

步骤 03 以同样的方式置入素材2.png，案例完成效果如图1-136所示。

图 1-136

步骤 04 执行"文件→存储"命令，在弹出的"存储为"对话框中找到文件要保存的位置，设置合适的文件名，设置"保存类型"为Photoshop(*.PSD;*.PDD;*.PSDT)，单击"保存"按钮，如图1-137所示，弹出"Photoshop格式选项"对话框，单击"确定"按钮，即可完成文件的存储，如图1-138所示。

图 1-137

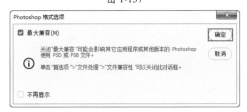

图 1-138

步骤05 在没有安装特定的看图软件和Photoshop的计算机上，PSD格式的文档可能会比较难于预览并观看效果，为了方便预览，可将文档另存一份为JPEG格式。执行"文件→存储副本"命令，在弹出的对话框中找到要保存的位置，设置合适的文件名，设置"保

存类型"为JPEG(*.JPG;*.JPEG;*.JPE)，单击"保存"按钮，如图1-139所示。

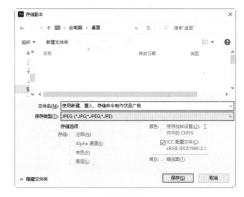

图 1-139

步骤06 设置"品质"为10，单击"确定"按钮，完成设置，如图1-140所示。

图 1-140

扫一扫 看视频

Photoshop基本操作

通过第1章的学习，我们已经能够在Photoshop中打开照片或创建新的文件，并且能够向已有的文件中添加一些漂亮的装饰素材。本章将要学习一些Photoshop最基本的操作。由于Photoshop是典型的图层制图软件，所以在学习其他操作之前必须要充分理解"图层"的概念，熟练掌握图层的基本操作方法，并在此基础上学习画板、剪切/复制/粘贴图像、图像的变形以及辅助工具的使用方法。

重点知识掌握：

- 掌握图像大小的设置方法。
- 熟练掌握"裁剪工具"的使用方法。
- 熟练掌握图层的选择、新建、复制、删除、移动等操作。
- 熟练掌握复制、剪切与粘贴的使用方法。
- 熟练掌握"自由变换"命令。

通过本章学习，我能做：

通过本章的学习，我们将适应Photoshop的图层化操作模式，为后面的操作奠定基础。在此基础上，通过2.1节的学习，我们可以调整数码照片的尺寸，将图像修改为所需的尺寸，并且能够随意裁切、保留画面中的部分内容。对象的变形操作也是本章的重点内容，通过本章的学习，能够熟练掌握该命令，并能够将图层变换为所需的形态。

2.1 调整图像的尺寸及方向

我们经常会遇到调整照片大小的操作。例如，上传证件照到网上的报名系统，会要求尺寸为2.5cm*3.5cm（见图2-1）；将相机拍摄的照片作为手机壁纸，需要将横版照片裁剪为竖版照片（见图2-2）；想要将图片的大小限制在1MB以下等。学完本小节的内容，这些问题就都能够轻松解决。

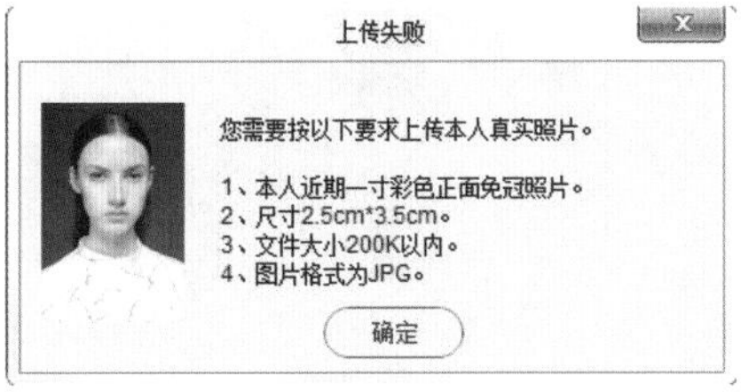

图 2-1

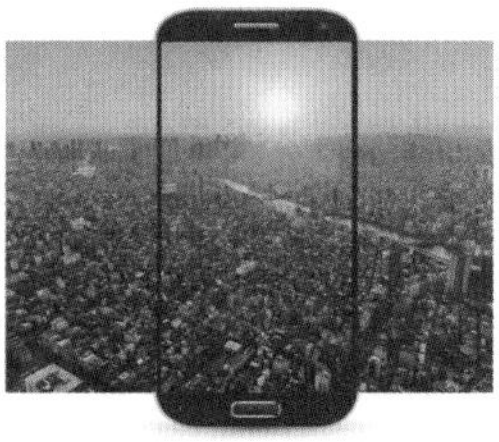

图 2-2

重点 2.1.1 调整图像尺寸

（1）要想调整照片的尺寸，可以使用“图像大小”命令。选择需要调整尺寸的文件，执行“图像→图像大小”命令，打开“图像大小”对话框，如图2-3所示。

扫一扫 看视频

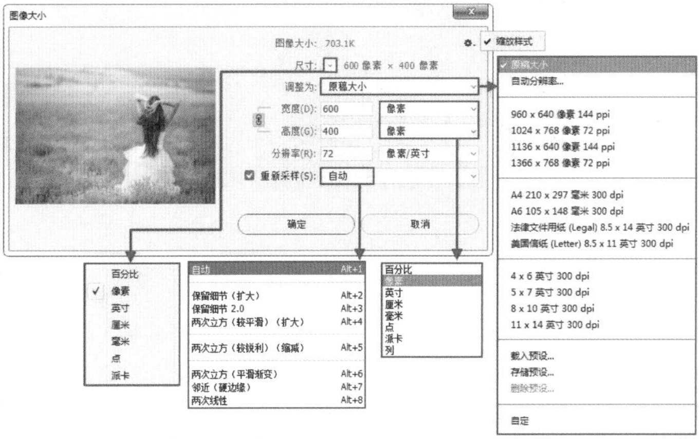

图 2-3

- 尺寸：显示当前文件的尺寸，在下拉列表中可以设置以各种单位显示当前文件的尺寸。
- 调整为：在下拉列表中可以选择多种常用的图像大小的预设数值。例如，想要将图像制作为适合A4大小的纸张，则可以在下拉列表中选择“A4 210×297 毫米 300 dpi”。
- 宽度、高度：输入数值即可设置图像的宽度或高度。输入数值之前需要在后方设置合适的单位，在下拉列表中可以看到“像素”“英寸”“厘米”等单位。
- “约束长宽比”按钮：启用“约束长宽比”时，对图像大小进行调整后，图像还会保持之前的长宽比；未启用“约束长宽比”时，可以分别调整宽度和高度的数值。
- 分辨率：设置分辨率大小，设置数值之前也需要注意后方的单位。需要注意的是，即使增大“分辨率”数值也不会使模糊的图像变清晰，因为原本就不存在的细节只通过增大分辨率是无法恢复的。
- 重新采样：单击“重新采样”选项的下拉按钮，在下拉列表中可以选择重新取样的方式。

- **缩放样式**：单击窗口右上角的⚙.按钮，可以看到"缩放样式"选项，启用"缩放样式"后，对图像大小进行调整时，其原有的样式会按照比例进行缩放。

（2）想要调整图像大小时，首先一定要设置好正确的单位，接着在宽度和高度中输入数值。默认情况下启用"约束长宽比"⚭，修改宽度数值或高度数值时，另一个数值也会发生变化。该按钮适用于需要将图像尺寸限定在某个特定范围内，如作品图片要求尺寸最大边长不超过1000 像素。首先设置单位为"像素"，然后修改宽度（也就是最长的边）数值为1000，高度数值也随之发生变化。设置完成后单击"确定"按钮，如图 2-4 所示。

图 2-4

（3）如果要输入的长宽比与现有图像的长宽比不同，则需要单击⚭，使之处于"约束长宽比"未启用的状态。此时可以分别调整宽度和高度的数值，但修改了数值之后可能会造成图像比例错误的情况。

例如，要求照片尺寸为宽 300 像素、高 500 像素（宽高比为 3:5），而原始图像宽度为 600 像素、高度为 800 像素（宽高比为 3:4），修改了图像大小之后，照片比例会变得很奇怪，如图 2-5 所示。所以此时应该先启用"约束长宽比"⚭，按照要求输入较长的边（也就是高度）数值，使图片大小缩放到比较接近的尺寸，然后利用"裁剪工具"进行裁剪，如图 2-6 所示。

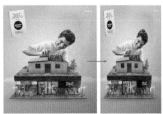

图 2-5

图 2-6

重点 2.1.2　设置画布大小

扫一扫 看视频

执行"图像→画布大小"命令打开"画布大小"对话框，在这里可以调整可编辑的画面范围。在"宽度"和"高度"后输入数值可以设置修改后的画布尺寸。勾选"相对"选项时，"宽度"和"高度"数值将代表实际增加或减少的区域的大小，而不再代表整个文件的大小。输入正值就表示增加画布大小，输入负值就表示减小画布大小。图 2-7 所示为原始图片，图 2-8 所示为"画布大小"对话框。

- **定位**：主要用来设置当前图像在新画布上的位置。图 2-9 和图 2-10 所示为不同定位位置的对比效果。

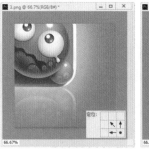

图 2-9　　　　　　　　图 2-10

- **画布扩展颜色**：当新建画布大小大于原始文件的尺寸时，在此处可以设置扩展区域的填充颜色。图 2-11 和图 2-12 所示为使用"前景色"与"背景色"填充扩展颜色的效果。

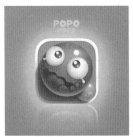

图 2-7　　　　　　　　图 2-8

图 2-11　　　　　图 2-12

具"选项栏。

图 2-15

（1）选择工具箱中的"裁剪工具" 口，，如图 2-16 所示。在画面中按住鼠标左键并拖动绘制一个需要保留的区域，如图 2-17 所示。接下来还可以对这个区域进行调整，将光标移动到裁剪框的边缘或者四角处按住鼠标左键并拖动，即可调整裁剪框的大小，如图 2-18 所示。

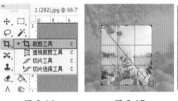 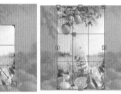

图 2-16　　　图 2-17　　　图 2-18

（2）也可以旋转裁剪框，绘制完裁剪框后，将光标放置在裁剪框外侧，光标变为带弧线的箭头，此时按住鼠标左键并拖动，即可旋转裁剪框，如图 2-19 所示。调整完成后，按下 Enter 键确定裁剪操作，如图 2-20 所示。

提示：画布大小与图像大小的区别。

"画布大小"与"图像大小"的概念不同，"画布"指的是整个可以绘制的区域而非部分图像区域。例如，增大"图像大小"会将画面中的内容按一定比例放大，而增大"画布大小"则在画面中增大了部分空白区域，原始图像没有变大，如图 2-13 所示。如果缩小"图像大小"，画面内容会按一定比例缩小，缩小"画布大小"，图像则会被裁掉一部分，如图 2-14 所示。

图 2-13

图 2-14

图 2-19　　　　　图 2-20

（3）利用"裁剪工具"也能够放大画布。当需要放大画布时，勾选选项栏中的"内容识别"选项，则会自动补全由于裁剪造成的画面局部空缺，如图 2-21 所示。若未勾选该选项，则以背景色进行填充，如图 2-22 所示。

（4）在"约束方式"下拉列表中利用 [比例] 可以选择多种裁剪约束比例。如果想要按照特定比例进行裁剪，可以在选项栏中设置为"比例"，然后在

重点 **2.1.3　练一练：使用"裁剪工具"**

当我们想要裁剪掉画面中的部分内容时，最方便的就是使用工具箱中的"裁剪工具" 口，，直接在画面中绘制出需要保留的区域即可。图 2-15 所示为"裁剪工

扫一扫 看视频

后方输入比例数值，如图 2-23 所示。如果想要以特定的尺寸进行裁剪，则可以在列表中选择"宽×高×分辨率"选项，接着在后方输入宽、高和分辨率的数值，如图 2-24 所示。想要随意裁剪的时候，则需要单击"清除"按钮，清除长宽比。

图 2-21   图 2-22

图 2-23

图 2-24

（5）单击选项栏中的"拉直" 按钮，可以在图像上按住鼠标左键画一条直线，松开鼠标后，即可通过将这条线校正为直线来拉直图像，如图 2-25 和图 2-26 所示。

图 2-25   图 2-26

（6）如果在选项栏中勾选了"删除裁剪的像素"选项，裁剪之后会彻底删除裁剪框外部的像素数据。如果不勾选该选项，多余的区域可以处于隐藏状态，如果想要还原裁剪之前的画面，只需要再次选择"裁剪工具"，然后随意操作即可看到原文件，如图 2-27 和图 2-28 所示。

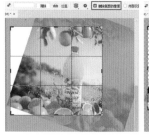
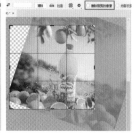

图 2-27   图 2-28

2.1.4　练一练：使用"透视裁剪工具"

扫一扫 看视频

"透视裁剪工具" 可以在对图像进行裁剪的同时调整图像的透视效果，常用于去除图像中的透视感，或者在带有透视感的图像中提取局部，也可以为图像添加透视感。

（1）打开一张带有透视感的图像，右击工具箱中的"裁切工具组"按钮，选择"透视裁剪工具"，在广告牌的一角处单击，如图 2-29 所示。接着将光标依次移动到带有透视感的广告牌的其他点上，如图 2-30 所示，绘制出 4 个点即可，如图 2-31 所示。

（2）按 Enter 键完成裁剪，可以看到原本带有透视感的广告牌被"拉"成了平面，如图 2-32 所示。

图 2-29   图 2-30

图 2-31   图 2-32

（3）如果以当前图像透视的反方向绘制裁剪框，如图 2-33 所示，则能够起到强化图像透视的作用，如图 2-34 所示。

图 2-33   图 2-34

> 提示："透视裁剪工具"的应用范围。
>
> 针对整个图像进行的透视校正可以使用"透视裁剪工具"，如果针对单独图层添加透视或者去除透视则需要使用"自由变换"命令，后面小节会进行讲解。

【重点】2.1.5　旋转画布

使用相机拍摄照片时，照片有时会由于相机朝向而横着或者竖着，这些问题可以通过"图像→图像旋转"下的子命令解决，如图2-35所示。图2-36所示分别为"原图""180度""顺时针90度""逆时针90度""水平翻转画布""垂直翻转画布"的对比效果。

执行"图像→图像旋转→任意角度"命令，在弹出的对话框中输入特定的旋转角度，并设置为"度顺时针"或"度逆时针"，图2-37所示为顺时针旋转60度的效果，旋转之后，画面中多余的部分被填充为当前的背景色，如图2-38所示。

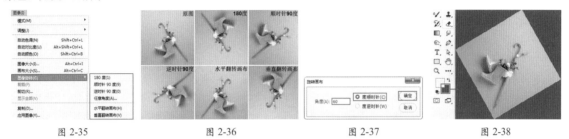

图 2-35　　　　　图 2-36　　　　　图 2-37　　　　　图 2-38

2.2　图层基本操作

Photoshop是一款以"图层"为基础操作单位的制图软件。"图层"是Photoshop进行一切操作的载体。从名称上来看：图层，图+层，图即图像，层即分层、层叠。简而言之，图层就是以分层的形式显示的图像。例如，我们看到一幅漂亮的Photoshop作品，甲壳虫处在花朵盛开的草地上，身上还有老式电话的话筒和拨盘。而这个作品实际上是通过将大量不相干的处于不同图层上的元素堆叠形成的。每个图层就像一个透明玻璃板，最顶部"玻璃板"上的是话筒和拨盘，中间"玻璃板"上贴着甲壳虫，最底部"玻璃板"为草地花朵。将这些"玻璃板"（图层）按照顺序依次堆叠摆放在一起，就呈现出了完整的作品，如图2-39所示。

扫一扫 看视频

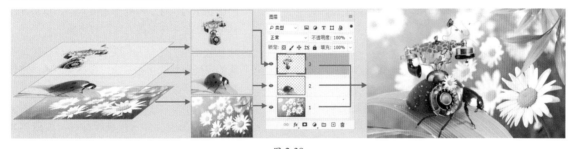

图 2-39

2.2.1　了解"图层"的特性

"图层"模式是一个非常便利的操作方式，当想要在画面中添加一些元素时，可以新建一个空白图层，然后在新的图层中绘制内容。这样新绘制的图层不仅可以随便移动位置，还可以在不影响其他图层的情况下进行内容的编辑。图2-40所示为打开的一张图片，其中包含一个"背景"图层。接着在一个新的图层上绘制了一些斑点，如图2-41所示。由于斑点在另一个图层上，所以可以单独移动这些斑点的位置，还可以对斑点进行大小和颜色的调整。这些所有的操作都不会影响到原始内容，如图2-42所示。

图 2-40

图 2-41

图 2-42

【重点】2.2.2 "图层"面板

了解了图层的特性后，来看一下图层的"大本营"——"图层"面板。执行"窗口→图层"命令，打开"图层"面板，如图2-43所示。"图层"面板常用于新建图层、删除图层、选择图层、复制图层等操作，还可以进行图层混合模式的设置，以及添加和编辑图层样式等操作。首先来简单认识一下"图层"面板。

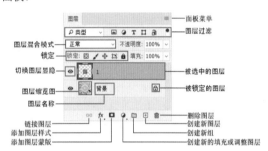
图 2-43

- <kbd>类型</kbd>图层过滤：用于筛选特定类型的图层或者用于查找某个图层。在列表中可以选择用于筛选的方式，在列表右侧可以选定特殊的筛选条件。单击最右侧的按钮，可以启用或关闭图层过滤功能。

- 锁定：选中图层，单击"锁定透明像素"按钮可以将编辑范围限制为只针对图层的不透明部分。单击"锁定图像像素"按钮可以防止使用"绘画工具"修改图层的像素。单击"锁定位置"按钮可以防止图层的像素被移动。单击防止在画板内外自动套嵌。单击"锁定全部"按钮可以锁定透明像素、图像像素和位置，处于这种状态下的图层将不能进行任何操作。

- 正常图层混合模式：用来设置当前图层的混合模式，使之与下面的图像产生混合。下拉列表中有很多混合模式类型，不同的混合模式，与下面图层的混合效果不同。具体使用方法将在第8章中进行讲解。

- 不透明度: 100% 图层不透明度：用来设置当前图层的不透明度。具体使用方法将在第8章中进行讲解。

- 填充: 100% 填充不透明度：用来设置当前图层的填充不透明度。该选项与"不透明度"选项类似，但是不会影响图层样式效果。具体使用方法将在第8章中进行讲解。

- 处于显示/隐藏状态的图层：当该图标显示为时，表示当前图层处于显示状态；当该图标显示为时，则处于隐藏状态。单击该图标可以在显示与隐藏之间进行切换。

- 链接图层：选择多个图层，单击该按钮，所选的图层会被链接在一起，被链接的图层可以在选中其中某一图层的情况下进行共同移动或变换等操作。当链接好多个图层以后，图层名称的右侧就会显示出链接标志，如图 2-44所示。

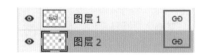
图 2-44

- 添加图层样式：单击该按钮，在弹出的菜单中选择一种样式，可以为当前图层添加一个图层样式。图层样式的使用方法将在第8章中进行讲解。

- ●.创建新的填充或调整图层：单击该按钮，在弹出的菜单中选择相应的命令即可创建填充图层或调整图层。此按钮主要用于创建调整图层，具体使用方法将在第 5 章中进行讲解。
- ☐ 创建新组：单击该按钮即可创建出一个图层组。详见 2.2.12 小节。
- ⊞ 创建新图层：单击该按钮即可在当前图层上一层新建一个图层。详见 2.2.4 小节。
- 🗑 删除图层：选中图层，单击"图层"面板底部的"删除图层"按钮，可以删除该图层。

> **提示：特殊的"背景"图层。**
>
> 当打开一张 JPG 格式的照片或图片时，可以在"图层"面板中自动生成一个"背景"图层，而且"背景"图层后方带着🔒图标。"背景"图层是一种稍微有些"特殊"的图层，无法进行移动或部分像素的删除，有的命令可能也无法使用（如自由变换、操控变形等）。所以如果想要对"背景"图层进行这类操作，需要单击🔒图标，将"背景"图层转换为普通图层，如图 2-45 所示。
>
>
>
> 图 2-45

【重点】2.2.3 选择图层

在使用 Photoshop 制图的过程中，文档中经常会包含很多图层，所以选择正确的图层进行操作就非常重要，否则可能会出现明明想要删除这个图层，却错误地删掉了其他图层的情况。

扫一扫 看视频

1. 选择一个图层

当打开一个 JPG 格式的图片时，可以在"图层"面板中自动生成一个"背景"图层。此时这个图层处于被选中的状态，进行的操作也都是针对这个图层的，如图 2-46 所示。如果当前文档中包含多个图层，例如，在当前的文档中执行"文件→置入嵌入对象"命令，置入一个图片，接下来"图层"面板就显示了两个图层。在"图层"面板中单击该图层，即可将其选中，如图 2-47 所示。在"图层"面板空白处单击，

即可取消选择所有图层，如图 2-48 所示。没有选中任何图层时，图像的编辑操作就无法进行。

图 2-46　　　　图 2-47　　　　图 2-48

2. 选择多个图层

当想要对多个图层同时进行移动、旋转等操作时，就需要同时选中多个图层。在"图层"面板中首先选中一个图层，接着按住 Ctrl 键的同时单击其他图层（不要单击图层的缩略图部分，单击名称部分即可），即可选中多个图层，如图 2-49 和图 2-50 所示。

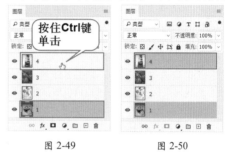

图 2-49　　　　图 2-50

【重点】2.2.4 新建图层

当想要向图像中添加一些绘制的元素时，最好创建新的图层，这样可以避免因绘制失误而对原图产生影响。在"图层"面板底部单击"创建新图层"按钮⊞，即可在当前图层的上一层新建一个图层，如图 2-51 所示。单击某一个图层即可选中该图层，然后在这个图层中可以进行绘图操作，如图 2-52 所示。

扫一扫 看视频

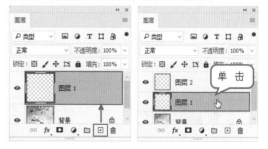

图 2-51　　　　图 2-52

当文档中的图层比较多时，可能很难分辨某个图层，为了便于管理，可以对已有的图层进行命名。将

光标移动至图层名称处双击，此时图层名称处于激活的状态，如图2-53所示。接着输入新的名称，按Enter键确定，如图2-54所示。

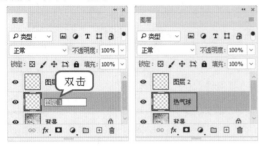

图 2-53　　　　　　　　图 2-54

【重点】2.2.5　删除图层

扫一扫 看视频

选中图层，单击"图层"面板底部的"删除图层"按钮🗑，如图 2-55 所示。在弹出的对话框中单击"是"按钮，即可删除该图层（勾选"不再显示"选项可以在以后删除图层时省去这一步骤），如图 2-56 所示。如果画面中没有选区，直接按 Delete 键也可以删除所选图层。

图 2-55　　　　　　　　图 2-56

【重点】2.2.6　复制图层

扫一扫 看视频

想要复制某一图层，可以在图层上右击，执行"复制图层"命令，如图 2-57 所示。接着在弹出的"复制图层"对话框中对复制的图层命名，并单击"确定"按钮，如图 2-58 所示。也可以选中图层，使用快捷键 Ctrl+J 快速复制图层。如果包含选区，则可以快速将选区中的内容复制为独立图层。

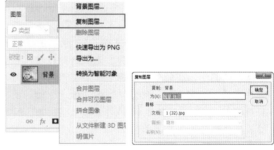

图 2-57　　　　　　　　图 2-58

【重点】2.2.7　调整图层顺序

扫一扫 看视频

在"图层"面板中位于上方的图层会遮挡住下方的图层，如图 2-59 所示。在制图过程中经常需要调整图层堆叠的顺序。例如，置入一个新的背景图片时，默认情况下背景图片显示在最顶部，这时就可以在"图层"面板中单击选择该图层，按住鼠标左键向"图层"面板下方的位置拖动，如图 2-60 所示。松开鼠标后即可完成图层顺序的调整，此时画面的效果也会发生改变，如图 2-61 所示。

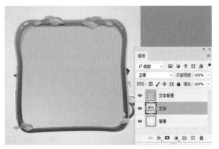

图 2-59　　　　　　　　图 2-60　　　　　　　　图 2-61

提示：使用菜单命令调整图层顺序。

选中要移动的图层，然后执行"图层→排列"菜单下的子命令，可以调整图层的排列顺序。

【重点】2.2.8 移动图层

想要调整图层的位置时，可以使用工具箱中的"移动工具" ✣，想要调整图层中部分内容的位置时，则可以通过使用选区工具绘制出特定范围，然后使用"移动工具" ✣进行移动。

扫一扫 看视频

1. 使用"移动工具"

（1）在"图层"面板中选择需要移动的图层（"背景"图层无法进行移动），如图 2-62 所示。接着选择工具箱中的"移动工具" ✣，如图 2-63 所示，在画面中按住鼠标左键并拖动，该图层的位置就会发生变化，如图 2-64 所示。

图 2-62　　　图 2-63　　　图 2-64

（2）☑ 自动选择：图层▽：在选项栏中勾选"自动选择"选项，如果文档中包含了多个图层或图层组，可以在后面的下拉列表中选择要移动的对象。如果选择"图层"选项，使用"移动工具"在画布中单击时，可以自动选择"移动工具"下面包含像素的最顶层的图层；如果选择"组"选项，在画布中单击时，可以自动选择"移动工具"下面包含像素的最顶层的图层所在的图层组。

（3）☑ 显示变换控件：在选项栏中勾选"显示变换控件"选项，选择一个图层时，就会在图层内容的周围显示定界框，如图 2-65 所示。通过定界框可以进行缩放、旋转、切变等操作（操作方式与"自由变换"功能相同，具体使用方法可以参考 2.4.1 小节），变换完成后按Enter键确定变换操作，如图 2-66 所示。

提示：水平移动、垂直移动。

在使用"移动工具"移动对象的过程中，按住Shift 键可以沿水平或垂直方向移动对象。

图 2-65　　　　　图 2-66

2. 移动并复制

在使用"移动工具"移动图像时，按住 Alt 键拖动图像，可以复制图层，如图 2-67 所示。当在图像中存在选区时按住 Alt 键并拖动选区中的内容，则会在该图层内部复制选中的部分，如图 2-68 所示。

图 2-67　　　　　图 2-68

3. 在不同的文档之间移动图层

在不同的文档之间使用"移动工具" ✣可以将图层复制到另一个文档中。在一个文档中按住鼠标左键将图层拖动至另一个文档中，松开鼠标即可将该图层复制到另一个文档中，如图 2-69 和图 2-70 所示。

图 2-69　　　　　图 2-70

提示：移动选区中的像素。

当图像中存在选区，选中普通图层使用"移动工具"进行移动时，选中图层内的所有内容都会移动，且原选区显示透明状态。当选中的是"背景"图层，使用"移动工具"进行移动时，选区画面部分将会被移动且原选区被填充为背景色。

【重点】2.2.9 练一练：对齐图层

扫一扫 看视频

在版面的编排中，有一些元素是必须要进行对齐的，如界面设计中的按钮、版面中的一些图案。那么如何快速、精准地进行对齐呢？使用"对齐"功能可以将多个图层对象整齐排列。

在对图层操作之前，需要先选择图层，在这里按住 Ctrl 键加选多个需要对齐的图层。接着选择工具箱中的"移动工具" ，在选项栏中有一排对齐按钮，如图 2-71 所示，单击相应的按钮即可进行对齐。例如，单击"水平居中对齐"按钮 ，效果如图 2-72 所示。

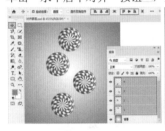

图 2-71　　　　　图 2-72

提示：对齐按钮。

• 左对齐：将所选图层的中心像素与当前图层左边的中心像素对齐。

• 水平居中对齐：将所选图层的中心像素与当前图层水平方向的中心像素对齐。

• 右对齐：将所选图层的中心像素与当前图层右边的中心像素对齐。

• 顶对齐：将所选图层最顶端的像素与当前图层最顶端的中心像素对齐。

• 垂直居中对齐：将所选图层的中心像素与当前图层垂直方向的中心像素对齐。

• 底对齐：将所选图层的最底端像素与当前图层最底端的中心像素对齐。

【重点】2.2.10 练一练：分布图层

扫一扫 看视频

对象排列整齐了，那么怎么才能让两个对象之间的距离是相等的呢？这时就可以使用"分布"命令。该命令可以制作具有相同间距的图层。在使用"分布"命令时，文档中必须包含多个图层（至少为 3 个图层，且"背景"图层除外）。

首先加选需要进行分布的图层，接着在使用"移动工具"状态下，单击选项栏中的"对齐并分布" 按钮，在下拉面板中可以看到用来进行"分布"的按

钮，如图 2-73 所示。例如，单击"垂直居中分布"按钮 ，效果如图 2-74 所示。

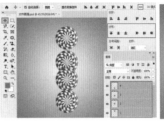

图 2-73　　　　　图 2-74

提示：分布按钮。

• 垂直顶部分布：单击该按钮时，将平均每一个对象顶部基线之间的距离，调整对象的位置。

• 垂直居中分布：单击该按钮时，将平均每一个对象水平中心基线之间的距离，调整对象的位置。

• 底部分布：单击该按钮时，将平均每一个对象底部基线之间的距离，调整对象的位置。

• 左分布：单击该按钮时，将平均每一个对象左侧基线之间的距离，调整对象的位置。

• 水平居中分布：单击该按钮时，将平均每一个对象垂直中心基线之间的距离，调整对象的位置。

• 右分布：单击该按钮时，将平均每一个对象右侧基线之间的距离，调整对象的位置。

延伸学习：对齐、分布制作整齐版面

（1）在版式设计中，对齐与分布功能的应用非常广泛。在图 2-75 中，图片只是置入到了文档内，但还没有进行调整。接着在"图层"面板中加选图片图层，如图 2-76 所示。

图 2-75　　　　　图 2-76

（2）选择"移动工具"，然后单击选项栏中的"水平居中对齐"按钮 ，效果如图 2-77 所示。单击"垂直居中分布"按钮 ，效果如图 2-78 所示。最后完成效果如图 2-79 所示。

图 2-77   图 2-78   图 2-79

2.2.11　锁定图层

锁定图层可以用来保护图层透明区域、图像像素和位置的锁定功能，使用这些按钮可以根据需要完全锁定或部分锁定图层，以免因操作失误而对图层的内容造成破坏。

打开一个文档，在文档中的"人像"图层内存在透明区域，如图 2-80 所示。在"图层"面板的上半部分有多个锁定按钮，如图 2-81 所示。

图 2-80

图 2-81

- 锁定透明像素：激活"锁定透明像素"按钮以后，可以将编辑范围限定在图层的不透明区域，图层的透明区域会受到保护。锁定了图层的透明像素，使用"画笔工具"在图像上进行涂抹，只能在含有图像的区域进行绘画。

- 锁定图像像素：激活"锁定图像像素"按钮后，只能对图层进行移动或变换操作，不能在图层上绘画、擦除或应用滤镜。

- 锁定位置：激活"锁定位置"按钮后，图层将不能移动。这个功能对于设置了精确位置的图像非常有用。

- 防止在画板内外自动嵌套："防止在画板内外自动嵌套"功能是在有多个画板的情况下进行操作。例如，要将图层从"画板 1"中移动至"画板 2"中。如果在未启用该功能的情况下，使用"移动工具"拖动就能够移动，并且图层会移动到"画板 2"中。但是如果选择图层，然后单击 按钮，接着将图层向"画板 2"中拖动，虽然此时移动了人物的位置，但是它并未出现在"画板 2"中。该功能不仅能够针对图层，还能够针对整个画板。

- 锁定全部：激活"锁定全部"按钮后，图层将不能进行任何操作。

> 提示：为什么锁定状态有空心的和实心的？
>
> 当图层被完全锁定之后，图层名称的右侧会出现一个实心的锁 ；当图层只有部分属性被锁定时，图层名称的右侧会出现一个空心的锁 。

2.2.12　练一练：使用"图层组"管理图层

"图层组"就像一个文件袋，在办公时，如果有很多文件，我们会将同类文件放在一个文件袋中，并在文件袋上标明信息。而在 Photoshop 中制作复杂的图像作品时也是一样的，"图层"面板中经常会出现数十个图层，把它们分门别类地"收纳"好，是个非常好的习惯，这样也会帮助我们在后期操作中更加便利地对画面进行处理。图 2-82 所示为一个设计作品中使用到的图层。图 2-83 所示为借助图层组整理后的"图层"面板。

扫一扫 看视频

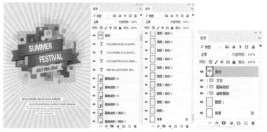

图 2-82   图 2-83

1. 创建图层组

单击"图层"面板底部的"创建新组"按钮 ，

即可在"图层"面板中创建新的图层组，如图 2-84 所示。选择需要放置在组中的图层，按住鼠标左键拖动至"新建组"按钮上，如图 2-85 所示，这样能够以所选图层创建图层组，结果如图 2-86 所示。

图 2-84　　　图 2-85　　　图 2-86

提示：尝试创建一个"组中组"。

图层组中还可以嵌套其他图层组。将创建好的图层组移到其他组中即可创建出"组中组"。

2. 将图层移入或移出图层组

选择一个或多个图层，按住鼠标左键拖动到图层组内，如图 2-87 所示。松开鼠标左键就可以将其移入到该组中，如图 2-88 所示。将图层组中的图层拖动到组外，就可以将其从图层组中移出。

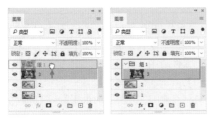

图 2-87　　　　图 2-88

3. 取消图层编组

在图层组名称上右击，然后在弹出的菜单中选择"取消图层编组"命令，如图 2-89 所示。图层组消失，组中的图层并未被删除，如图 2-90 所示。

图 2-89　　　　图 2-90

[重点] 2.2.13　合并图层

扫一扫 看视频

合并图层是指将所有选中的图层合并成一个图层的过程。图 2-91 中是未进行合并的图层，图 2-92 中是将"背景"图层以外的图层进行合并了的图层。经过观察可以发现，画面的效果并没有什么变化，只是多个图层变为了一个图层。

图 2-91

图 2-92

1. 合并图层

想要将多个图层合并为一个图层，可以在"图层"面板中按住 Ctrl 键单击加选需要合并的图层，然后执行"图层→合并图层"命令或按快捷键 Ctrl+E。

2. 合并可见图层

执行"图层→合并可见图层"命令或按快捷键 Ctrl+Shift+E 可以将"图层"面板中的所有可见图层合并为"背景"图层。

3. 拼合图像

"拼合图像"命令可以将所有图层都拼合到"背景"图层中。执行"图层→拼合图像"命令即可将全部图层合并到"背景"图层中，如果有隐藏的图层则会弹出一个提示对话框，提醒用户是否要扔掉隐藏的图层。

4. 盖印

盖印可以将多个图层的内容合并到一个新的图层中，同时保持其他图层不变。选择了多个图层，然后使用"盖印图层"快捷键 Ctrl+Alt+E，可以将这些图层中的图像盖印到一个新的图层中，原始图层的内容保持不变。按快捷键 Ctrl+Shift+Alt+E，可以将所有可见图层盖印到一个新的图层中。

【重点】2.2.14 栅格化图层

在 Photoshop 中新建的图层为普通图层。除此之外，Photoshop 还有几种"不普通"的图层，如使用"文字工具"创建出的"文字"图层，置入后的"智能对象"图层，使用"矢量工具"创建出的"形状"图层，使用 3D 功能创建出的 3D 图层等，这些图层都属于"特殊图层"，与智能对象非常相似，可以移动、旋转、缩放，但是不能对内容进行编辑。所以如果想要编辑这些特殊对象的内容，就需要将它们转换为普通图层。

扫一扫 看视频

"栅格化"图层就是将特殊图层转换为普通图层的过程。选择需要栅格化的图层，然后执行"图层→栅格化"菜单下的子命令，或者在"图层"面板中选中该图层并右击执行"栅格化图层"命令，如图 2-93 所示。随即可以看到特殊图层转换为普通图层，如图 2-94 所示。

图 2-93   图 2-94

2.3 剪切/复制/粘贴

剪切、复制、粘贴相信大家都不陌生，剪切是将某个对象暂时存储到剪贴板备用，并从原位置删除；复制是保留原始对象并复制到剪贴板中备用；粘贴则是将剪贴板中的对象提取到当前位置。

扫一扫 看视频

对于图像也是一样的。想要使不同位置出现相同的内容需要使用"复制"和"粘贴"命令，想要将某个部分的图像从原始位置去除，并移动到其他位置，需要使用"剪切"和"粘贴"命令。

【重点】2.3.1 复制与粘贴

创建选区后，执行"编辑→复制"命令或按快捷

键 Ctrl+C，可以将选区中的图像复制到计算机的剪贴板中，如图 2-95 所示。然后执行"编辑→粘贴"命令或按快捷键 Ctrl+V，可以将复制的图像粘贴到画布中，并生成一个新的图层，如图 2-96 所示。

图 2-95   图 2-96

【重点】2.3.2 剪切与粘贴

"剪切"命令就是暂时将选中的图像放到计算机的剪贴板中，而选择的区域中的图像就会消失。通常"剪切"与"粘贴"命令一同使用。

选择一个普通图层（非"背景"图层），然后选择工具箱中的"矩形选框工具" ，按住鼠标左键拖动绘制一个选区，这个选区就是我们选中的区域，如图 2-97 所示。

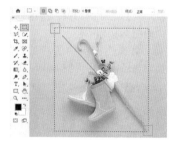

图 2-97

接着执行"编辑→剪切"命令或按快捷键 Ctrl+X，可以将选区中的内容剪切到剪贴板上，此时原始位置的图像消失了，如图 2-98 所示。继续执行"编辑→粘贴"命令或按快捷键 Ctrl+V，可以将剪切的图像粘贴到画布中，并生成一个新的图层，如图 2-99 所示。

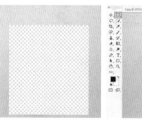

图 2-98   图 2-99

当被选中的图层为普通图层时，剪切后的区域为透明区域。如果被选中的图层为"背景"图层，那么剪切后的区域会被填充为当前背景色。如果选中的图层为"智能"图层、3D 图层、"文字"图层等特殊图层则不能够进行剪切操作。

2.3.3　合并复制

合并复制就是将文档内所有可见图层复制并合并到剪贴板中。打开一个含有多个图层的文档，然后执行"选择→全选"命令或按快捷键 Ctrl+A 全选当前图像，然后执行"编辑→选择性复制→合并复制"命令或按快捷键 Ctrl+Shift+C，将所有可见图层复制并合并到剪贴板中。然后按快捷键 Ctrl+V 可以将合并复制的图像粘贴到当前文档或其他文档中。

【重点】2.3.4　清除图像

选择一个普通图层，绘制需要删除的选区，如图 2-100 所示。按 Delete 键删除，选区内的部分将变为透明状态，如图 2-101 所示。

想要清除"背景"图层中的局部，需要将"背景"图层转换为普通图层后再按 Delete 键。

图 2-100　　　　　　图 2-101

2.4　图像变换与变形

【重点】2.4.1　自由变换

在制图过程中，经常需要调整图层的大小、角度，有时也需要对图层的形态进行扭曲、变形，这些都可以通过"自由变换"命令实现。选中需要变换的图层，

扫一扫 看视频

执行"编辑→自由变换"命令（快捷键为 Ctrl+T），此时对象进入自由变换状态，四周出现了定界框，四角处以及定界框四边的中间都有控制点。如果在自由变换状态下没有显示中心点，可以勾选选项栏中的"切换参考点"选项。如图 2-102 所示。

如果要完成变换可以按 Enter 键；如果要取消正在进行的变换操作，可以按 Esc 键。

图 2-102

提示："背景"图层无法进行变换。

打开一个图片后，我们会发现无法使用"自由变换"命令，这可能是因为打开的图片只包含一个"背景"图层，需要将"背景"图层转换为普通图层，然后就可以使用"编辑→自由变换"命令了。

1. 放大、缩小

默认情况下，选项栏中的"保持长宽比"选项处于激活状态，在此状态下能够等比缩放。将光标移动至定界框上、下、左、右边框上任意一个控制点上，按住鼠标左键向内拖动可以缩小，如图 2-103 所示。按住鼠标向外拖动可以放大，如图 2-104 所示。

图 2-103　　　　　　图 2-104

单击"保持长宽比"按钮取消其激活状态，拖动控制点可以进行不等比的缩放，如图2–105所示。在取消"保持长宽比"状态下，按住Shift键并同时拖动定界框4个角点处的控制点可以进行等比例缩放。

图 2-105

2. 旋转

将光标移动至 4 个角点处的任意一个控制点上，当光标变为弧形的双箭头 ⤾ 后，按住鼠标左键并拖动即可进行旋转，如图 2-106 所示。

图 2-106

3. 斜切

在自由变换状态下，右击执行"斜切"命令，如图 2-107 所示。然后按住鼠标左键并拖动控制点，如图 2-108 所示。

图 2-107　　　　　图 2-108

4. 扭曲

在自由变换状态下，右击执行"扭曲"命令，按住鼠标左键并拖动控制点可以进行扭曲，如图 2-109 和图 2-110 所示。

图 2-109　　　　　图 2-110

5. 透视

在自由变换状态下，右击执行"透视"命令，拖动一个控制点即可产生透视效果，如图 2-111 和图 2-112 所示；也可以选择需要变换的图层，执行"编辑→变换→透视"命令。

图 2-111　　　　　图 2-112

6. 变形

在自由变换状态下，右击执行"变形"命令，拖动网格线或控制点即可进行变形操作，如图2-113所示；也可以在调出变形定界框后，单击选项栏中的"变形"按钮，在下拉列表中选择一个合适的形状，然后在选项栏中进行参数的调整，效果如图2-114所示。

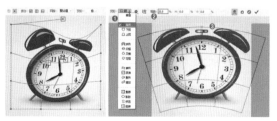

图 2-113　　　　　图 2-114

7.旋转180度、顺时针旋转90度、逆时针旋转90度、水平翻转、垂直翻转

在自由变换状态下，右击，在菜单的底部还有5个旋转的命令：旋转180度、顺时针旋转90度、逆时针旋转90度、水平翻转与垂直翻转，根据这些命令的名字就能够判断它的用法，如图2-115所示。

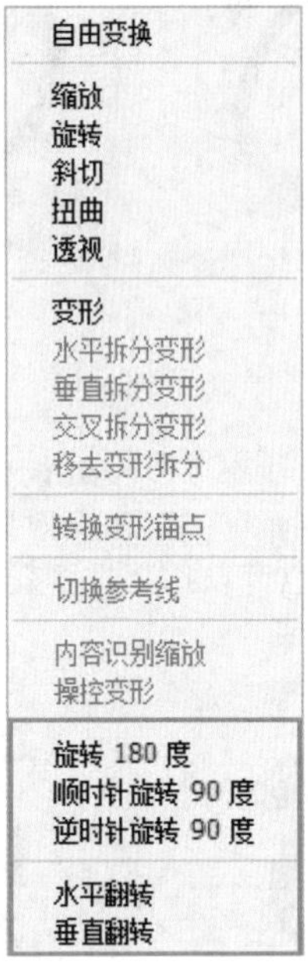

图 2-115

提示：自由变换的其他用法。

（1）复制并变换图像。选择一个图层，按快捷键 Ctrl+Alt+T 调出定界框，此时软件会自动复制出一个相同的图层，如图2-116所示。进入自由变换并复制的状态，接着就可以对这个图层进行变换，如图2-117所示。

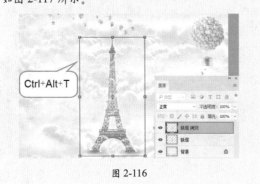

图 2-116

图 2-117

（2）复制并重复上一次的变换。当我们想要制作一系列变换规律相似的元素时，可以使用"复制并重复上一次变换"功能。在使用"复制并重复上一次变换"功能之前需要先设定好一个变换规律。

首先确定一个变换规律，使用快捷键 Ctrl+Alt+T 调出定界框，然后将"中心点"拖动到定界框左下角的位置，如图2-118所示。接着对图像进行旋转和缩放，然后按 Enter 键确定变换操作，如图2-119所示。接着多次使用快捷键 Shift+Ctrl+Alt+T，可以得到一系列规律的变换效果，如图2-120所示。

图 2-118 图 2-119

图 2-120

练习实例：使用"变换"命令制作立体书籍

文件路径	第2章\练习实例：使用"变换"命令制作立体书籍
难易指数	★★★★★
技术掌握	变换命令

扫一扫 看视频

案例效果

案例效果如图 2-121 所示。

图 2-121

操作步骤

步骤01▶执行"文件→打开"命令，在弹出的"打开"对话框中找到素材位置，选择素材1.jpg，单击"打开"按钮，如图2-122所示。素材即可在Photoshop中打开，如图2-123所示。

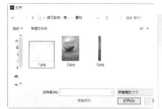

图 2-122　　　　　　　　图 2-123

步骤02▶执行"文件→置入嵌入对象"命令，在打开的"置入嵌入的对象"对话框中找到素材位置，选择素材2.jpg，单击"置入"按钮，如图2-124所示。接着将置入对象调整到合适的位置，然后按Enter键完成置入操作，如图2-125所示。

图 2-124　　　　　　　　图 2-125

步骤03▶选择该图层，右击执行"栅格化图层"命令，如图2-126所示，即可将智能图层转换为普通图层。为了更好地进行变形，可以降低该图层的不透明度。选择该图层，设置该图层的"不透明度"为20%，如图2-127所示，效果如图2-128所示。

图 2-126　　　　　　　　图 2-127

图 2-128

步骤04▶执行"编辑→变换→扭曲"命令调出定界框（也可以执行"编辑→自由变换"命令，在画面中右击执行"扭曲"命令），接着将光标移动至右上角的控制点上，按住鼠标左键将控制点拖动至封面右上角处，如图2-129所示。继续将剩余的3个控制点拖动至相应位置，如图2-130所示。

图 2-129　　　　　　　　图 2-130

步骤05▶调整完成后，按Enter键完成变换操作，如图2-131所示。

图 2-131

步骤 06 将图层的不透明度设置为100%，如图 2-132 所示。

图 2-132

步骤 07 使用同样的方法制作书脊部分，完成效果如图 2-133 所示。

图 2-133

课后练习：复制并自由变换制作创意翅膀

文件路径	第2章\课后练习：复制并自由变换制作创意翅膀
难易指数	★★★★★
技术掌握	置入嵌入对象、复制图层、自由变换
操作思路	（1）置入组成翅膀的一个元素，进行自由变换。 （2）复制并重复上一次变换，得到自动变换的重复的一个元素。 （3）继续制作组成翅膀的其他元素，并组合在一起，完成翅膀的制作，效果如图2-134所示。

图 2-134

扫一扫 看视频

2.4.2 内容识别缩放

扫一扫 看视频

在变换图像时，我们经常要考虑是否要进行等比例变形，因为很多不等比例的变形不美观、不专业，也是不能用的。但是对于一些图形，等比例缩放确实能够保证画面效果不变形，但是图像尺寸可能就不尽如人意了。那有没有一种方法既能保证画面效果不变形，又能不等比例地调整图像大小呢？答案是肯定的，可以使用"内容识别缩放"命令进行缩放操作。

（1）在图 2-135 中，可以看到浅蓝色的背景画面非常宽，和前景中的文字比例明显不匹配，如果使用"自由变换"命令（快捷键为 Ctrl+T）调出定界框，然后横向缩放，画面中的图形就变形了，如图 2-136 所示。

（2）如果执行"编辑→内容识别缩放"命令调出定界框，然后进行横向的缩放，随着鼠标的拖动可以看到画面中主体物并未发生变形，而颜色较为统一的

位置则进行了缩放，如图 2-137 所示。

图 2-135

图 2-136

图 2-137

（3）如果要缩放人像图片，可以在执行完"内容识别缩放"命令之后，单击选项栏中的"保护肤色"按钮📍进行缩放，这样可以最大程度地保证人物比例。

> **提示：选项栏中"保护"选项的用法。**
>
> 选择要保护的区域的 Alpha 通道。如果要在缩放图像时保留特定的区域，"内容识别缩放"允许在调整大小的过程中使用 Alpha 通道来保护内容。

2.5　常用辅助工具

Photoshop 提供了多种非常方便的"辅助工具"，包括标尺、参考线、智能参考线、网格、对齐等，通过使用这些工具，可以轻松制作出尺度精准的对象和排列整齐的版面。

【重点】2.5.1　标尺

在对图像进行精确处理时就需要使用标尺工具了。

扫一扫 看视频

1. 开启标尺

执行"文件→打开"命令，打开一张图片，执行"视图→标尺"命令（快捷键为Ctrl+R），此时看到窗口顶部和左侧会出现标尺，如图2-138所示。

图 2-138

2. 调整标尺原点

虽然标尺只能在窗口的左侧和上方，但是可以更改原点（也就是零刻度线）的位置，以满足使用。默认情况下，标尺的原点位于窗口的左上方，将光标放置在原点上，然后按住鼠标左键拖动原点，画面中会显示出十字线，释放鼠标左键以后，释放处便成了原点的新位置，并且此时的原点数字也会发生变化，如图 2-139 和图 2-140 所示。想要使标尺原点恢复默认状态，可以在左上角两条标尺交界处单击。

图 2-139

图 2-140

3. 设置标尺单位

在标尺上方右击，在弹出的菜单中选择相应的单位即可设置标尺的单位，如图 2-141 所示。

图 2-141

扫一扫 看视频

【重点】2.5.2　参考线

"参考线"是一款非常常用的辅助工具，在平面设计中尤为适用。当我们想要制作整齐排列的元素时，徒手移动很难保证元素整齐排列，如果有了"参考线"，则可以在我们移动对象时自动"吸附"到参考线上，从而使版面更加整齐。

"参考线"是一种显示在图像上方的虚拟对象（打印和输出时不会显示），用于辅助移动、变换过程中的精确定位。执行"视图→显示→参考线"命令可以切换参考线的显示和隐藏。

1. 创建参考线

首先使用快捷键Ctrl+R打开标尺。将光标放置在水平标尺上，然后按住鼠标左键向下拖动即可拖出水平参考线，如图2-142所示。将光标放置在左侧的垂直标尺上，然后按住鼠标左键向右拖动即可拖出垂直参考线，如图2-143所示。

图 2-142　　　　　　　　图 2-143

2. 移动和删除参考线

如果要移动参考线，单击工具箱中的"移动工具"按钮 ⊕，然后将光标放置在参考线上，当光标变成分隔符形状时 ⊩，按住鼠标左键即可移动参考线，如图2-144所示。如果使用"移动工具"将参考线拖动至画布之外，可以删除这条参考线，如图2-145所示。

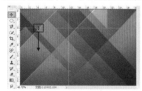

图 2-144　　　　　　　　图 2-145

> 提示：移动参考线的小技巧。
>
> 在创建、移动参考线时，按住Shift键可以使参考线与标尺刻度进行对齐；按住Ctrl键可以将参考线放置在画布中的任意位置，并且可以让参考线不与标尺刻度进行对齐。

3. 删除所有参考线

如果需要删除画布中的所有参考线，可以执行"视图→清除参考线"命令。

2.5.3　智能参考线

"智能参考线"是一种会在绘制、移动、变换等情况下自动出现的参考线，可以帮助我们对齐特定对象。例如，当我们使用"移动工具"移动某个图层时，如图2-146所示，移动过程中与其他图层对齐时就会显示出洋红色的智能参考线，而且还会提示图层之间的间距，如图2-147所示。

图 2-146　　　　　　　　图 2-147

同样，缩放图层到某个图层一半尺寸时也会出现智能参考线，如图2-148所示。绘制图形时也会出现，如图2-149所示。

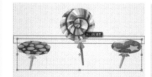

图 2-148　　　　　　　　图 2-149

2.5.4　网格

网格主要用来对齐对象，借助网格可以更精准地确定绘制对象的位置，尤其是在制作标志、绘制像素画时，网格是必不可少的辅助工具。网格在默认情况下显示为不打印出来的线条。打开一张图片，如图2-150所示。执行"视图→显示→网格"命令，就可以在画布中显示出网格，如图2-151所示。

图 2-150　　　　　　　　图 2-151

2.5.5　对齐

在我们进行移动、变换或者创建新图形时，经常会感受到对象被自动"吸附"到另一个对象的边缘或某些特定位置，这是因为开启了"对齐"功能。"对齐"有助于精确地放置选区、裁剪选框、切片、形状和路径等。执行"视图→对齐"命令可以切换"对齐"功能的开启与关闭。在"视图→对齐到"菜单下可以设置可对齐的对象，如图 2-152 所示。

图 2-152

课后练习：复制并重复变换制作暗调合成

文件路径	第2章\课后练习：复制并重复变换制作暗调合成
难易指数	★★★★★
技术掌握	图层组的使用、自由变换、复制并重复变换
操作思路	（1）置入组成翅膀的一个元素，进行自由变换。 （2）将复制并自由变换得到的图层放置在一个图层组中，并设置混合模式。 （3）添加装饰元素，效果如图2-153所示。

图 2-153

扫一扫 看视频

Chapter
3
第 3 章

扫一扫 看视频

选区与填色

本章主要讲解最基本也是最常见的选区绘制方法及操作，如移动、变换、显隐、存储等，并在此基础上学习选区形态的编辑。学会选区的使用方法后，就可以对选区进行颜色、渐变以及图案的填充。

重点知识掌握：

- 掌握使用"选框工具"和"套索工具"创建选区的方法。
- 掌握颜色的设置以及填充方法。
- 掌握渐变的使用方法。
- 掌握选区的基本编辑操作。

通过本章学习，我能做：

通过本章的学习，能够轻松地在画面中绘制一些简单的选区，如长方形选区、正方形选区、椭圆选区、正圆选区、细线选区、随意的选区，以及随意的带有尖角的选区等。有了选区后就可以对选区内的部分进行单独的操作，可以复制为单独的图层，也可以删除这部分内容，还可以为选区内部填充颜色。

3.1　基本选区创建工具

在创建选区之前，首先来了解一下什么是"选区"。可以将"选区"理解为一个限定处理范围的"虚线框"，当画面中包含选区时，选区边缘显示为闪烁的黑白相间的虚线框，如图 3-1 所示。进行的操作只会对选区以内的部分起作用，如图 3-2 所示。

图 3-1　　　　　　　　　图 3-2

选区功能的使用非常普遍，在照片修饰或者平面设计制图的过程中，经常需要对画面局部进行处理，

在特定范围内填充颜色，或者将部分区域删除。这些操作都可以创建出选区，然后进行操作。在 Photoshop 中包含多种选区制作工具，本章将要介绍的是一些最基本的选区绘制工具，通过这些工具可以绘制长方形选区、正方形选区、椭圆选区、正圆选区、细线选区、随意的选区以及随意的带有尖角的选区等，如图 3-3 所示。除了这些工具，还有一些用于"抠图"的选区制作工具和技法将在后面的章节进行讲解。

图 3-3

【重点】3.1.1　练一练：使用"矩形选框工具"

"矩形选框工具"　可以创建出矩形选区与正方形选区。

（1）单击工具箱中的"矩形选框工具"　，将光标移动到画面中，按住鼠标左键并拖动即可出现矩形的选区，松开光标后完成选区的绘制，如图 3-4 所示。在绘制过程中，按住 Shift 键的同时按住鼠标左键拖动，可以创建正方形选区，如图 3-5 所示。

扫一扫 看视频

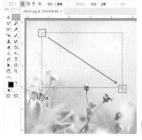 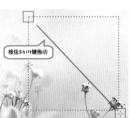

图 3-4　　　　　　　　　图 3-5

（2）在"矩形选框工具"的选项栏中可以看到选区运算的按钮　　　。选区的运算是指选区之间的"加"和"减"。在绘制选区之前首先要注意此处的设置。如果想要创建出一个新的选区，就需要单击"新选区"按钮　，然后绘制选区。如果已经存在选区，那么新创建的选区将替代原来的选区，如图 3-6 所示。如果之前包含选区，单击"添加到选区"按钮　，可

以将当前创建的选区添加到原来的选区中（按住 Shift 键也可以实现相同的操作），如图 3-7 所示。如果之前包含选区，单击"从选区减去"按钮　可以将当前创建的选区从原来的选区中减去（按住 Alt 键也可以实现相同的操作），如图 3-8 所示。如果之前包含选区，单击"与选区交叉"按钮　，接着绘制选区时只保留原有选区与新创建的选区相交的部分（按住快捷键 Alt+Shift 也可以实现相同的操作），如图 3-9 所示。

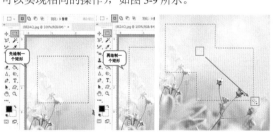

图 3-6　　　　　　　　　图 3-7

图 3-8　　　　　　　　　图 3-9

（3）在选项栏中可以看到"羽化"选项，"羽化"选项主要用来设置选区边缘的虚化程度。若要绘制"羽化"的选区，需要先在控制栏中设置参数，然后按住鼠标左键拖动进行绘制，选区绘制完成后可能看不出有什么变化，如图 3-10 所示。可以将前景色设置为彩色，然后使用前景色填充，即按快捷键 Alt+Delete 进行填充，然后按快捷键 Ctrl+D 取消选区的选择，此时就可以看到羽化选区填充后的效果，如图 3-11 所示。羽化值越大，虚化范围越宽；反之，羽化值越小，虚化范围越窄。图 3-12 所示为羽化值为 30 像素的羽化效果。

图 3-10

图 3-11

图 3-12

提示：选区警告。

当设置的羽化值过大，Photoshop 会弹出一个警告对话框，提醒用户任何像素都不大于 50% 选择，选区边将不可见（选区仍然存在），如图 3-13 所示。

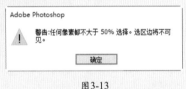
图 3-13

（4）"样式"选项是用来设置矩形选区的创建方法。当选择"正常"选项时，可以创建任意大小的矩形选区。当选择"固定比例"选项时，可以在右侧的"宽度"和"高度"输入框中输入数值，以创建固定比例的选区。例如，设置"宽度"为 1，"高度"为 2，那么创建出来的矩形选区的高度就是宽度的 2 倍，如图 3-14 所示。当选择"固定大小"选项时，可以在右侧的"宽度"和"高度"输入框中输入数值，然后单击即可创建一个固定大小的选区（单击"高度和宽度互换"按钮，可以切换"宽度"和"高度"的数值），如图 3-15 所示。

（5）如果在选项栏中单击"选择并遮住"按钮，则可以打开"选择并遮住"窗口，在该窗口中可以对选区进行平滑、羽化等处理。具体内容将在 3.5.2 小节中进行讲解。若打开了该窗口，想要关闭该窗口并且不做出更改，单击窗口右下角的"取消"按钮即可，如图 3-16 所示。

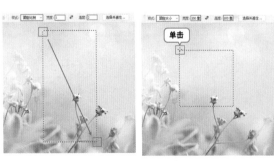
图 3-14

图 3-15

图 3-16

【重点】3.1.2　练一练：使用"椭圆选框工具"

"椭圆选框工具"主要用来制作椭圆选区和正圆选区。

扫一扫 看视频

（1）右击工具箱中的"选框工具组"按钮，在弹出的工具组列表中选择"椭圆选框工具"。将光标移动到画面中，按住鼠标左键并拖动即可出现椭圆形的选区，松开鼠标后完成选区的绘制，如图 3-17 所示。在绘制过程中按住 Shift 键的同时按住鼠标左键拖动，可以绘制正圆选区，如图 3-18 所示。

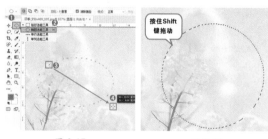

图 3-17　　　　　　　图 3-18

（2）选项栏中的"消除锯齿"选项通过柔化边缘像素与背景像素之间的颜色过渡效果，来使选区边缘变得平滑。图 3-19 是未勾选"消除锯齿"选项时的图像边缘效果，图 3-20 是勾选了"消除锯齿"选项时的图像边缘效果。由于"消除锯齿"只影响边缘像素，因此图像不会丢失细节，在剪切、复制和粘贴选区图像时非常有用。其他选项与"矩形选框工具"相同，这里不再重复讲解。

图 3-19　　　　　　　图 3-20

3.1.3　练一练：使用"单行选框工具"/"单列选框工具"

"单行选框工具"、"单列选框工具"主要用来创建高度或宽度为 1 像素的选区，常用来制作分割线以及网格效果。

（1）右击工具箱中的"选框工具组"

扫一扫 看视频

按钮，在弹出的工具组列表中选择"单行选框工具"或者直接选择工具箱中的"单行选框工具"，如图 3-21 所示。接着在画面中单击，即可绘制 1 像素高的横向选区，如图 3-22 所示。

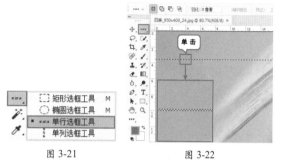

图 3-21　　　　　　　图 3-22

（2）右击工具箱中的"选框工具组"按钮，在弹出的工具组列表中选择"单列选框工具"，如图 3-23 所示。接着在画面中单击，即可绘制 1 像素宽的纵向选区，如图 3-24 所示。

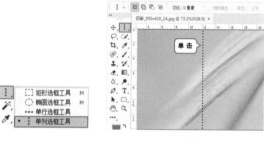

图 3-23　　　　　　　图 3-24

【重点】3.1.4　使用"套索工具"绘制随意选区

使用"套索工具"可以绘制出不规则形状的选区。例如，需要随意选择画面中的某个部分，或者绘制一个不规则的图形都可以使用"套索工具"。

扫一扫 看视频

单击工具箱中的"套索工具"，将光标移动至画面中，按住鼠标左键拖动，如图 3-25 所示。最后将光标定位到起始位置，松开鼠标左键即可得到闭合选区，如图 3-26 所示。如果在绘制中途松开鼠标左键，Photoshop 会在该点与起点之间建立一条直线以封闭选区。

提示：从"套索工具"快速切换到"多边形套索工具"。

当使用"套索工具"绘制选区时，如果在绘制过程中按住 Alt 键，松开鼠标左键以后（不松开 Alt 键），Photoshop 会自动切换到"多边形套索工具"。

【重点】3.1.5 使用"多边形套索工具" 创建尖角选区

"多边形套索工具" ![图标] 能够创建转角比较强烈的选区，如楼房、书本等对象的选区。

选择工具箱中的"多边形套索工具" ![图标]，在画面中单击确定起点，如图 3-27 所示。接着移动光标到第二个位置单击，如图 3-28 所示。继续通过单击的方式进行绘制，当绘制到起始位置时，光标变为 ![图标] 后单击，如图 3-29 所示，随即会得到选区，如图 3-30 所示。

扫一扫 看视频

图 3-25

图 3-26

图 3-27

图 3-28

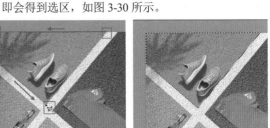
图 3-29   图 3-30

提示："多边形套索工具"的使用技巧。

在使用"多边形套索工具"绘制选区时，按住 Shift 键，可以在水平方向、垂直方向或 45°方向上绘制直线。另外，按 Delete 键可以删除最近绘制的直线。

3.2   选区的基本操作

可以对创建完成的"选区"进行一些操作，如移动、全选、反选、取消选择、重新选择、存储与载入等。

【重点】3.2.1 取消选区

扫一扫 看视频

当绘制了一个选区后，会发现操作都是针对选区内部的图像进行的。如果不需要对局部进行操作了，就可以取消选区。执行"选择→取消选择"命令或按快捷键 Ctrl+D，可以取消选区。

3.2.2 重新选择

如果刚刚错误地取消了选区，可以将选区"恢复"回来。要恢复被取消的选区，可以执行"选择→重新选择"命令。

【重点】3.2.3 练一练：移动选区位置

创建完的选区可以进行移动，但是选区的移动不能使用"移动工具"，而要使用"选框工具"，否则移动的内容将是图像，而不是选区。

（1）选择一个"选框工具"，设置选区模式为"新选区" ▣，接着将光标移动至选区内，光标变为 ▷ 状后，按住鼠标左键拖动，如图 3-31 所示。拖动到相应位置后松开鼠标，完成移动操作，如图 3-32 所示。

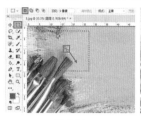 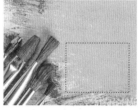

图 3-31　　　　　　　图 3-32

（2）使用"选框工具"创建选区时，在松开鼠标左键之前，按住 Space 键（空格键）拖动光标，可以移动选区。在包含选区的状态下，按键盘上的→、←、↑、↓键能够以 1 像素的距离移动选区。

> 提示：不要使用"移动工具"移动选区。
>
> 如果使用"移动工具"，那么移动的将是选区中的内容，而不是选区本身。

重点 3.2.4　全选

全选命令能够选择当前文档边界内的全部图像。执行"选择→全部"命令或按快捷键 Ctrl+A 即可进行全选。

重点 3.2.5　反选

当画面中已经包含选区时，执行"选择→反向选择"命令（快捷键为 Shift+Ctrl+I），可以选择反向的选区，也就是原本没有被选择的部分。

3.2.6　隐藏和显示选区

在制图过程中，有时画面中的选区边缘线可能会影响观察画面效果，执行"视图→显示→选区边缘"命令（快捷键为 Ctrl+H）可以切换选区的显示与隐藏。

3.2.7　存储选区

在 Photoshop 中，选区是一种"虚拟对象"，无法直接被存储在文档中，而且一旦取消，选区就不复存在了。如果在制图过程中，某个选区需要多次使用，

则可以借助"通道"功能将选区"存储"起来。

执行"窗口→通道"命令，打开"通道"面板。此时如果画面中包含选区，如图 3-33 所示。在"通道"面板底部单击"将选区存储为通道"按钮 ▣，可以将选区存储为"Alpha 通道"，如图 3-34 所示。

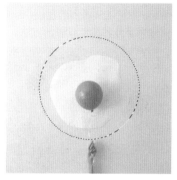 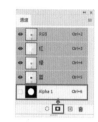

图 3-33　　　　　　　图 3-34

3.2.8　载入选区

（1）以通道形式进行存储的选区，在"通道"面板中按住 Ctrl 键的同时，单击存储选区的通道蒙版缩略图，如图 3-35 所示，即可重新载入存储起来的选区，如图 3-36 所示。

图 3-35　　　　　　　图 3-36

（2）在操作过程中经常需要得到某个图层的选区。例如，文档内有两个图层，如图 3-37 所示。此时在"图层"面板中按住 Ctrl 键的同时单击该图层缩略图，即可载入该图层选区，如图 3-38 所示。

图 3-37　　　　　　　图 3-38

3.3　颜色设置

当我们想要画一幅画时，首先想到的是纸、笔、颜料。在 Photoshop 中，"文档"就相当于纸，"画笔工具"是笔，颜料则需要通过颜色的设置得到。需要注意的是，设置好的颜色不仅用于"画笔工具"，在"渐变工具""填充命令""颜色替换画笔"，甚至是滤镜中都可能涉及颜色的设置。图 3-39 和图 3-40 所示为使用到颜色的设计作品。在 Photoshop 中可以从内置的色板中选择合适的颜色，也可以随意选择任何颜色，还可以从画面中选择某个颜色，本节就来学习几种颜色设置的方法。

图 3-39

图 3-40

[重点] 3.3.1　前景色与背景色

扫一扫 看视频

在学习颜色的设置方法之前，首先来认识一下前景色和背景色。在工具箱底部可以看到"前景色/背景色"图标（默认情况下，前景色为黑色，背景色为白色），如图 3-41 所示。单击"前景色/背景色"图标，可以在弹出的"拾色器"对话框中选取一种颜色作为前景色或背景色。单击图标可以切换前景色和背景色（快捷键为 X），如图 3-42 所示。单击图标可以恢复默认的前景色和背景色（快捷键为 D），如图 3-43 所示。

通常，使用前景色的情况更多一些，前景色通常用于绘制图像、填充某个区域以及描边选区等，如图 3-44 所示。而背景色通常起到"辅助"的作用，常用于生成渐变填充和填充图像中被删除的区域（如使用橡皮擦擦除"背景"图层时，被擦除的区域会呈现出背景色）。一些特殊滤镜也需要使用前景色和背景色，如"纤维"滤镜和"云彩"滤镜等，如图 3-45 所示。

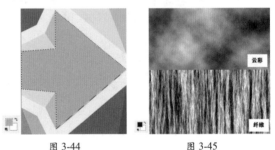

图 3-44　　　　　图 3-45

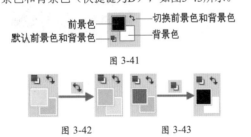

图 3-42　　　　图 3-43

[重点] 3.3.2　拾色器

认识了前景色与背景色之后，可以尝试单击前景色或背景色的小色块，就会弹出"拾色器"。"拾色器"是 Photoshop 中最常用的颜色设置工具，不仅在设置前景色或背景色时使用，很多颜色设置（如文字颜色、矢量图形颜色等）都需要使用它。以设置"前景色"为例，首先单击工具箱底部的前景色按钮，弹出"拾色器（前景色）"对话框，可以拖动颜色滑块到相应的色相范围内，然后将光标放在左侧的"色域"中，单击即可选择颜色，设置完成后单击"确定"按钮完成操作，如图 3-46 所示。如果想要设定精确数值的颜色，也可以在"颜色值"处输入数字。设置完成后，前景色发生了变化，如图 3-47 所示。

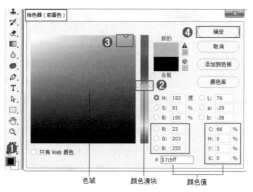

色域　　　　颜色滑块　　　颜色值

图 3-46　　　　　　　　　　　　　　　　　　图 3-47

- 溢色警告 ⚠：由于 HSB、RGB 以及 Lab 颜色模式中的一些颜色在 CMYK 印刷模式中没有等同的颜色，所以无法准确印刷出来，这些颜色就是常说的"溢色"。出现溢色警告以后，可以单击警告图标下面的小颜色块，将颜色替换为 CMYK 颜色中与其最接近的颜色。

- 非 Web 安全色警告 ⬡：这个警告图标表示当前所设置的颜色不能在网络上准确显示出来。单击警告图标下面的小颜色块，可以将颜色替换为与其最接近的 Web 安全颜色。

- 只有 Web 颜色：勾选该选项以后，只在色域中显示 Web 安全色。

- 添加到色板：单击该按钮，可以将当前所设置的颜色添加到"色板"面板中。

- 颜色库：单击该按钮，可以打开"颜色库"对话框。

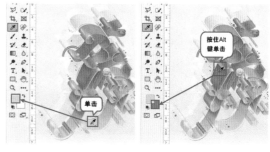

图 3-48　　　　　　　　　图 3-49

> 提示："吸管工具"的使用技巧。
>
> 　　如果在使用"绘画工具"时，需要暂时使用"吸管工具"拾取前景色，可以按住 Alt 键将当前工具切换到"吸管工具"，松开 Alt 键后即可恢复到之前使用的工具。
>
> 　　使用"吸管工具"采集颜色时，按住鼠标左键并将光标拖动到画布之外，可以采集 Photoshop 的界面和界面以外的颜色信息。

【重点】3.3.3　使用"吸管工具"拾取画面中的颜色

扫一扫 看视频

　　"吸管工具" 🖋 可以拾取图像的颜色作为前景色或背景色。但是使用"吸管工具"只能够拾取一种颜色，而通过取样大小可以设置采集颜色的范围。

　　在"工具箱"中单击"吸管工具" 🖋，然后在选项栏中设置"取样大小"为"取样点"，"样本"为"所有图层"，勾选"显示取样环"选项。然后使用"吸管工具"在图像中单击，此时拾取的颜色将作为前景色，如图 3-48 所示。按住 Alt 键，然后单击图像中的区域，此时拾取的颜色将作为背景色，如图 3-49 所示。

- 取样大小：设置吸管取样范围的大小。选择"取样点"选项时，可以选择像素的精确颜色。选择"3×3 平均"选项时，可以选择所在位置 3 个像素区域以内的平均颜色；选择"5×5 平均"选项时，可以选择所在位置 5 个像素区域以内的平均颜色。其他选项以此类推。

- 样本：可以从"当前图层"或"所有图层"中采集颜色。

- 显示取样环：勾选该选项以后，可以在拾取颜色时显示取样环。图 3-50 所示为"取样环"。

图 3-50

延伸学习：从优秀作品中拾取颜色

扫一扫 看视频

配色在一个设计作品中的地位非常重要，这项技能是靠长期的经验积累和敏锐的视觉观察而得到的。但是对于很多新手来说，自己搭配出的颜色总是不尽如人意，这时可以通过借鉴优秀的设计作品进行色彩搭配。

打开一张图片，这张图片中黄色系的色彩搭配很漂亮，就可以从中拾取颜色进行借鉴。单击工具箱中的"吸管工具" ，在需要拾取颜色的位置单击，如图 3-51 所示。然后打开"色板"面板，将刚刚设置的前景色存储在该面板中，如图 3-52 所示。继续拾取画面中的颜色，效果如图 3-53 所示。

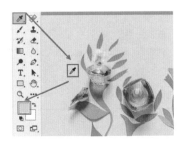

图 3-51

图 3-52

图 3-53

3.4 填充与描边

有了选区后，不仅可以删除画面中选区内的部分，还可以对选区内部进行填充。在 Photoshop 中有多种填充方式，可以填充不同的内容，需要注意的是，即使没有选区也是可以进行填充的。除了填充功能，在包含选区的情况下还可为选区边缘进行描边。

【重点】3.4.1 使用前景色 / 背景色填充

前景色或背景色的填充是非常常用的，所以通常都使用快捷键进行操作。选择一个图层或者绘制一个选区，如图 3-54 所示。接着设置合适的前景色，按前景色填充快捷键 Alt+Delete 进行填充，效果如图 3-55 所示。设置合适的背景色，然后按背景色填充快捷键 Ctrl+Delete 进行填充，效果如图 3-56 所示。

扫一扫 看视频

图 3-54

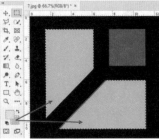

图 3-55

图 3-56

3.4.2 练一练：使用"填充"命令

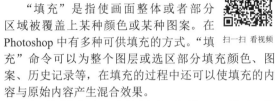

扫一扫 看视频

"填充"是指使画面整体或者部分区域被覆盖上某种颜色或某种图案。在Photoshop中有多种可供填充的方式。"填充"命令可以为整个图层或选区部分填充颜色、图案、历史记录等，在填充的过程中还可以使填充的内容与原始内容产生混合效果。

当画面中包含一个选区时，如图3-57所示。执行"编辑→填充"命令（快捷键为Shift+F5），打开"填充"对话框，如图3-58所示。在这里首先需要设置填充的内容，接着还可以进行混合效果的设置，设置完成后单击"确定"按钮进行填充。需要注意的是，文字、智能对象等特殊图层以及被隐藏的图层不能使用填充命令。

图 3-57　　　　　图 3-58

- 内容：用来设置填充的内容，包含前景色、背景色、颜色、内容识别、图案、历史记录、黑色、50% 灰色和白色。
- 模式：用来设置填充内容的混合模式。混合模式就是此处的填充内容与原始图层中的内容的色彩叠加方式，其效果与"图层"混合模式相同，具体的各种混合模式将在"图层混合模式"章节中讲解。图3-59所示为"变暗"模式效果，图3-60所示为"叠加"模式效果。

图 3-59　　　　　图 3-60

- 不透明度：用来设置填充内容的不透明度。数值为100% 时为完全不透明，如图3-61所示；数值为50% 时为半透明，如图3-62所示；数值为0% 时为完全透明，如图3-63所示。

图 3-61　　　　图 3-62　　　　图 3-63

- 保留透明区域：勾选该选项以后，只填充图层中包含像素的区域，而透明区域不会被填充。

1. 填充颜色

填充颜色是指以纯色进行填充，在"填充"内容列表中有"前景色""背景色"和"颜色"3个选项可用于填充颜色，如图3-64所示。其中"前景色"和"背景色"两个选项很好理解，就是将前景色或背景色进行填充。当设置"内容"为"颜色"时，会弹出"拾色器（填充颜色）"对话框，接着设置合适的颜色，单击"确定"按钮，完成填充操作，如图3-65所示。填充效果如图3-66所示。

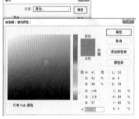

图 3-64　　　　　　　图 3-65

图 3-66

2. 内容识别

"内容识别"是一个非常智能的填充方式，它能够通过感知该选区周围的内容进行填充，使填充的结果自然、真实。"内容识别"更像是一款去除瑕疵的工具。首先在需要填充的位置绘制一个选区（这个选区不用非常精确），如图3-67所示。打开"填充"对话框，设置内容为"内容识别"，勾选"颜色适应"选项，该选项能够让选区边缘的颜色融合得更加自然。设置完成后，单击"确定"按钮，如图3-68所示。选区中的内容被自动去除，填充成与周围相似的内容，效果如图 3-69 所示。

图 3-67　　　　图 3-68　　　　图 3-69

3. 填充图案

不仅可以在选区中填充纯色，还能够填充图案。选择需要填充的图层或选区，接着打开"填充"对话框，设置"内容"为"图案"，然后单击"自定图案"后方的 按钮，在下拉列表中选择一个图案，单击"确定"按钮，如图 3-70 所示。填充效果如图 3-71 所示。

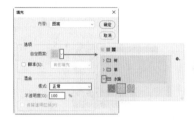

图 3-70　　　　　　　图 3-71

4. 填充历史记录

当设置"内容"为"填充历史记录"选项时，即可填充"历史记录"面板中所标记的状态。

5. 填充黑色 /50% 灰色 / 白色

当设置"内容"为黑色时，即可填充为黑色，如图 3-72 所示；当设置"内容"为 50% 灰色时，即可填充为灰色，如图 3-73 所示；当设置"内容"为白色时，即可填充为白色，如图 3-74 所示。

图 3-72　　　　图 3-73　　　　图 3-74

3.4.3　练一练：使用"油漆桶工具"

"油漆桶工具" 可以用于填充前景色或图案。如果创建了选区，填充的区域为当前选区；如果没有创建选区，填充的就是与鼠标单击处颜色相近的区域。

扫一扫 看视频

1. 使用"油漆桶工具"填充前景色

右击工具箱中的"渐变工具组"按钮，在其中选择"油漆桶工具" 。接着在选项栏中设置填充模式为"前景"，容差为 32，其他参数使用默认值即可，如图 3-75 所示。接着更改前景色，在需要填充的位置单击即可填充颜色，如图 3-76 所示。由此可见，使用"油漆桶工具"进行填充无须先绘制选区，而是通过容差值控制填充区域的大小。容差值越大，填充的范围越大；容差值越小，填充范围也就越小；如果是空白图层，则会完全填充到整个图层中。

图 3-75　　　　　　　图 3-76

- **模式**：用来设置填充内容的混合模式。
- **不透明度**：用来设置填充内容的不透明度。
- **容差**：用来定义必须填充的像素颜色的相似程度。设置较低的容差值会填充在颜色范围内与鼠标单击处像素非常相似的像素；设置较高的容差值会填充更大范围的像素。图 3-77 和图 3-78 所示为容差分别是 5 与 20 的对比效果。

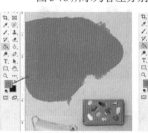 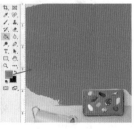

图 3-77　　　　　　　图 3-78

- **消除锯齿**：平滑填充选区的边缘。

- **连续的**：勾选该选项后，只填充图像中处于连续范围内的区域；关闭该选项后，可以填充图像中的所有相似像素。
- **所有图层**：勾选该选项后，可以对所有可见图层中的合并颜色数据填充像素；关闭该选项后，仅填充当前选择的图层。

2. 使用"油漆桶工具"填充图案

选择"油漆桶工具"，在选项栏中设置填充模式为"图案"，接着单击图案右侧的·按钮，在下拉列表中选择一个图案，如图 3-79 所示。在画面中单击进行填充，效果如图 3-80 所示。

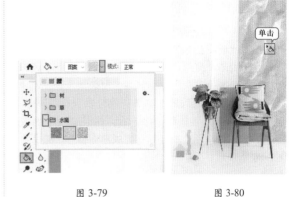

图 3-79　　　　　　　　图 3-80

 提示："图案"的存储与载入。

可以将图案存储为 PAT 格式的独立文件，方便存储、传输和调用。想要将已有的图案进行保存，可以执行"编辑→预设→预设管理器"命令，打开"预设管理器"对话框，在其中设置预设类型为"图案"，接着可以在其中选中需要保存的图案并单击"存储"按钮，设置合适的保存位置后，即可将所选图案存为 PAT 格式的独立文件。如果需要载入 PAT 格式的图案文件，则可以在"预设管理器"中单击"载入"按钮，选择 PAT 格式文件进行载入。

课后练习：使用"油漆桶工具"为背景填充图案

文件路径	第3章\课后练习：使用"油漆桶工具"为背景填充图案
难易指数	★★★★★
技术掌握	油漆桶工具
操作思路	(1) 打开背景素材，将图案文件载入到软件中。 (2) 使用"油漆桶工具"为背景填充图案。 (3) 置入文字素材。案例效果如图3-81所示。

图 3-81

扫一扫 看视频

【重点】3.4.4　练一练：使用"渐变工具"

"渐变"是指多种颜色过渡而产生的一种效果。渐变是设计制图中非常常用的一种填充方式，不仅能够制作出缤纷多彩的颜色（图 3-82 所示的作品中的背景），还能够使"单一颜色"产生不那么单调的感觉（图 3-83 所示的背景虽然看起来是蓝色的，但是仔细观察能够发现其实是不同亮度的蓝色的渐变）。除此之外，"渐变"还能够制作出带有立体感的效果，图 3-84 所示的按钮的凸起效果也是因为渐变的使用。"渐变工具" 🔲 可以在整个文档或选区内填充渐变色，并且可以创建多种颜色间的混合效果。

扫一扫 看视频

图 3-82　　　　　　　图 3-83　　　　　　　图 3-84

1. "渐变工具"的使用方法

（1）选择工具箱中的"渐变工具" ，然后单击选项栏中"渐变色条"后方的 按钮，在下拉列表中有一些预设的渐变颜色，单击即可选中渐变色。单击选择后，渐变色条变为选择的颜色用来预览。在不考虑选项栏中其他选项的情况下，就可以进行填充了。选择一个图层或者绘制一个选区，按住鼠标左键拖动，如图 3-85 所示。松开鼠标完成填充操作，效果如图 3-86 所示。

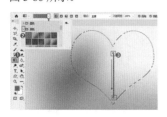

图 3-85　　　　　　　图 3-86

（2）选择好渐变色后，需要在选项栏中设置渐变类型。选项栏中 这五个选项是用来设置渐变类型的。单击"线性渐变"按钮 ，可以以直线方式创建从起点到终点的渐变；单击"径向渐变"按钮 ，可以以圆形方式创建从起点到终点的渐变；单击"角度渐变"按钮 ，可以创建围绕起点以逆时针扫描方式的渐变；单击"对称渐变"按钮 ，可以使用均衡的线性渐变在起点的任意一侧创建渐变；单击"菱形渐变"按钮 ，可以以菱形方式从起点向外产生渐变，终点定义菱形的一个角，如图 3-87 所示。

（3）选项栏中的"模式"用来设置应用渐变时的混合模式，"不透明度"用来设置渐变色的不透明度。选择一个带有像素的图层，接着在选项栏中设置"模式"和"不透明度"，然后拖动鼠标进行填充就可以看到相应的效果。图 3-88 为设置"模式"为"正片叠底"的效果，图 3-89 为设置"不透明度"为50% 的效果。

（4）"反向"选项用于转换渐变中的颜色顺序，以得到反方向的渐变结果，图 3-90 和图 3-91 所示分别是正常渐变和反向渐变效果。勾选"仿色"选项时，可以使渐变效果更加平滑，主要用于防止打印时出现条带化现象，但在计算机屏幕上并不能明显地体现出来。

图 3-87

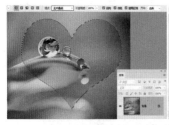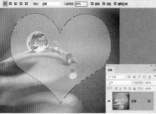

图 3-88　　　　　　图 3-89　　　　　　图 3-90　　　　　　图 3-91

2. 编辑合适的渐变颜色

预设中的渐变颜色是远远不够用的，大多数时候都需要通过"渐变编辑器"对话框自定义适合自己的渐变颜色。

（1）单击选项栏中的"渐变色条" ，弹出"渐变编辑器"对话框，如图 3-92 所示。可以在"渐变编辑器"对话框的上半部分看到很多"预设"，单击即可选择某一种渐变效果，如图 3-93 所示。

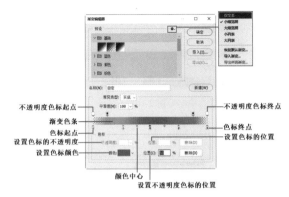

不透明度色标起点
渐变色条
色标起点
设置色标的不透明度
设置色标颜色
　　颜色中心
　　设置不透明度色标的位置

不透明度色标终点
色标终点
设置色标的位置

图 3-92

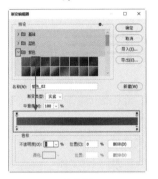

图 3-93

提示：预设渐变的使用方法。

　　先设置合适的前景色与背景色，然后打开"渐变编辑器"对话框，单击预设渐变中第一个渐变颜色，即可快速编辑一个由前景色到背景色的渐变颜色，如图 3-94 所示。

图 3-94

　　单击第二个渐变颜色，即可快速编辑由前景色到透明的渐变颜色，如图 3-95 所示。

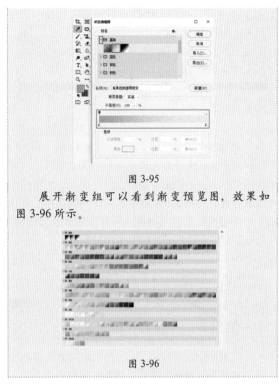

图 3-95

　　展开渐变组可以看到渐变预览图，效果如图 3-96 所示。

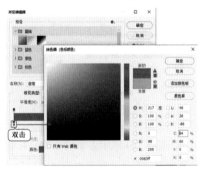

图 3-96

　　（2）如果没有合适的渐变效果，可以在下方渐变色条中编辑合适的渐变效果。双击渐变色条底部的色标 ，在弹出的"拾色器（色标颜色）"对话框中设置颜色，如图 3-97 所示。如果色标不够，可以在渐变色条下方单击，添加更多的色标，如图3-98所示。

双击

图 3-97

单击

图 3-98

　　（3）按住色标并左右拖动可以调整色标的位置，

如图 3-99 所示。拖动滑块✥可以调整两种颜色的过渡效果，如图 3-100 所示。

图 3-99　　　　　　图 3-100

（4）若要制作出带有透明效果的渐变颜色，可以单击渐变色条上的色标。然后在"不透明度"数值框内设置参数，如图 3-101 所示。若要删除色标，可以选中色标后按住鼠标左键将其向渐变色条外侧拖动，松开鼠标即可删除色标，如图 3-102 所示。

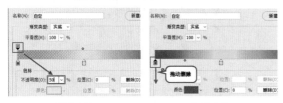

图 3-101　　　　　　图 3-102

（5）渐变分为杂色渐变与实色渐变两种，在此之前我们所编辑的渐变颜色都为实色渐变，在"渐变编辑器"对话框中设置"渐变类型"为"杂色"，可以得到由大量色彩构成的渐变，如图 3-103 所示。

图 3-103

- 粗糙度：用来设置渐变的平滑程度。数值越高，颜色层次越丰富，颜色之间的过渡效果越鲜明。图 3-104 所示为不同参数的对比效果。
- 颜色模型：在下拉列表中选择一种颜色模型用来设置渐变，包括 RGB、HSB 和 Lab。接着拖动滑块，可以调整渐变颜色，如图 3-105 所示。
- 限制颜色：将颜色限制在可以打印的范围内，防止颜色过于饱和。
- 增加透明度：可以向渐变中添加透明度像素，如图 3-106 所示。

图 3-104

图 3-105

图 3-106

- 随机化：单击该按钮可以产生一个新的渐变颜色。

练习实例：使用"渐变工具"制作果汁广告

扫一扫 看视频

文件路径	第3章\练习实例：使用"渐变工具"制作果汁广告
难易指数	★★★★★
技术掌握	渐变工具

案例效果

案例效果如图 3-107 所示。

图 3-107

操作步骤

步骤 01 新建一个宽度为 30 厘米、高度为 21 厘米的空白文档。单击工具箱中的"渐变工具"按钮，在选项栏上单击"渐变编辑器"，在弹出的"渐变编辑器"对话框中双击左侧的滑块，在弹出的"拾色器（色标颜色）"

对话框中设置颜色为黄色，如图 3-108 所示。接着设置右侧的滑块，设置颜色为白色，单击"确定"按钮完成设置，如图 3-109 所示。

步骤02 在选项栏上单击"径向渐变"按钮，在画布右下角按住鼠标左键并向左上角拖动，如图 3-110 所示。松开鼠标，背景被填充为黄色系渐变，如图 3-111 所示。

图 3-108　　　　　　　　　图 3-109　　　　　　　　　图 3-110

步骤03 执行"文件→置入嵌入对象"命令，置入素材 1.jpg，接着将置入的对象调整到合适的大小、位置，然后按 Enter 键完成置入操作。接着执行"图层→栅格化→智能对象"命令，将该图层栅格化，如图 3-112 所示。在"图层"面板中选中新置入的素材图层，设置混合模式为"线性加深"，如图 3-113 所示，效果如图 3-114 所示。

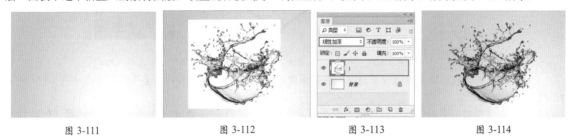

图 3-111　　　　　　　图 3-112　　　　　　　图 3-113　　　　　　　图 3-114

步骤04 继续置入素材3.png，将置入对象调整到合适的大小、位置，然后按Enter键完成置入操作，执行"图层→栅格化→智能对象"命令，效果如图3-115所示。单击工具箱中的"横排文字工具"，在选项栏上设置合适的字体、字号，设置"文本颜色"为绿色，在画布右下角处单击并输入文字，输入完成后，按快捷键Ctrl+Enter完成文字的输入，如图3-116所示。

图 3-115　　　　　　　　　　　图 3-116

{重点}3.4.5　练一练：使用"描边"命令

"描边"是指为图层边缘或选区边缘添加一圈彩色边线的操作。使用"编辑→描边"命令可以在选区、路径或图层周围创建彩色的边框效果。"描边"操作通常用于"突出"画面中某些元素，如图 3-117 所示，或者使某些元素与背景中的内容"隔离"开，如图 3-118 所示。

扫一扫 看视频

图 3-117　　　　　　　　　　　　　　　　图 3-118

（1）绘制选区，如图 3-119 所示。执行"编辑→描边"命令，打开"描边"对话框，如图 3-120 所示。

（2）设置描边选项。"宽度"选项用来控制描边的粗细，图 3-121 所示为"宽度"为 10 像素的效果。"颜色"选项用来设置描边的颜色。单击"颜色"按钮，在弹出的"拾色器（描边颜色）"对话框中设置合适的颜色，如图 3-122 所示。单击"确定"按钮，描边效果如图 3-123 所示。

图 3-119　　　　　　　图 3-120　　　　　　　图 3-121　　　　　　　图 3-122

（3）"位置"选项能够设置描边位于选区的位置，包括"内部""居中"和"居外"3 个选项。图 3-124 所示为不同位置的效果。

（4）"混合"选项用来设置描边颜色的"混合模式"和"不透明度"。选择一个带有像素的图层，然后打开"描边"对话框，设置"模式"和"不透明度"，如图 3-125 所示，单击"确定"按钮，此时描边效果如图 3-126 所示。如果勾选"保留透明区域"选项，则只对包含像素的区域进行描边。

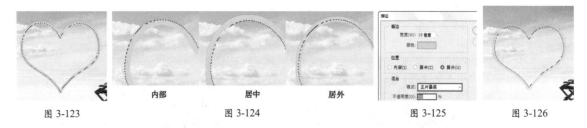

内部　　　　　居中　　　　　居外

图 3-123　　　　　　　　　图 3-124　　　　　　　　　图 3-125　　　　　　图 3-126

课后练习：使用"填充"与"描边"命令制作剪贴画人像

文件路径	第3章\课后练习：使用"填充"与"描边"命令制作剪贴画人像
难易指数	★★★★★
技术掌握	吸管工具、填充、描边
操作思路	（1）新建文档，将背景填充为浅粉色。 （2）置入人像素材，使用"多边形套索工具"沿着人像边缘绘制选区。 （3）新建图层，将选区填充淡绿色，描边为白色。然后移动到人物图层下方，效果如图3-127 所示。

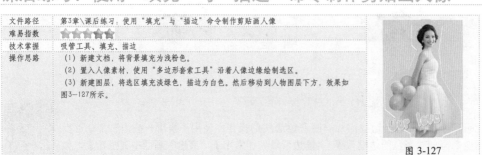

图 3-127

扫一扫 看视频

3.5 选区的编辑

"选区"创建完成后，可以对已有的选区进行一定的编辑操作，如缩放选区、旋转选区、调整选区边缘、创建边界选区、平滑选区、扩展与收缩选区、羽化选区、扩大选取、选取相似等，熟练掌握这些操作对于快速选择需要的部分非常重要。

【重点】3.5.1 变换选区

"选区"也可以像图像一样进行"变换"，但选区的变换不能使用"自由变换"命令，需要使用"变换选区"命令。如果在包含选区的情况下使用"自由变换"命令，那么变换的将是选区中的图像内容部分，而不是选区部分。

（1）绘制一个选区，如图3-128所示。执行"选择→变换选区"命令，调出定界框，如图3-129所示。拖动控制点即可对选区进行变形，如图3-130所示。

（2）在选区变换状态下，在画布中右击，还可以选择其他变换方式，如图3-131所示。变换完成之后，按Enter键即可完成变换，如图3-132所示。

    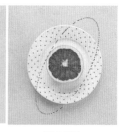

图3-128　　　　图3-129　　　　图3-130　　　　图3-131　　　　图3-132

提示：变换选区的其他方法。

在选择"选框工具"的状态下，在选区内右击执行"变换选区"命令，即可调出变换选区定界框。

【重点】3.5.2 选择并遮住

"选择并遮住"命令既可以对已有选区进行进一步编辑，也可以重新创建选区。该命令可以对选区进行边缘检测，调整选区的平滑度、羽化、对比度以及边缘位置。因为"选择并遮住"命令可以智能地细化选区，所以常用于头发、动物、细密的植物的抠图。

扫一扫 看视频

（1）首先使用"快速选择工具"创建选区，如图3-133所示；然后执行"选择→选择并遮住"命令，此时Photoshop界面发生了改变。左侧为一些用于调整选区以及视图的工具，左上方为所选工具的选项，右侧为选区编辑选项，如图3-134所示。

图3-133

图3-134

- 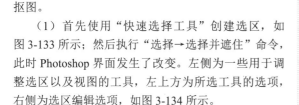快速选择工具：按住鼠标左键拖动、涂抹，软件会自动查找图像颜色的边缘并创建选区。
- 调整半径工具：精确调整发生边缘调整的边

界区域。制作头发或毛皮选区时，可以使用"调整半径工具"柔化区域以增加选区内的细节。

- 画笔工具：通过涂抹的方式添加或减去选区。单击"画笔工具"，在选项栏中单击"添加到选区"按钮⊕，单击█按钮，在下拉列表中设置笔尖的"大小""硬度"和"间距"选项，接着在画面中按住鼠标左键拖动进行涂抹，涂抹的位置就会显示出像素，也就是在原来选区的基础上添加了选区，如图3-135所示。若单击"从选区减去"按钮⊖，在画面中涂抹，即可进行减去操作，如图3-136所示。

图 3-135

图 3-136

- 套索工具组：在该工具组中有"套索工具"和"多边形套索工具"两种。使用该工具组可以在选项栏中设置选区应用的方式，如图3-137所示。例如，选择"套索工具"，设置应用方式为"添加到选区"█，然后在画面中绘制选区，效果如图3-138所示。

图 3-137

图 3-138

（2）在界面右侧的"视图模式"选项组中可以进行显示方式的设置。单击"视图"后方的下拉按钮，在下拉列表中选择一个合适的视图模式，如图3-139所示。

图 3-139

- 视图：在"视图"下拉列表中可以选择不同的显示效果。图3-140所示为不同视图方式的显示效果。

图 3-140

- 显示边缘：显示以半径定义的调整区域。
- 显示原稿：可以查看原始选区。
- 高品质预览：勾选该选项，能够以更好的效果预览选区。

（3）此时图像对象边缘仍然有黑色的像素，可以设置"边缘检测"的"半径"选项进行调整。"半径"选项可以确定发生边缘调整的选区边界的大小。对于锐边，可以使用较小的半径；对于较柔和的边缘，可以使用较大的半径。图3-141和图3-142所示为不同参数的对比效果。

图 3-141

图 3-142

- 智能半径：可以自动调整边界区域中发现的硬边缘和柔化边缘的半径。

（4）"全局调整"选项组主要用来对选区进行平滑、羽化等扩展处理，如图 3-143 所示。因为羽毛边缘柔和，所以可以适当调整"平滑"和"羽化"选项，如图 3-144 所示。

图 3-143　　　　　　图 3-144

- 平滑：减少选区边界中的不规则区域，以创建较平滑的轮廓。图 3-145 和图 3-146 所示为不同参数的对比效果。

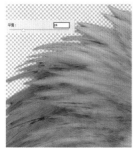

图 3-145　　　　　　图 3-146

- 羽化：模糊选区与周围的像素之间的过渡效果。
- 对比度：锐化选区边缘并消除模糊的不协调感。通常情况下，配合"智能半径"选项调整出来的选区效果会更好。
- 移动边缘：当设置为负值时，可以向内收缩选区

边界；当设置为正值时，可以向外扩展选区边界。

- 清除选区：单击该按钮可以取消当前选区。
- 反相：单击该选项，即可得到反相的选区。

（5）选区调整完成，接下来需要进行"输出"，在"输出"选项组中可用来设置选区边缘的杂色以及设置选区的输出方式。设置"输出到"为"选区"，单击"确定"按钮，如图 3-147 所示，即可得到选区，如图 3-148 所示。接着使用快捷键 Ctrl+J 将选区复制到独立图层，然后为其更换背景，效果如图 3-149 所示。

图 3-147　　　　　　图 3-148

图 3-149

- 净化颜色：将彩色杂边替换为附近完全选中的像素颜色。颜色替换的强度与选区边缘的羽化程度是成正比的。
- 输出到：设置选区的输出方式，单击"输出到"右侧的下拉按钮，在下拉列表中可以选择相应的输出方式，如图 3-150 所示。

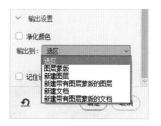

图 3-150

- 记住设置：选中该选项，在下次使用该命令时会默认显示上次使用的参数。
- 复位工作区：单击该按钮可以使当前参数恢复默认效果。

练习实例：使用"选择并遮住"命令为长发模特换背景

文件路径	第3章\练习实例：使用"选择并遮住"命令为长发模特换背景
难易指数	★★★★★
技术掌握	选择并遮住、快速选择

案例效果

更换背景前后对比效果如图3-151和图3-152所示。

图 3-151   图 3-152

操作步骤

步骤01 打开背景素材 1.jpg，如图 3-153 所示。执行"文件→置入嵌入对象"命令，将人像素材 2.jpg 置入到文件中，并调整到合适的大小和位置后，按 Enter 键完成置入操作，并将其栅格化，如图 3-154 所示。

图 3-153   图 3-154

步骤02 单击工具箱中的"快速选择工具"，在人像区域按住鼠标左键并拖动，制作出人物部分的大致选区，接着单击选项栏中的"选择并遮住"按钮，如图 3-155 所示。

图 3-155

步骤03 为了便于观察，首先在"选择并遮住"对话框中设置视图模式为"黑底"，如图 3-156 所示。此时在画面中可以看到选区以内的部分被显示，选区以外的部分被半透明的黑色遮挡，如图 3-157 所示。

图 3-156

图 3-157

步骤04 单击界面左侧的"调整半径工具" ✐，在人物左侧头发部分按住鼠标左键涂抹，可以看到头发边缘的选区逐步变得非常精确，如图 3-158 所示。继续处理右侧的头发部分，效果如图 3-159 所示。

图 3-158   图 3-159

步骤05 单击界面右下角的"确定"按钮得到选区，如图 3-160 所示。以当前选区使用快捷键 Ctrl+Shift+I 将选区反向选择，得到背景部分选区，如图 3-161 所示。

步骤06 选中人像图层，按 Delete 键将背景部分删除，如图 3-162 所示。使用快捷键 Ctrl+D 取消选区。最后执行"文件→置入嵌入对象"命令，置入素材 3.png，最终效果如图 3-163 所示。

图 3-160　　　　　　　图 3-161

图 3-162　　　　　　　图 3-163

【重点】3.5.3　创建边界选区

"边界"命令作用于已有的选区，可以将选区的边界向内或向外进行扩展，扩展后的选区边界将与原来的选区边界形成新的选区。首先创建一个选区，如图 3-164 所示。接着执行"选择→修改→边界"命令，在弹出的对话框中设置"宽度"数值，宽度值越大，新选区越宽，设置完成后，单击"确定"按钮，如图 3-165 所示。边界选区效果如图 3-166 所示。

图 3-164　　　　　图 3-165　　　　　图 3-166

【重点】3.5.4　平滑选区

"平滑"命令可以将参差不齐的选区边缘平滑化。首先绘制一个选区，如图 3-167 所示。接着执行"选择→修改→平滑"命令，在弹出的"平滑选区"对话框中设置"取样半径"选项，数值越大，选区越平滑，设置完成后单击"确定"按钮，如图 3-168 所示。此时选区效果如图 3-169 所示。

图 3-167　　　　　图 3-168　　　　　图 3-169

【重点】3.5.5　扩展选区

"扩展"命令可以将选区向外延展，以得到较大的选区。首先绘制一个选区，如图 3-170 所示。接着执行"选择→修改→扩展"命令，打开"扩展选区"对话框，通过设置"扩展量"控制选区向外扩展的距离，数值越大，向外扩展的距离越远，参数设置完成后单击"确定"按钮，如图 3-171 所示。扩展选区效果如图 3-172 所示。

图 3-170　　　　　图 3-171　　　　　图 3-172

课后练习：扩展选区制作不规则图形的底色

文件路径	第3章\课后练习：扩展选区制作不规则图形的底色
难易指数	★★★★★
技术掌握	载入选区、扩展选区、填充
操作思路	（1）打开背景素材，置入前景素材。 （2）载入前景素材选区，并进行扩展。 （3）在"背景"图层上层新建图层，将当前选区填充为白色，效果如图3-173所示。

扫一扫 看视频

图 3-173

3.5.6　收缩选区

　　"收缩"命令可以将选区向内收缩，使选区范围变小。首先绘制一个选区，如图 3-174 所示。接着执行"选择→修改→收缩"命令，在弹出的"收缩选区"对话框中，通过设置"收缩量"选项控制选区的收缩大小。数值越大，收缩范围越大，设置完成后单击"确定"按钮，如图 3-175 所示。选区效果如图 3-176 所示。

图 3-174　　　　　　　图 3-175　　　　　　　图 3-176

3.5.7　羽化选区

　　"羽化"命令可以将边缘较"硬"的选区变为边缘比较"柔和"的选区。羽化半径越大，选区边缘越柔和。"羽化"命令通过建立选区和选区周围像素之间的转换边界来模糊边缘，这种模糊方式将丢失选区边缘的一些细节。

　　首先绘制一个选区，如图 3-177 所示。接着执行"选择→修改→羽化"命令（快捷键为 Shift+F6），在打开的"羽化选区"对话框中，"羽化半径"选项用来设置边缘模糊的强度，数值越高，边缘模糊范围越大。参数设置完成后单击"确定"按钮，如图 3-178 所示。此时选区效果如图 3-179 所示。可以按 Delete 键删除选区中的像素，以查看羽化效果，如图 3-180 所示。

图 3-177　　　　　　　图 3-178　　　　　　　图 3-179　　　　　　　图 3-180

3.5.8　扩大选取

　　"扩大选取"命令基于"魔棒工具" 选项栏中指定的"容差"范围来决定选区的扩展范围。

　　首先绘制选区，如图 3-181 所示。接着选择工具箱中的"魔棒工具"，在选项栏中设置"容差"数值，该数值越大，所选取的范围越广，如图 3-182 所示。设置完成后，执行"选择→扩大选取"命令（没有参数设置对话框），接着 Photoshop 会查找并选择那些与当前选区中像素色调相近的像素，从而扩大选择区域，如图 3-183 所示。图 3-184 所示为"容差"数值设置为 5 像素后的选取效果。

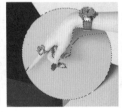
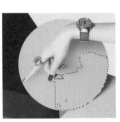

图 3-181　　　　　　　图 3-182　　　　　　　图 3-183　　　　　　　图 3-184

3.5.9 选取相似

"选取相似"也是基于"魔棒工具"选项栏中指定的"容差"数值来决定选区的扩展范围的。首先绘制一个选区,如图3-185所示。接着执行"选择→选取相似"命令,Photoshop同样会查找并选择那些与当前选区中像素色调相近的像素,从而扩大选择区域,效果如图3-186所示。

 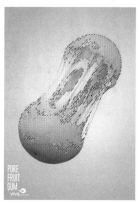

图3-185   图3-186

提示:"扩大选取"与"选取相似"的区别。

"扩大选取"命令和"选取相似"命令的最大共同之处就在于它们都是扩大选区区域。但是"扩大选取"命令只针对当前图像中连续的区域,非连续的区域不会被选择;而"选取相似"命令针对的是整张图像,就是说该命令可以选择整张图像中处于"容差"范围内的所有像素。图3-187所示为选区的位置,图3-188所示为使用"扩大选取"命令得到的选区,图3-189所示为使用"选取相似"命令得到的选区。

图3-187   图3-188   图3-189

综合实例:填充合适的前景色制作运动广告

文件路径	第3章\综合实例:填充合适的前景色制作运动广告
难易指数	★★★★★
技术掌握	选区绘制、设置前景色、填充前景色

扫一扫 看视频

案例效果

案例效果如图3-190所示。

图3-190

操作步骤

步骤01 执行"新建"命令,新建一个A4大小的空白文档,然后单击工具箱中的"前景色"按钮,在弹出的"拾色器(前景色)"对话框中设置颜色为黄色,如图3-191所示,单击"确定"按钮。按快捷键Alt+Delete为当前画面填充前景色,如图3-192所示。

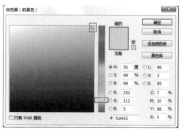 

图3-191   图3-192

步骤02 执行"文件→置入嵌入对象"命令,置入素材1.jpg。将置入对象调整到合适的大小和位置,然后按Enter键完成置入操作,选中该图层,执行"图层→栅格化→智能对象"命令,将该图层栅格化,如图3-193所示。

图 3-193

步骤 03 单击工具箱中的"多边形套索工具"，在画布边上单击确定起点，然后移动到右侧边缘单击，接着向下移动一些，再次在右侧边缘单击，然后回到左侧边缘单击，最后回到起点处单击，绘制出一个平行四边形选区，如图 3-194 所示。继续使用"多边形套索工具"，在选项栏上单击"添加到选区"按钮 📎，并在画布上绘制另外一个四边形选框以及底部的选区，如图 3-195 所示。

图 3-194　　　　　　图 3-195

步骤 04 在"图层"面板上单击"创建新图层"按钮，如图 3-196 所示。选中新建的图层，按快捷键 Alt+Delete 填充之前设置好的前景色，按快捷键 Ctrl+D 取消选择，如图 3-197 所示。

图 3-196　　　　　　图 3-197

步骤 05 执行"文件→置入嵌入对象"命令，置入人像素材 2.jpg，接着按 Enter 键确定置入操作，然后执行"图层→栅格化→智能对象"命令，将该图层栅格化，如图 3-198 所示。单击工具箱中的"多边形套索"工具，在画布左上角绘制一个三角形选区，如图 3-199 所示。

图 3-198　　　　　　图 3-199

步骤 06 新建图层，为选区填充黄色，如图 3-200 所示。最后置入前景素材 3.png，执行"图层→栅格化→智能对象"命令。最终效果如图 3-201 所示。

图 3-200　　　　　　图 3-201

数字绘画与图像修饰

　　本章内容有两大部分：数字绘画与图像修饰。数字绘画部分主要用到"画笔工具""橡皮擦工具"及"画笔设置"面板。图像修饰部分涉及的工具较多，可以分为两大类："仿制图章工具""修补工具""污点修复画笔工具""修复画笔工具"等主要用于去除画面中的瑕疵，而"模糊工具""锐化工具""涂抹工具""加深工具""减淡工具""海绵工具"则主要用于图像局部的模糊、锐化、加深、减淡等美化操作。

重点知识掌握：

- 熟练掌握"画笔工具"和"橡皮擦工具"的使用方法。
- 掌握"画笔设置"面板的使用方法。
- 熟练掌握"仿制图章工具""修补工具""污点修复画笔工具""修复画笔工具"的使用方法。
- 熟练掌握对画面局部进行加深、减淡、模糊、锐化的方法。

通过本章学习，我能做：

　　通过本章的学习，应能掌握使用 Photoshop 进行数字绘画的方法——这并不代表会用"画笔工具"就能够画出精美绝伦的作品。想要画好画，最重要的不是工具，而是绘画功底。学完本章，应能使用 Photoshop 去除照片中的杂物，或者不应入镜的人物，或者人物面部的斑点、痘痘、皱纹、眼袋、杂乱发丝和服装上多余的褶皱等，还可以对照片局部的明暗和虚实程度进行调整，以达到强化主体物、弱化环境背景的目的。

4.1 绘画工具

数字绘画是 Photoshop 的重要功能之一，在数字绘画的世界中，无须使用不同的画布、不同的颜料即可绘制油画、水彩画、铅笔画、钢笔画等。只要你有强大的绘画功底，这些统统可以在 Photoshop 中模拟出来。Photoshop 提供了非常强大的绘制工具以及方便的擦除工具，这些工具除了在数字绘画中能够使用，在修图或者平面设计、服装设计等方面也一样需要经常使用，图 4-1～图 4-4 所示为使用 Photoshop 绘画工具制作的作品。

图 4-1

图 4-2

图 4-3

图 4-4

〔重点〕4.1.1 使用"画笔工具"

扫一扫 看视频

当我们想要在画面中画点什么的时候，首先就是要找一支"画笔"。在 Photoshop 的工具箱中有一个毛笔形状的图标 ✎，即"画笔工具"。"画笔工具"是以前景色为"颜料"在画面中进行绘制的。绘制的方法也很简单，在画面中单击能够绘制出一个圆点（因为默认情况下，"画笔工具"的笔尖为圆形），如图 4-5 所示。在画面中按住鼠标左键并拖动，即可轻松绘制出线条，如图 4-6 所示。

图 4-5

图 4-6

此时绘制出的线条并没有什么特别之处，要想绘制出"不一样"的笔触，可以通过选项栏进行设置。在"画笔工具"选项栏中可以看到很多选项设置，单击 ● 按钮可以打开"画笔预设选取器"。在"画笔预设选取器"中可以看到多个不同类型的画笔笔尖，并且根据不同的笔尖效果归纳在不同的组中。最常用的就是"常规画笔"组，单击组名称前的下拉按钮即可展开组列表，如图 4-7 所示。单击笔尖图标即可选中，接着可以在画面中尝试绘制，观察效果，如图 4-8 所示。

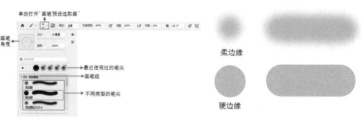
图 4-7

图 4-8

- 角度/圆度：角度指定画笔的长轴在水平方向上旋转的角度，如图 4-9 所示。圆度是指画笔在 Z 轴（垂直于画面，向屏幕内、外延伸的轴向）上的旋转效果，如图 4-10 所示。

图 4-9

图 4-10

- 大小：通过设置数值或者移动滑块可以调整画笔笔尖的大小。在英文输入法状态下，可以按"["键和"]"键来减小或增大画笔笔尖的大小，如图 4-11 所示。

图 4-11

- 硬度：当使用圆形的画笔时，硬度数值可以调整。数值越大，画笔边缘越清晰；数值越小，画笔边缘越模糊，如图 4-12 所示。

图 4-12

- 模式：设置绘画颜色与下面现有像素的混合方法，如图 4-13 所示。

图 4-13

- "画笔设置"面板：单击该按钮即可打开"画笔设置"面板。

- 不透明度：设置画笔绘制出来颜色的不透明度。数值越大，笔迹的不透明度越高；数值越小，笔迹的不透明度越低，如图 4-14 所示。

图 4-14

- ✎：在使用带有压感的手绘板时，启用该项则可以对"不透明度"使用"压力"。在关闭时，"画笔预设"控制压力。

- 流量：设置当将光标移到某个区域上方时应用颜色的速率。在某个区域上方进行绘画时，如果一直按住鼠标左键，颜色量将根据流动速率增大，直至达到"不透明度"设置。

- ✎：激活该按钮以后，可以启用喷枪功能，Photoshop 会根据鼠标左键的单击程度来确定画笔笔迹的填充数量。例如，关闭喷枪功能时，每单击一次会绘制一个笔迹，如图 4-15 所示；而启用喷枪功能以后，按住鼠标左键不放，即可持续绘制笔迹，如图 4-16 所示。

图 4-15

图 4-16

图 4-17　　　　　　图 4-18

- 平滑：平滑选项用来设置画笔的平滑程度，数值越大，线条越平滑。

- △角度：用来设置笔尖的旋转角度。

- ⒸⒽ：在使用带有压感的手绘板时，启用该项则可以对"大小"使用"压力"。在关闭时，"画笔预设"控制压力。

- ⒽⒽ：设置绘画的对称选项。

步骤 02 在画面中按住鼠标左键拖动进行绘制，绘制的时候先绘制画面中的四个角点，然后利用"柔边圆"画笔的虚边在画面边缘进行绘制，效果如图 4-19 所示。最后可以为画面添加一些艺术字元素作为装饰，完成效果如图 4-20 所示。

图 4-19　　　　　　图 4-20

 提示：使用"画笔工具"时，画笔的光标不见了怎么办？

　　在使用"画笔工具"绘画时，如果不小心按了键盘上的 CapsLock（大写锁定）键，画笔光标就会由圆形 〇 （或其他形状的画笔）变为无论怎么调整，大小都没有变化的"十字星"。这时再按 CapsLock（大写锁定）键即可恢复成可以调整大小的带有图形的画笔效果。

4.1.2　铅笔工具

　　"铅笔工具"位于"画笔工具组"中。在工具箱中右击"画笔工具组"按钮，在弹出的工具列表中选择"铅笔工具" ✏，如图 4-21 所示。"铅笔工具"主要用于绘制硬边的线条（并不常用）。

　　"铅笔工具"的使用方法与"画笔工具"非常相似，都是可以在选项栏中打开"画笔预设选取器"，选择一个笔尖样式并设置画笔大小（对于"铅笔工具"，硬度数值为 0 或 100 都是一样的效果）。然后可以在选项栏中设置模式和不透明度。接着在画面中按住鼠标左键拖动进行绘制。图 4-22 所示为用"铅笔工具"绘制出的笔触。无论使用哪种笔尖，绘制出的线条边缘都非常硬，很有风格感。"铅笔工具"常用于制作像素画、像素风格图标等。

延伸学习：使用"画笔工具"为画面增添朦胧感

扫一扫 看视频

　　"画笔工具"的操作非常灵活，经常用来润色、修饰画面细节，还可以用来为画面添加暗角效果。

步骤 01 打开一张素材图片，如图 4-17 所示。可以通过"画笔工具"进行润色。首先按 I 键，切换到"吸管工具"，在浅色花朵的位置单击拾取颜色。选择工具箱中的"画笔工具"，接着在选项栏中设置较大的笔尖。在"画笔预设选取器"中展开"常规画笔"组，在其中选择一个柔边圆画笔，设置"硬度"为 0。这样设置笔尖的边缘为柔边圆，绘制出的效果才能柔和自然。为了让绘制出的效果更加朦胧，可以适当降低"不透明度"的数值，如图 4-18 所示。

图 4-21　　　　　　图 4-22

4.1.3 练一练：颜色替换工具

扫一扫 看视频

步骤 01 "颜色替换工具"位于"画笔工具组"中，在工具箱中右击"画笔工具组"按钮，在弹出的工具列表中选择"颜色替换工具" 。"颜色替换工具"能够以涂抹的形式更改画面中的部分颜色。更改颜色之前首先需要设置合适的前景色。例如，想要将图像中的黄色部分更改为粉红色，那么就需要将前景色设置为目标颜色，如图4-23所示。在不考虑选项栏中其他参数的情况下，按住鼠标左键拖动进行涂抹，能够看到光标经过的位置，颜色发生了变化，效果如图4-24所示。

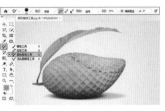

图 4-23   图 4-24

步骤 02 在选项栏中的"模式"列表下选择前景色与原始图像相混合的模式。其中包括"色相""饱和度""颜色"和"明度"。如果选择"颜色"模式，可以同时替换涂抹部分的色相、饱和度和明度，如图4-25所示。图4-26所示为选择这三种模式的对比效果。

色相   饱和度   明度

图 4-25   图 4-26

步骤 03 从 中选择合适的取样方式。单击"取样：连续"按钮 ，在画面中涂抹时可以随时对颜色进行取样，也就是光标移动到哪，就可以更改与光标"十字星"处 颜色接近的区域（这种方式便于对照片中的局部颜色进行替换，也是最常用的一种方式），如图4-27所示。单击"取样：一次"按钮 ，在画面中涂抹时只替换包含第1次单击的颜色区域中的目标颜色，如图4-28所示。单击"取样：背景色板"按钮 ，在画面中涂抹时只替换包含当前背景色的区域，如图4-29所示。

图 4-27   图 4-28   图 4-29

步骤 04 在选项栏中的"限制"列表中进行选择。选择为"不连续"选项时，可以替换出现在光标下任何位置的样本颜色，如图4-30所示。选择"连续"选项时，只替换与光标下的颜色接近的颜色，如图4-31所示。选择"查找边缘"选项时，可以替换包含样本颜色的连接区域，同时保留形状边缘的锐化程度，如图4-32所示。

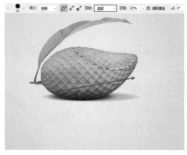

图 4-30　　　　　　　　　　图 4-31　　　　　　　　　　图 4-32

步骤 05 选项栏中的"容差"对替换效果影响非常大，容差值控制着可替换区域的大小，容差值越大，可替换的颜色范围越大，如图 4-33 所示。由于要替换的部分颜色差异不是很大，所以在这里将容差值设置为 30%，设置完成后在画面中按住鼠标左键并拖动，可以看到画面中的颜色发生变化，效果如图 4-34 所示。容差值的设置不固定，同样的值对于不同的图片产生的效果也不相同，所以可以将值设置成中位数，然后多次尝试并修改，得到合适的效果。

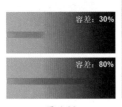

图 4-33　　　　　　　图 4-34

> **提示：方便好用的"取样：连续"方式。**
>
> 　　当"颜色替换工具"的取样方式设置为"取样：连续" 时，替换颜色非常方便。但需要注意光标中央十字星 的位置是取样的位置，所以在涂抹过程中要注意光标十字星的位置，不要碰触到不想替换的区域，光标圆圈部分覆盖到其他区域也没有关系。

4.1.4　混合器画笔工具

　　"混合器画笔工具"位于"画笔工具组"中。"混合器画笔工具"可以像传统绘画过程中混合颜料一样混合像素。使用"混合器画笔工具"可以轻松模拟真实的绘画效果，并且可以混合画布颜色和使用不同的绘画湿度。

　　打开一张图片，如图 4-35 所示。在"画笔工具组"上方右击，在弹出的工具列表中选择"混合器画笔工具" 。接着在选项栏中先设置合适的笔尖大小，单击预设按钮，在下拉列表中有 12 种预设方式，选择"湿润"，设置合适的前景色，然后在画面中按住鼠标左键进行涂抹，光标经过的位置效果会变得平滑，衣褶会被抚平，如图 4-36 所示。

- 自动载入：启用"自动载入"选项能够以前景色进行混合。
- 清理：启用"清理"选项可以清理油彩。
- 潮湿：控制画笔从画布拾取的油彩量。较高的设置会产生较长的绘画条痕。
- 载入：指定储槽中载入的油彩量。载入速率较低时，绘画描边干燥的速度会更快。
- 混合：控制画布油彩量与储槽油彩

图 4-35　　　　　　　　　　　　　　图 4-36

量的比例。当混合比例为100%时，所有油彩将从画布中拾取；当混合比例为0%时，所有油彩都来自储槽。

- 流量：控制混合画笔的流量大小。
- ↺设置描边平滑度：使用较高的值以减少描边抖动。
- ✿设置其他平滑选项：单击该按钮在下拉面板中设置其他平滑选项。
- 对所有图层取样：拾取所有可见图层中的画布颜色。

【重点】4.1.5　橡皮擦工具

既然Photoshop中有"画笔"可以绘画，那么有没有橡皮能擦除绘画呢？当然有。Photoshop中有三种可供"擦除"的工具："橡皮擦工具""魔术橡皮擦"和"背景橡皮擦"。"橡皮擦工具"是最基础，也是最常用的擦除工具，直接在画面中按住鼠标左键并拖动就可以擦除对象。而"魔术橡皮擦"和"背景橡皮擦"则是基于画面中颜色的差异，擦除特定区域范围内的图像。这两个工具常用于"抠图"，将在后面的章节讲解。

扫一扫 看视频

"橡皮擦工具" ✒位于"橡皮擦工具组"中，在"橡皮擦工具组"上方右击，在弹出的工具列表中选择"橡皮擦工具"。接着选择一个普通图层，在画面中按住鼠标左键拖动，光标经过的位置的像素被擦除

了，如图4-37所示。若选择了"背景"图层，使用"橡皮擦工具"进行擦除，则擦除的像素将变成背景色，如图4-38所示。

图4-37　　　　　　　图4-38

- 模式：选择橡皮擦的种类。选择"画笔"选项时，可以创建柔边擦除效果；选择"铅笔"选项时，可以创建硬边擦除效果；选择"块"选项时，擦除的效果为块状，如图4-39所示。
- 不透明度：用来设置"橡皮擦工具"的擦除强度。设置为100%时，可以完全擦除像素。当"模式"设置为"块"时，该选项将不可用。图4-40所示为设置不同"不透明度"数值的对比效果。
- 流量：用来设置"橡皮擦工具"的涂抹速度。图4-41所示为设置不同"流量"的对比效果。
- 抹到历史记录：勾选该选项以后，"橡皮擦工具"的作用相当于"历史记录画笔工具"。

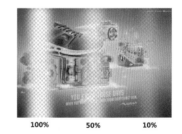

画笔　铅笔　块
图4-39

100%　　50%
图4-40

100%　　50%　　10%
图4-41

4.2　使用"画笔设置"面板设置画笔属性

画笔除了可以绘制出单色的线条外，还可以绘制出虚线、同时具有多种颜色的线条、带有图案叠加效果的线条、分散的笔触、透明度不均的笔触，如图4-42所示。要想绘制出这些效果，需要借助"画笔设置"面板。"画笔设置"面板并不是只针对"画笔工具"属性的设置，而是针对大部分以画笔模式进行工作的工具，如画笔工具、铅笔工具、仿制图章工具、历史记录画笔工具、橡皮擦工具、加深工具、模糊工具等。图4-43和图4-44所示为能够使用画板并配合"画笔设置"面板制作的作品。

扫一扫 看视频

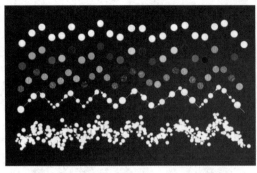

图 4-42 　　　　　　　　图 4-43 　　　　　　　　图 4-44

{重点}4.2.1　认识"画笔设置"面板

在前面的小节中，学习了画笔、铅笔、颜色替换画笔、混合器画笔以及橡皮擦工具的使用，这些工具的使用方法都比较相似，都是直接在画面中按住鼠标左键并拖动。除了这些工具外，加深工具、减淡工具、模糊工具等多种工具的操作方式也类似"画笔"的涂抹绘制过程。而涉及"绘制"就需要考虑绘制出的笔触形态。

在选项栏中可以单击打开"画笔预设选取器"，在"画笔预设选取器"中能设置笔尖样式、画笔大小、角度和硬度。但是各种绘制类工具的笔触形态属性可不仅仅是这些，执行"窗口→画笔设置"命令（快捷键为F5），打开"画笔设置"面板，可以看到非常多的参数设置，最底部显示着当前笔尖样式的预览效果。此时默认显示的是"画笔笔尖形状"页面，如图4-45所示。

在面板左侧列表还可以启用画笔的各种属性，如形状动态、散布、纹理、双重画笔、颜色动态、传递、画笔笔势等。想要启用某种属性，需要在这些选项名称前单击，使之呈现出启用状态☑。接着单击选项的名称，即可进入该选项的设置页面，如图4-46所示。

有的时候打开了"画笔设置"面板，却发现面板上的参数都是"灰色的"，无法进行调整。这可能是因为当前所使用的工具无法通过"画笔设置"面板进行参数设置。而"画笔设置"面板又无法单独对画面进行操作，它必须通过使用"画笔工具"等绘制工具才能够实施操作。所以想要使用"画笔设置"面板，首先需要单击"画笔工具"或其他绘制工具。

- **画笔预设**：单击面板左上角的"画笔"按钮，可以打开"画笔预设"面板。
- **启用/关闭选项**：处于勾选状态的选项代表启用状态；处于未勾选状态的选项代表关闭状态。
- **锁定/未锁定**：🔒图标代表该选项处于锁定状态；🔓图标代表该选项处于未锁定状态。锁定与解锁操作可以相互切换。
- **面板菜单**：单击▣图标，可以打开"画笔设置"面板的菜单。
- ⊞**创建新画笔**：将当前设置的画笔保存为一个新的预设画笔。

画笔工具、铅笔工具、颜色替换画笔工具、混合器画笔工具、橡皮工具、加深工具、减淡工具、模糊工具等多种工具都可以通过"画笔设置"面板进行参数设置。

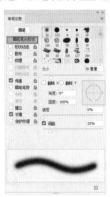

图 4-45 　　　　　　图 4-46

[重点] 4.2.2　笔尖形状设置

执行"窗口→画笔设置"命令，打开"画笔设置"面板。默认情况下，"画笔设置"面板显示着"画笔笔尖形状"的设置页面，这里可以对画笔的形状、大小、硬度这些常用的参数进行设置，除此之外还可以对画笔的角度、圆度以及间距进行设置。这些参数选项非常简单，随意调整数值，就可以在底部看到当前画笔的预览效果，如图4-47所示。通过设置当前页面的参数可以制作如图4-48和图4-49所示的各种效果。

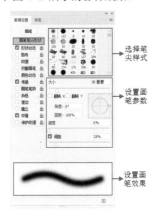

图 4-47

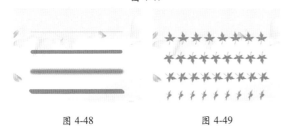

图 4-48　　　　图 4-49

- **大小**：控制画笔的大小，可以直接输入像素值，也可以通过拖动大小滑块来设置画笔大小。
- **翻转 X/Y**：将画笔笔尖在其 X 轴或 Y 轴上进行翻转，图4-50所示为未翻转、翻转 X、翻转 Y 的画笔预览效果。使用圆形画笔时更改翻转看不到效果，为了效果明显，选择了一种"草叶"形状的笔尖。

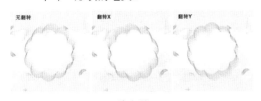

图 4-50

- **角度**：指定笔尖的长轴在水平方向旋转的角度。
- **圆度**：设置画笔短轴和长轴之间的比率。可以简单地理解为画笔的"压扁"程度，"圆度"值为100%时，画笔未被"压扁"；当"圆度"值介于0~100%，画笔呈现出"压扁"状态。
- **硬度**："硬度"数值只在使用圆形画笔时可用，用来控制画笔硬度中心的大小。数值越小，画笔的柔和度越高。
- **间距**：控制描边中两个画笔笔迹之间的距离。数值越高，笔迹之间的间距越大，如图4-51所示。

图 4-51

[重点] 4.2.3　形状动态

执行"窗口→画笔设置"命令，打开"画笔设置"面板。在左侧列表中单击"形状动态"前端的方框，接着单击面板左侧的"形状动态"，进入形状动态的设置页面，此时"形状动态"变为启用状态☑，如图4-52所示。"形状动态"页面用于设置绘制出带有大小不同、角度不同、圆度不同笔触效果的线条。在"形状动态"页面中可以看到"大小抖动""角度抖动""圆度抖动"，此处的"抖动"就是指某项参数在一定范围内随机变换。数值越大，变化范围也就越大。图4-53所示为通过当前页面设置可以制作出的效果。

图 4-52　　　　图 4-53

- **大小抖动**：指定描边中画笔笔迹大小的改变方式。数值越高，图像轮廓越不规则，如图 4-54 所示。

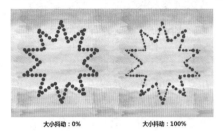

大小抖动：0%　　　　　大小抖动：100%

图 4-54

- **控制**："控制"下拉列表中可以设置"大小抖动"的方式，其中"关"选项表示不控制画笔笔迹的大小变换；"渐隐"选项是按照指定数量的步长在初始直径和最小直径之间渐隐画笔笔迹的大小，使笔迹产生逐渐淡出的效果；如果计算机配置有绘图板，可以选择"钢笔压力""钢笔斜度""光笔轮"或"旋转"选项，然后根据钢笔的压力、斜度、钢笔位置或旋转角度来改变初始直径和最小直径之间的画笔笔迹大小，如图 4-55 所示。

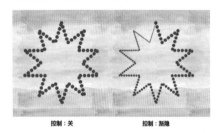

控制：关　　　　　控制：渐隐

图 4-55

- **最小直径**：当启用"大小抖动"选项以后，通过该选项可以设置画笔笔迹缩放的最小缩放百分比。数值越高，笔尖的直径变化越小。
- **倾斜缩放比例**：当"大小抖动"设置为"钢笔斜度"选项时，该选项用来设置在旋转前应用于画笔高度的比例因子。
- **角度抖动 / 控制**：用来设置画笔笔迹的角度。如果要设置"角度抖动"的方式，可以在下面的"控制"下拉列表中进行选择。
- **圆度抖动 / 控制 / 最小圆度**：用来设置画笔笔迹的圆度在描边中的变化方式。如果要设置"圆度抖动"的方式，可以在下面的"控制"下拉列表中进行选择。另外，"最小圆度"选项可以用来设置画笔笔迹的最小圆度。
- **翻转 X/Y 抖动**：将画笔笔尖在其 X 轴或 Y 轴上进行翻转。
- **画笔投影**：用绘图板绘图时，勾选该选项，可以根据画笔的压力，改变笔触的效果。

课后练习：使用形状动态与散布制作绚丽光斑

文件路径	第4章\课后练习：使用形状动态与散布制作绚丽光斑
难易指数	★★★★★
技术掌握	画笔工具、画笔面板
操作思路	（1）打开背景素材，载入笔刷素材。 （2）选择"画笔工具"，通过"画笔面板"对画笔的形状动态、散布进行设置。 （3）将前景色设置为白色，然后在画面中涂抹进行绘制，效果如图4-56所示。

扫一扫 看视频

图 4-56

【重点】4.2.4 散布

执行"窗口→画笔设置"命令，打开"画笔设置"面板。接着单击面板左侧的"散布"，进入散布的设置页面，此时"散布"变为启用状态☑，如图4-57所示。"散布"页面用于设置描边中笔迹的数量和位置，使画笔笔迹沿着绘制的线条扩散。在"散布"页面中可以对散布的方式、数量和散布的随机性进行调整。数值越大，变化范围也就越大。在制作随机性很强的光斑、星光或树叶纷飞的效果时，"散布"选项是必须要设置的，图4-58和图4-59所示是设置了"散布"选项制作的效果。

图 4-57

图 4-58　　　　　图 4-59

- **散布／两轴／控制**：指定画笔笔迹在描边中的分散程度，该值越高，分散的范围越广。当勾选"两轴"选项时，画笔笔迹将以中心点为基准，向两侧分散。如果要设置画笔笔迹的分散方式，可以在下面的"控制"下拉列表中进行选择。
- **数量**：指定在每个间距间隔应用的画笔笔迹数量。数值越高，笔迹重复的数量越大，如图4-60所示。

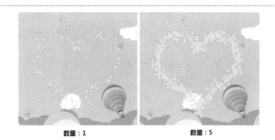

数量：1　　　　　数量：5

图 4-60

- **数量抖动／控制**：指定画笔笔迹的数量如何针对各种间距间隔产生变化。如果要设置"数量抖动"的方式，可以在下面的"控制"下拉列表中进行选择。

4.2.5 纹理

执行"窗口→画笔设置"命令，打开"画笔设置"面板。接着单击面板左侧的"纹理"，进入纹理的设置页面，此时"纹理"变为启用状态☑，如图4-61所示。"纹理"页面用于设置画笔笔触的纹理，使之可以绘制出带有纹理的笔触效果。在"纹理"页面中可以对图案的缩放、亮度、对比度、模式等选项进行设置。图4-62所示为添加了不同纹理的笔触效果。

图 4-61

- 设置纹理／反相：单击图案缩览图右侧的下拉按钮，可以在弹出的"图案"拾色器中选择一个图案，并将其设置为纹理，如图4-63所示。绘制出的笔触就会带有纹理，如图4-64所示。如果勾选"反相"选项，可以基于图案中的色调来反转纹理中的亮点和暗点，如图4-65所示。

图 4-62 　　　　　　　图 4-63

图 4-64 　　　　　　　图 4-65

- **缩放**：设置图案的缩放比例。数值越小，纹理越多、越密集。
- **为每个笔尖设置纹理**：将选定的纹理单独应用于画笔描边中的每个画笔描迹，而不是作为整体应用于画笔描边。如果关闭"为每个笔尖设置纹理"选项，下面的"深度抖动"选项将不可用。
- **模式**：设置用于组合画笔和图案的混合模式。
- **深度**：设置油彩渗入纹理的深度。数值越大，渗入的深度越大。
- **最小深度**：当"深度抖动"下面的"控制"选项设置为"渐隐""钢笔压力""钢笔斜度"或"光笔轮"选项，并且勾选了"为每个笔尖设置纹理"选项时，"最小深度"选项用来设置油彩可渗入纹理的最小深度。
- **深度抖动 / 控制**：当勾选了"为每个笔尖设置纹理"选项时，"深度抖动"选项来设置深度的改变方式。如果要指定如何控制画笔笔迹的深度变化，可以从下面的"控制"下拉列表中进行选择。

4.2.6　双重画笔

执行"窗口→画笔设置"命令，打开"画笔设置"面板。接着单击面板左侧的"双重画笔"，进入双重画笔的设置页面，此时"双重画笔"变为启用状态，如图 4-66 所示。在"双重画笔"页面中，可以设置绘制的线条，使其呈现出两种画笔混合的效果。在对"双

重画笔"设置前，需要先设置"画笔笔尖形状"，即主画笔参数属性，然后启用"双重画笔"选项。最顶部的"模式"是指选择从主画笔和双重画笔组合画笔笔迹时要使用的混合模式。然后从"双重画笔"选项中选择另外一个笔尖（即双重画笔）。其参数设置非常简单，大多与其他选项中的参数相同。图 4-67 所示为使用不同画笔的效果。

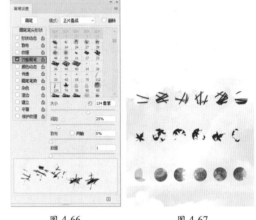

图 4-66 　　　　　　　图 4-67

{重点} 4.2.7　颜色动态

执行"窗口→画笔设置"命令，打开"画笔设置"面板。接着单击面板左侧的"颜色动态"，进入颜色动态的设置页面，此时"颜色动态"变为启用状态，如图 4-68 所示。"颜色动态"页面用于设置绘制出颜色变化的效果，在设置颜色动态之前，需要设置合适的前景色与背景色，然后在"颜色动态"页面中进行其他参数选项的设置。图 4-69 所示为设置笔尖"颜色动态"后制作出的效果。

图 4-68 　　　　　　　图 4-69

- ☑ **应用每笔尖**：勾选该选项后，每个笔触都会带有颜色，如果要设置"颜色动态"，那么必须勾选该选项。
- **前景/背景抖动/控制**：用来指定前景色和背景色之间的油彩变化方式。数值越小，变化后的颜色越接近前景色；数值越大，变化后的颜色越接近背景色，如图4-70和图4-71所示。如果要指定如何控制画笔笔迹的颜色变化，可以在下面的"控制"下拉列表中进行选择。

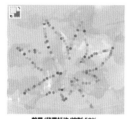 
前景/背景抖动/控制:50%　　前景/背景抖动/控制:100%
图4-70　　　　　图4-71

- **色相抖动** 0%：设置颜色变化范围。数值越小，颜色越接近前景色；数值越大，色相变化越丰富，如图4-72和图4-73所示。

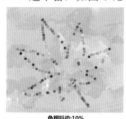 
色相抖动:10%　　　　色相抖动:100%
图4-72　　　　　图4-73

- **饱和度抖动** 48%：设置颜色的饱和度变化范围。数值越小，色彩的饱和度变化越小；数值越大，色彩的饱和度变化越大。
- **亮度抖动** 49%：设置颜色亮度的随机性，数值越大，随机性越强，如图4-74和图4-75所示。

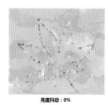 
亮度抖动:0%　　　　亮度抖动:100%
图4-74　　　　　图4-75

- **纯度** +100%：用来设置颜色的纯度。数值越小，笔迹的颜色越接近于黑白色；数值越大，颜色饱和度越高。

【重点】4.2.8　传递

执行"窗口→画笔设置"命令，打开"画笔设置"面板。接着单击面板左侧的"传递"，进入传递的设置页面，此时"传递"变为启用状态☑，如图4-76所示。"传递"选项用于设置笔触的不透明度、流量、湿度、混合等数值，控制油彩在描边路线中的变化方式。"传递"选项常用于光效的制作，在绘制光效的时候，光斑通常带有一定的透明度，所以需要勾选"传递"选项，进行参数的设置，以增加光斑的透明度的变化，效果如图4-77所示。

图4-76　　　　　图4-77

- **不透明度抖动/控制**：指定画笔描边中油彩不透明度的变化方式，最高值是选项栏中指定的不透明度值，对比效果如图4-78所示。如果要指定如何控制画笔笔迹的不透明度变化，可以从下面的"控制"下拉列表中进行选择。

不透明度抖动:40%　　　　不透明度抖动:100%
图4-78

- **流量抖动/控制**：用来设置画笔笔迹中油彩流量的变化程度。如果要指定如何控制画笔笔迹的流量变化，可以从下面的"控制"下拉列表中进行选择。

- **湿度抖动 / 控制**：用来控制画笔笔迹中油彩湿度的变化程度。如果要指定如何控制画笔笔迹的湿度变化，可以从下面的"控制"下拉列表中进行选择。

- **混合抖动 / 控制**：用来控制画笔笔迹中油彩混合的变化程度。如果要指定如何控制画笔笔迹的混合变化，可以从下面的"控制"下拉列表中进行选择。

4.2.9 画笔笔势

执行"窗口→画笔设置"命令，打开"画笔设置"面板。接着单击面板左侧的"画笔笔势"，进入画笔笔势的设置页面，此时"画笔笔势"变为启用状态 ☑，如图 4-79 所示。"画笔笔势"功能主要用于设置"毛刷"画笔笔尖、"侵蚀"画笔笔尖的角度。在"画笔预设选取器"中单击 ❖ 按钮执行"旧版画笔"命令，在弹出的对话框中单击"确定"按钮，然后打开"旧版画笔"组，选择一个毛刷画笔。图 4-80 所示为毛刷画笔。

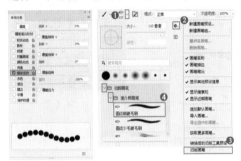

图 4-79   图 4-80

接着在"画笔设置"面板中的"画笔笔势"页面进行参数的设置，如图 4-81 所示。设置完成后按住鼠标左键拖动进行绘制，效果如图 4-82 所示。

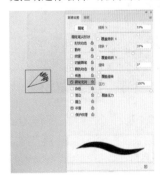

图 4-81   图 4-82

- **倾斜 X/ 倾斜 Y**：使笔尖沿 X 轴或 Y 轴倾斜。

- **旋转**：设置笔尖旋转效果。

- **压力**：压力数值越高，绘制速度越快，线条效果越粗犷。

4.2.10 其他选项

执行"窗口→画笔设置"命令，打开"画笔设置"面板。"画笔设置"面板中还有"杂色""湿边""建立""平滑"和"保护纹理"5 个选项，这些选项不能调整参数，如果要启用其中某个选项，将其勾选即可，如图 4-83 所示。

图 4-83

- **杂色**：为个别画笔笔尖增加额外的随机性，图 4-84 和图 4-85 所示分别是关闭与开启"杂色"选项时的笔迹效果。当使用柔边画笔时，该选项最能出效果。

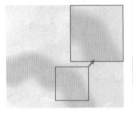 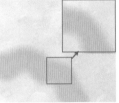

图 4-84   图 4-85

- **湿边**：沿画笔描边的边缘增大油彩量，从而创建出水彩效果，图 4-86 和图 4-87 所示分别是关闭与开启"湿边"项时的笔迹效果。

图 4-86   图 4-87

- **建立**：模拟传统的喷枪技术，根据鼠标按键的单击程度确定画笔线条的填充数量。

- **平滑**：在画笔描边中生成更加平滑的曲线。当使用压感笔进行快速绘画时，该选项最有效。

- **保护纹理**：将相同图案和缩放比例应用于具有纹理的所有画笔预设。勾选该选项后，在使用多个纹理画笔绘画时，可以模拟出一致的画布纹理。

4.3　瑕疵去除工具

"修图"一直是 Photoshop 为人熟知的强项之一，通过 Photoshop 的强大功能可以轻松去除人物面部的斑斑点点（见图 4-88）、环境中的杂乱物体（见图 4-89），甚至想要"偷梁换柱"也不在话下。更重要的是，这些工具的使用方法非常简单。只需要我们熟练掌握相关功能，并且多练习就可以实现这些效果。下面就来学习这些功能吧！

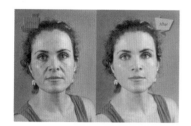

图 4-88

图 4-89

[重点] 4.3.1　练一练：使用"仿制图章工具"

"仿制图章工具" 🉑 可以将图像的一部分通过涂抹的方式复制到图像中的另一个位置上。"仿制图章工具"常用来去除水印、消除人物脸部斑点和皱纹、去除背景部分不相干的杂物、填补图片空缺等。

扫一扫 看视频

步骤 01 打开一张需要修复的图片，可以尝试通过"仿制图章工具"将文字去除，如图 4-90 所示。在工具箱中单击"仿制图章工具"，接着在选项栏中设置

合适的笔尖大小，然后在需要修复位置的附近按住 Alt 键单击，进行像素样本的拾取，如图 4-91 所示。

图 4-90　　　　　　图 4-91

步骤 02 在文字上单击，可以看到刚刚拾取的像素覆盖住了文字，如图 4-92 所示。因为要考虑到图像周围的环境，所以要根据实际情况随时拾取像素，并进行涂抹，使效果更加自然。最终效果如图 4-93 所示。

图 4-92　　　　　　图 4-93

延伸学习：克隆出多个蝴蝶

执行"窗口→仿制源"命令，打开"仿制源"面板。选择仿制源图标，单击"水平翻转"按钮 🉑，然后设置合适的大小，如图 4-94 所示。选择"仿制图章工具"，在蝴蝶上方按住 Alt 键单击，进行像素样本的拾取，如图 4-95 所示。在画面中其他位置按住鼠标左键涂抹，效果如图 4-96 所示。

扫一扫 看视频

图 4-94

图 4-95

图 4-96

4.3.2 图案图章工具

扫一扫 看视频

右击"仿制工具组"，在工具列表中选择"图案图章工具" ，该工具可以使用"图案"进行绘画。在选项栏中设置合适的笔尖大小，选择一个合适的图案，如图 4-97 所示。接着在画面中按住鼠标左键涂抹，随即可以看到绘制效果，如图 4-98 所示。

图 4-97   图 4-98

- 对齐：勾选该选项以后，可以保持图案与原始起点的连续性，即使多次单击也不例外，如图 4-99 所示。关闭该选项时，每次单击都重新应用图案，如图 4-100 所示。

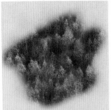

图 4-99   图 4-100

- 印象派效果：勾选该项以后，可以模拟出印象派效果的图案，图 4-101 和图 4-102 所示分别是关闭和勾选"印象派效果"选项时的效果。

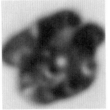

图 4-101   图 4-102

【重点】4.3.3 污点修复画笔工具

扫一扫 看视频

使用"污点修复画笔工具" 可以消除图像中的小面积的瑕疵，或者去除画面中看起来比较"特殊的"对象。例如，去除人物面部的斑点、皱纹、凌乱发丝，

或者去除画面中细小的杂物等。"污点修复画笔工具"不需要设置取样点，因为它可以自动从所修饰区域的周围进行取样。

在工具箱中单击"污点修复画笔工具" ，如图 4-103 所示。在选项栏中设置合适的笔尖大小，设置"模式"为"正常"，设置"类型"为"内容识别"，然后在需要去除的位置按住鼠标左键拖动，如图 4-104 所示。松开鼠标后可以看到涂抹位置的内容消失了，如图 4-105 所示。继续进行修复，效果如图 4-106 所示。

图 4-103   图 4-104

图 4-105   图 4-106

- 模式：用来设置修复图像时使用的混合模式。除"正常""正片叠底"等常用模式以外，还有一个"替换"模式，该模式可以保留画笔描边的边缘处的杂色、胶片颗粒和纹理。
- 类型：用来设置修复的方法。选择"近似匹配"选项时，可以使用选区边缘周围的像素来查找要用作选定区域修补的图像区域；选择"创建纹理"选项时，可以使用选区中的所有像素创建一个用于修复该区域的纹理；选择"内容识别"选项时，可以使用选区周围的像素进行修复。

【重点】4.3.4 修复画笔工具

扫一扫 看视频

"修复画笔工具" 可以用图像中的像素作为样本进行绘制，以修复画面中的瑕疵。

例如，去除图像上的水印就可以通过

"修复画笔工具"进行修复，如图 4-107 所示。在修复工具组上右击，在弹出的工具列表中选择"修复画笔工具" ，接着在选项栏中设置合适的笔尖大小，设置"源"为"取样"，在没有瑕疵的位置按住 Alt 键单击取样，如图 4-108 所示。

图 4-107　　　　　　图 4-108

在缺陷位置单击或按住鼠标左键拖动进行涂抹，松开鼠标，画面中多余的内容会被去除，效果如图 4-109 所示。继续进行拾取，然后继续进行涂抹去除水印，效果如图 4-110 所示。

图 4-109　　　　　　图 4-110

- 源：设置用于修复像素的源。选择"取样"选项时，可以使用当前图像的像素来修复图像；选择"图案"选项时，可以使用某个图案作为取样点。
- 对齐：勾选该选项以后，可以连续对像素进行取样，即使释放鼠标也不会丢失当前的取样点；关闭"对齐"选项以后，则会在每次停止并重新开始绘制时使用初始取样点中的样本像素。
- 样本：用来设置在指定的图层中进行数据取样。选择"当前和下方图层"，可从当前图层以及下方的可见图层中取样；选择"当前图层"，仅从当前图层中进行取样；选择"所有图层"，可以从可见图层中取样。

 提示："仿制图章工具"与"修复画笔工具"的区别。

与"仿制图章工具"不同的是，"修复画笔工

具"可将样本像素的纹理、光照、透明度和阴影与所修复的像素进行匹配，从而使修复后的像素不留痕迹地融入图像的其他部分。

【重点】4.3.5　修补工具

"修补工具" 可以利用画面中的部分内容作为样本，修复所选图像区域中不理想的部分。"修补工具"通常用来去除画面中的部分内容。

扫一扫 看视频

在"修补工具组"上方右击，在工具列表中选择"修补工具" 。"修补工具"的操作是以选区为基础的，所以在选项栏中有一些关于选区运算的操作按钮。在选项栏中设置修补模式为"正常"，其他参数保持默认。接着将光标移动至缺陷的位置，按住鼠标左键沿着缺陷边缘进行绘制，如图 4-111 所示。松开鼠标得到一个选区，接着将光标放置在选区内，向其他位置拖动，拖动的位置将替代选区中的像素，如图 4-112 所示。移动到目标位置后松开鼠标，稍等片刻就可以看到修补效果，如图 4-113 所示。

图 4-111

图 4-112　　　　　　图 4-113

- 修补：将"修补"设置为"正常"时，可以选择图案进行修补。首先设置"修补"为"正常"，单击"使用图案"后的下拉按钮，在下拉面板中选择一个图案，单击"使用图案"按钮，随即选区将以图案进行修补，如图 4-114 所示。
- 源：选择"源"选项时，将选区拖动到要修补

的区域以后，松开鼠标左键就会用当前选区中的图像修补原来选中的内容。

- 目标：选择"目标"选项时，则会将选中的图像复制到目标区域。

- 透明：勾选该选项以后，可以使修补的图像与原始图像产生透明的叠加效果，该选项适用于修补具有清晰分明的纯色背景或渐变背景。

图 4-114

4.3.6 练一练：内容感知移动工具

扫一扫 看视频

使用"内容感知移动工具" 移动选区中的对象，被移动的对象将会自动将影像与四周的景物融合在一块，而原始的区域则会进行智能填充。如果需要改变画面中某一对象的位置，则可以尝试使用该工具。

步骤01 打开图像，在"修补工具组"上方右击，在工具列表中选择"内容感知移动工具" ，接着在选项栏中设置"模式"为"移动"，然后使用该工具在需要移动的对象上方按住鼠标左键拖动绘制选区，如图 4-115 所示。接着将光标移动至选区内部，按住鼠标左键向目标位置拖动，松开鼠标即可移动该对象，并带有一个定界框，如图 4-116 所示。

图 4-115

图 4-116

步骤02 按 Enter 键确定移动操作，然后使用快捷键 Ctrl+D 取消选择选区，移动效果如图 4-117 所示。如果在选项栏中设置"模式"为"扩展"，则将选区中的内容复制一份，并融入画面，效果如图 4-118 所示。

图 4-117　　　　　　　图 4-118

4.3.7 红眼工具

扫一扫 看视频

"红眼"是指在暗光时拍摄人物、动物，其瞳孔会放大，让更多的光线通过，当闪光灯照射到人眼、动物的眼睛时，瞳孔会出现变红的现象。使用"红眼工具"可以去除红眼现象。打开带有红眼问题的图片，在"修复工具组"上右击，在工具列表中选择"红眼工具" ，然后使用选项栏中的默认值。接着将光标移动至眼睛的上方，单击即可去除红眼，如图 4-119 所示。在另外一只眼睛上单击，完成去红眼的操作，效果如图 4-120 所示。

图 4-119

图 4-120

- 瞳孔大小：用来设置瞳孔的大小，即眼睛暗色中心的大小。

- 变暗量：用来设置瞳孔的暗度。

4.4 "历史记录画笔"工具组

"历史记录画笔"工具组中有两个工具:"历史记录画笔工具"和"历史记录艺术画笔工具",这两个工具是以"历史记录"面板中"标记"的步骤为"源",然后在画面中绘制。绘制出的部分会呈现出标记的历史记录的状态。"历史记录画笔"会完全真实地呈现历史效果,而"历史记录艺术画笔"则会将历史效果进行一定的"艺术化",从而呈现出一种非常有趣的艺术绘画效果。

4.4.1 历史记录画笔

"画笔工具"是以前景色为"颜料",在画面中绘制;而"历史记录画笔"则是以历史记录为"颜料",在画面中绘画,被绘制的区域就会回到历史操作的状态下。那么以哪一步历史记录进行绘制呢?这就需要执行"窗口→历史记录"命令,打开"历史记录"面板。

扫一扫 看视频

在想要作为绘制内容的步骤前单击,使之出现 ✎ 即可完成历史记录的设定,如图4-121所示。

图 4-121

然后单击工具箱中的"历史记录画笔工具" ✎,适当调整画笔大小,在画面中进行适当涂抹(绘制方法与"画笔工具"相同),被涂抹的区域将还原为被标记的历史记录效果,如图4-122所示。

图 4-122

4.4.2 历史记录艺术画笔

"历史记录艺术画笔工具" ✎ 可以将标记的历史记录状态或快照用作源数据,然后以一定的"艺术效果"对图像进行修改。"历史记录艺术画笔工具"常在为图像创建不同的颜色和艺术风格时使用。在工具箱中选择"历史记录艺术画笔工具" ✎,在选项栏中先对笔尖大小、样式、不透明度进行设置。接着单击"样式"后的下拉按钮,在下拉列表中选择一个样式。"区域"用来设置绘画描边所覆盖的区域,数值越高,覆盖的区域越大,描边的数量也就越多。"容差"限定可应用绘画描边的区域,如图4-123所示。设置完成后在画面中进行涂抹,效果如图4-124所示。

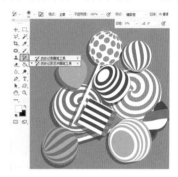

图 4-123

图 4-124

- 样式:选择一个选项来控制绘画描边的形状,包括"绷紧短""绷紧中"和"绷紧长"等,如图4-125所示。图4-126所示分别是"绷紧短"和"松散中等"的效果。

图 4-125　　　　　图 4-126

4.5 图像的简单修饰

在Photoshop中，可用于图像局部润饰的工具有"模糊工具" ◯、"锐化工具" △和"涂抹工具" ◯等。这些从名称上就能看出其功能，"模糊工具""锐化工具""涂抹工具"可以对图像进行模糊、锐化和涂抹处理；"减淡工具" ◯、"加深工具" ◯和"海绵工具" ◯可以对图像局部的明暗、饱和度等进行处理。这些工具位于工具箱的两个工具组中，如图4-127所示。这些工具的使用方法都非常简单，都是在画面中按住鼠标左键并拖动（就像使用"画笔工具"一样），想要对工具的强度等参数进行设置，需要在选项栏中调整。这些工具能制作出的效果如图4-128所示。

图 4-127

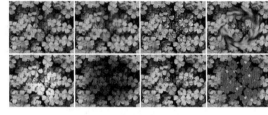

图 4-128

扫一扫 看视频

重点 4.5.1 模糊工具

"模糊工具"可以轻松对画面局部进行模糊处理，其使用方法非常简单。单击工具箱中的"模糊工具" ◯，接着在选项栏中设置工具的"模式"和"强度"，如图4-129所示。模式包括"正常""变暗""变亮""色相""饱和度""颜色"和"明度"。如果仅需要使画面局部模糊一些，那么选择"正常"即可。选项栏中的"强度"选项是比较重要的选项，用来设置"模糊工具"的模糊强度。图4-130所示为不同参数下在画面中涂抹一次的效果。

图 4-129

图 4-130

提示：如何增强模糊效果？

除了设置强度外，如果想要使画面变得更模糊，也可以多次在某个区域中涂抹，以加强效果。

扫一扫 看视频

重点 4.5.2 锐化工具

"锐化工具" △可以通过增强图像中相邻像素之间的颜色对比，来提高图像的清晰度。"锐化工具"与"模糊工具"的大部分选项相同，操作方法也相同。右击工具组按钮，在工具列表中选择"锐化工具" △。在选项栏中设置"模式"与"强度"，勾选"保护细节"选项，在进行锐化处理时，将对图像的细节进行保护。接着在画面中按住鼠标左键涂抹进行锐化。涂抹的次数越多，锐化效果越强烈，如图4-131所示。值得注意的是，如果反复涂抹以致锐化过度，会产生噪点和晕影，如图4-132所示。

图 4-131

图 4-132

4.5.3 涂抹工具

"涂抹工具" ◯可以模拟手指划过湿油漆时所产生的效果。选择工具箱中的

扫一扫 看视频

"涂抹工具" ，其选项栏与"模糊工具"选项栏相似，设置合适的"模式"和"强度"，接着在需要变形的位置按住鼠标左键拖动进行涂抹，光标经过位置的图像发生了变形，如图4-133所示。图4-134所示为不同"强度"的对比效果。若在选项栏中勾选"手指绘图"选项，可以使用前景色进行涂抹绘制。

图 4-133

强度：50%

强度：100%

图 4-134

【重点】4.5.4 减淡工具

"减淡工具" 可以对图像的"高光""中间调""阴影"分别进行减淡处理。选择工具箱中的"减淡工具"，在选项栏中单击"范围"按钮可以选择需要减淡处理的范围，有"高光""中间调""阴影"三个选项，因为需要调整人物肤色，所以设置"范围"为"中间调"。接着设置"曝光度"，该参数用来设置减淡的强度。如果勾选"保护色调"，可以保护图像的色调不受影响，如图4-135所示。设置完成后，调整合适的笔尖，在人物皮肤的位置按住鼠标左键进行涂抹，光标经过的位置的亮度会有所提高。若在某个区域上方绘制的次数越多，该区域就会变得越亮，如图4-136所示。图4-137所示为设置不同"曝光度"进行涂抹的对比效果。

扫一扫 看视频

图 4-135

图 4-136

曝光度：30%　　　　曝光度：100%

图 4-137

延伸学习：制作纯白色背景

如果要将图4-138更改为白色背景，首先要观察图片，在这张图片中可以看到主体对象的边缘为白色，其他位置为浅灰色，所以我们可以使用"减淡工具"把灰色的背景经过"减淡"处理使其变为白色。选择"减淡工具"，设置一个稍大一点的笔尖，设置"硬度"为0%，这样涂抹的效果过渡自然。因为灰色在画面中为高光区域，所以设置"范围"为"高光"。为了快速使灰色背景变为白色背景，所以设

扫一扫 看视频

置"曝光度"为100%，设置完成后在灰色背景上按住鼠标左键涂抹，如图4-139所示。继续进行涂抹，完成效果如图4-140所示。

图 4-138

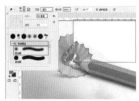

图 4-139　　　　　　图 4-140

【重点】4.5.5　加深工具

扫一扫 看视频

与"减淡工具"相反，使用"加深工具" 🖐 可以对图像进行加深处理。使用"加深工具"在画面中按住鼠标左键并拖动，光标移动过的区域颜色会加深。

右击该工具组，在工具列表中选择"加深工具"，"加深工具"的选项栏设置与"减淡工具"的选项栏完全相同，因此这里不再讲解，如图 4-141 所示。设置完成后在画面中按住鼠标左键涂抹，加深效果如图 4-142 所示。

图 4-141

图 4-142

延伸学习：制作纯黑色背景

扫一扫 看视频

在图 4-143 中，人物背景并不是纯黑色，通过使用"加深工具"在灰色的背景上涂抹，即可通过"加深"的方法将灰色变为黑色。选择工具箱中的"加深工具" 🖐，设置合适的笔尖大小，因为深灰色在画面中为暗部，所以在选项栏中设置"范围"为"阴影"；因为灰色不需要考虑色相问题，所以直接设置"曝光度"

为 100%，取消勾选"保护色调"，这样能够快速进行去色，设置完成后在画面中的背景位置按住鼠标左键涂抹，进行加深，效果如图 4-144 所示。

图 4-143　　　　　　图 4-144

【重点】4.5.6　练一练：使用"海绵工具"

扫一扫 看视频

"海绵工具" 🖐 可以增加或降低彩色图像中布局内容的饱和度。如果是灰度图像，使用该工具则可以用于增加或降低对比度。

步骤 01 右击该工具组，在工具列表中选择"海绵工具"。在选项栏中单击"模式"后的下拉按钮，有"加色"与"去色"两个模式，当要降低颜色饱和度时选择"去色"，当要提高颜色饱和度时选择"加色"。设置"流量"，流量数值越大，加色或去色的效果越明显。接着在画面中按住鼠标左键进行涂抹，被涂抹的位置颜色就会降低，如图 4-145 所示。图 4-146 所示为"加色"模式的效果。

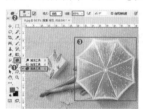

图 4-145　　　　　　图 4-146

步骤 02 若勾选"自然饱和度"选项，可以在增加饱和度的同时防止颜色过度饱和而产生溢色现象，如果要将颜色变为黑白色，那么需要取消勾选该选项。图 4-147 和图 4-148 所示为勾选与未勾选"自然饱和度"进行去色的对比效果。

图 4-147　　　　　　图 4-148

4.6 综合实例：使用绘制工具制作清凉海报

文件路径	第4章\综合实例：使用绘制工具制作清凉海报
难易指数	★★★★★
技术掌握	画笔工具、橡皮擦工具、"画笔"面板

扫一扫 看视频

案例效果

案例效果如图 4-149 所示。

图 4-149

操作步骤

步骤 01 执行"文件→新建"命令，创建一个 A4 大小比例的新文档。执行"文件→置入嵌入对象"命令，置入素材文件 1.jpg，将其放置在画面顶部，选中该图层，执行"图层→栅格化→智能对象"命令，效果如图 4-150 所示。置入海水素材文件 2.jpg，执行"图层→栅格化→智能对象"命令，调整大小及位置，如图 4-151 所示。

图 4-150

图 4-151

步骤 02 编辑海水部分。单击工具箱中的"橡皮擦工具"，在选项栏中设置一种柔边圆画笔，擦除上部的海水画面，如图 4-152 所示。设置前景色为深蓝色，单击工具箱中的"画笔工具"，在选项栏中设置一种柔边圆画笔，设置画笔不透明度为 50%，在画面底部海水周边进行涂抹，加深海水的颜色效果，如图 4-153 所示。

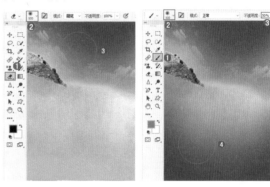

图 4-152　　　　　　图 4-153

步骤 03 设置前景色为淡一点的蓝色，使用柔边圆画笔在海水中心位置进行涂抹，如图 4-154 所示。在选项栏中适当降低画笔的不透明度，继续在海水平面上进行涂抹，如图 4-155 所示。

图 4-154　　　　　　图 4-155

步骤 04 设置前景色为白色，单击工具箱中的"画笔工具"，执行"窗口→画笔设置"命令，打开"画笔设置"面板。选择一种圆形画笔，设置画笔"大小"为 25 像素，"硬度"为 100%，增大画笔间距，如图 4-156 所示。在左侧列表中勾选"形状动态"选项，设置"大小抖动"为 100%，如图 4-157 所示。勾选"散布"选项，设置"散布"为 100%，如图 4-158 所示。

图 4-156   图 4-157   图 4-158

步骤05 勾选"传递"选项，设置"不透明度抖动"为 100%，如图 4-159 所示。然后在画面中按住鼠标左键并拖动，绘制气泡，如图 4-160 所示。

图 4-159   图 4-160

步骤06 制作文字部分。单击工具箱中的"横排文字工具"按钮，在选项栏中设置合适的字体及大小，输入红色字母 E，如图 4-161 所示。按快捷键 Ctrl+T 进行自由变换，适当调整文字角度，按 Enter 键结束操作，如图 4-162 所示。

步骤07 选择文字图层，执行"图层→图层样式→描边"命令，在弹出的面板中设置"大小"为 15 像素，"位置"为"外部"，颜色为白色，如图 4-163 所示。在左侧图层样式列表中勾选"内发光"选项，设置"混合模式"为"正常"，"不透明度"为 100%，颜色为深一点的红色，"大小"为 95 像素，如图 4-164 所示。

图 4-161   图 4-162

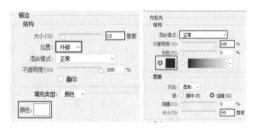

图 4-163   图 4-164

步骤08 勾选"投影"选项，设置"混合模式"为"正常"，颜色为灰色，"不透明度"为 100%，"角度"为 120 度，"距离"为 35 像素，如图 4-165 所示。单击"确定"按钮完成操作，此时文字效果如图 4-166 所示。

步骤09 为文字添加光泽感。按 Ctrl 键单击文字图层的缩略图，载入文字图层选区。新建图层，设置前景色为白色，按快捷键 Alt+Delete，为选区填充白色，如图 4-167 所示。在"图层"面板上设置图层"不透明度"为 50%，如图 4-168 所示。单击"橡皮擦工具"按钮，使用硬角边的橡皮擦在文字左侧进行涂抹，隐藏多余的部分，如图 4-169 所示。

图 4-165　　　　　　　图 4-166

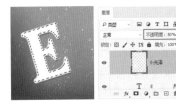

图 4-167　　　图 4-168　　　图 4-169

步骤 10 新建图层，使用柔边圆画笔单击绘制一个白色圆点，如图 4-170 所示。按快捷键 Ctrl+T 使用自由变换，调整圆点形状，如图 4-171 所示。将调整过的圆点调整角度，放置在文字左侧，如图 4-172 所示。

图 4-170　　　图 4-171　　　图 4-172

步骤 11 多次复制光斑，放置在字母的不同位置，如

图 4-173 所示。用同样方法制作其他文字及其光泽，如图 4-174 所示。

图 4-173　　　　　　　图 4-174

步骤 12 置入前景素材 3.png，调整大小及位置，执行"图层→栅格化→智能对象"命令，如图 4-175 所示。设置前景色为白色，使用"画笔工具"，在"画笔预设选取器"中选择一种合适的画笔，如图 4-176 所示。新建图层，在画面四周进行涂抹，为了绘制比较自然的效果，可以切换多种画笔类型，制作效果丰富的外框。最终效果如图 4-177 所示。

图 4-175　　　图 4-176　　　图 4-177

读书笔记

扫一扫 看视频

调色

调色是数码照片编辑和修改中非常重要的功能。图像的色彩在很大程度上能够决定图像的"好坏",与图像主题相匹配的色彩才能够正确地传达图像的内涵。对于作品的设计也是一样的,正确地使用色彩是非常重要的。不同的颜色往往带有不同的情感倾向,对于人心理产生的影响也不相同。在Photoshop中我们不仅要学习如何正确使用画面的色彩,而且要会使用调色技术,制作各种风格化的色彩。

重点知识掌握:

- 熟练掌握调色命令与调整图层调色的使用方法。
- 能够准确分析图像色彩方面存在的问题并进行校正。
- 熟练调整图像明暗、对比度问题。
- 熟练掌握图像色彩倾向的调整。
- 综合运用多种调色命令进行风格化色彩的制作。

通过本章学习,我能做:

通过本章的学习,能够学会十几种调色命令的使用方法。通过这些调色命令的使用,可以校正图像偏暗问题以及偏色问题,如图像偏暗、偏亮,对比度过低、过高,暗部过暗导致细节缺失,画面颜色暗淡(天不蓝、草不绿),人物皮肤偏黄、偏黑,图像整体偏蓝、偏绿、偏红等,这些问题都可以通过本章所学的调色命令轻松解决。综合运用多种调色命令以及混合模式等功能还可以制作出一些风格化的色彩,如小清新色调、复古色调、高彩色调、电影色、胶片色、反转片色、LOMO 色等。调色命令的数量虽然有限,但是通过这些命令能够制作出的效果却是无限的。还等什么?一起来试一下吧!

5.1 调色前的准备工作

色彩的力量无比强大，想要"掌控"这个神奇的力量，Photoshop 是必不可少的使用工具。Photoshop 的调色功能非常强大，不仅可以对错误的颜色（即色彩方面不正确的问题，如曝光过度、亮度不足、画面偏灰、色调偏色等）进行校正，如图 5-1 所示，还能够增强画面视觉效果，丰富画面情感，打造出风格化的色彩，如图 5-2 所示。

图 5-1   图 5-2

5.1.1 如何调色

Photoshop 的"图像"菜单中包含多种可以用于调色的命令，其中大部分位于"图像→调整"子菜单中，还有 3 个自动调色命令位于"图像"菜单下，这些命令可以直接作用于所选图层，如图 5-3 所示。执行"图层→新建调整图层"命令，在子菜单中可以看到与"图像→调整"子菜单中相同的命令，如图 5-4 所示。这些命令起到的调色效果是相同的，但是其使用方式略有不同，后面再进行详细讲解。

从上面的这些调色命令的名称上来看，大致能猜到这些命令起到的作用。所谓的"调色"是通过调整图像的明暗（亮度）、对比度、曝光度、饱和度、色相、色调等，来实现图像整体颜色的改变。但如此多的调色命令，在真正调色时从何处入手呢？很简单，只要把握住下面几点即可。

（1）校正画面整体的颜色错误。

（2）美化细节。

（3）帮助元素融入画面。

（4）强化气氛，辅助主题表现。

图 5-3   图 5-4

【重点】5.1.2 练一练：使用"调整"命令调色

扫一扫 看视频

步骤01 "调整"命令的种类虽然很多，但是其使用方法都比较相似。选中需要操作的图层，如图 5-5 所示。单击"图像"菜单命令，将光标移动到"调整"命令上，在子菜单中可以看到很多调色命令，如选择"色相 / 饱和度"，如图 5-6 所示。

步骤02 大部分"调整"命令都会弹出参数设置对话框（反向、去色、色调均化命令没有参数设置对话框），在这

些对话框中可以进行参数选项的设置。图 5-7 所示为"色相 / 饱和度"对话框，在此对话框中可以看到很多滑块，尝试拖动滑块，画面颜色则产生变化，如图 5-8 所示。

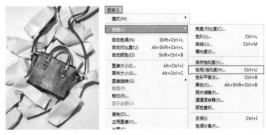

图 5-5   图 5-6

图 5-7   图 5-8

步骤03 很多"调整"命令中都有"预设"，所谓的"预设"就是软件内置的一些设置好的参数效果。可以通过在"预设"下拉列表中选择某一种预设，快速为图像施加效果。例如，在"色相/饱和度"对话框中单击"预设"后的下拉按钮，在"预设"下拉列表中选择某一项，即可观察到效果，如图5-9和图5-10所示。

图 5-9   图 5-10

步骤04 很多"调整"命令都有"通道"下拉列表和"颜色"下拉列表可供选择。例如，默认情况下显示的是"全图"，此时调整的是整个画面的效果。如果单击"颜色"列表，会看到红、绿、蓝等颜色，选择某一项，即可针对这种颜色进行调整，如图5-11和图5-12所示。

图 5-11   图 5-12

提示：快速还原默认参数。

使用"调整"命令时，如果想要在修改参数之后，还想将参数还原成默认值，可以按住Alt键，对话框中的"取消"按钮会变为"复位"按钮，单击该"复位"按钮即可还原原始参数。

【重点】5.1.3　练一练：使用"新建调整图层"命令调色

扫一扫 看视频

前面提到了"调整"命令与"新建调整图层"命令能够起到的调色效果是相同的，但是"调整"命令是直接作用于原图层的，而"新建调整图层"命令则是将调色操作以"图层"的形式，存在于"图层"面板中。由于具有"图层"的属性，因而调整图层具有以下特点：可以随时隐藏或显示调色效果，可以通过蒙版控制调色影响的范围，可以创建剪贴蒙版，可以调整透明度以减弱调色效果，可以随时调整图层所处的位置，还可以随时更改调色的参数。相对来说，使用调整图层进行调色，可以操作的余地更大一些。

步骤01 选中一个需要调整的图层，如图 5-13 所示。接着执行"图层→新建调整图层"命令，在子菜单中可以看到很多命令，执行其中某一项，如图 5-14 所示。

图 5-13   图 5-14

步骤02 此时弹出"新建图层"对话框，在此对话框中可以设置调整图层的名称，单击"确定"按钮，如图 5-15 所示。在"图层"面板中即可看到新建的调整图层，如图 5-16 所示。

图 5-15   图 5-16

步骤03 与此同时，"属性"面板中会显示当前调整图层的参数设置（如果没有出现"属性"面板，双击该调整图层的缩略图，即可重新弹出"属性"面板），随意调整参数，如图 5-17 所示。此时画面颜色发生了变化，如图 5-18 所示。

图 5-17　　　　　　　　　　图 5-18

步骤04 在"图层"面板中能够看到每个调整图层都自动带一个"图层蒙版"。在调整图层蒙版中可以使用黑色、白色和灰色来控制受影响的区域。白色为受影响，黑色为不受影响，灰色为受到部分影响。例如，想要使刚才创建的"色彩平衡"调整图层只对画面中的右半部分起作用，那么需要在蒙版中使用黑色填充左侧，如图 5-19 所示。蒙版中黑色的区域变为了调色之前的效果，如图 5-20 所示。

图 5-19　　　　　　　　　　图 5-20

提示：其他可以用于调色的功能。

在 Photoshop 中进行调色时，不仅可以使用"调整"或"新建调整图层"命令，还有很多可以辅助调色的命令和工具。例如，通过对纯色图层设置图层"混合模式"或"不透明度"改变画面颜色，或者使用画笔工具、颜色替换画笔工具、加深工具、减淡工具、海绵工具等对画面局部颜色进行更改。

5.2　自动调色命令

在"图像"菜单下有三个用于自动调整图像颜色的命令："自动对比度""自动色调"和"自动颜色"。这三个命令无须进行参数设置，执行命令后，Photoshop 会自动计算图像颜色和明暗中存在的问题并

进行校正，适合于处理一些数码照片常见的偏色或者偏灰、偏暗、偏亮等问题。

5.2.1　自动对比度

"自动对比度"命令常用于校正图像对比度过低的问题。打开一张对比度偏低的图像，画面看起来有些"灰"，如图 5-21 所示。执行"图像→自动对比度"命令，偏灰的图像会被自动提高对比度，效果如图 5-22 所示。

图 5-21　　　　　　　　　　图 5-22

5.2.2　自动色调

"自动色调"命令常用于校正图像常见的偏色问题。打开一张略微有些偏色的图像，画面看起来有些偏黄，如图 5-23 所示。执行"图像→自动色调"命令，过多的黄色成分被去除掉了，效果如图 5-24 所示。

图 5-23　　　　　　　　　　图 5-24

5.2.3　自动颜色

"自动颜色"主要用于校正图像中颜色的偏差，图 5-25 所示的图像偏向于红色，执行"图像→自动颜色"命令，则可以快速减少画面中多余的红色，效果如图 5-26 所示。

图 5-25　　　　　　　　　　图 5-26

5.3　调整图像的明暗

在"图像→调整"菜单中有很多种调色命令，其中一部分调色命令主要针对图像的明暗进行调整。提高图像的亮度可以使画面变亮，降低图像的亮度可以使画面变暗，增强亮部区域的明亮程度并降低画面暗部区域的亮度则可以增强画面对比度，反之则会降低画面对比度，如图 5-27 和图 5-28 所示。

图 5-27

图 5-28

重点 5.3.1　亮度 / 对比度

扫一扫 看视频

"亮度 / 对比度"命令常用于使图像变得更亮、更暗一些，校正"偏灰"（对比度过低）的图像，增强对比度使图像更"抢眼"或弱化对比度使图像柔和，如图 5-29 和图 5-30 所示。

图 5-29　　　　　图 5-30

打开一张图像，如图 5-31 所示。执行"图像→调整→亮度 / 对比度"命令，打开"亮度 / 对比度"对话框，如图 5-32 所示。执行"图层→新建调整图层→亮度 / 对比度"命令，创建一个"亮度 / 对比度"调整图层。

图 5-31

图 5-32

- 亮度：用于设置图像的整体亮度。数值为负值时，表示降低图像的亮度；数值为正值时，表示提高图像的亮度，效果如图 5-33 所示。
- 对比度：用于设置图像亮度对比的强烈程度。数值为负值时，对比减弱；数值为正值时，图像对比度会增强，效果如图 5-34 所示。

亮度：-50　　　　　　　亮度：50
图 5-33

对比度：-50　　　　　　对比度：100
图 5-34

- 预览：勾选该选项后，在"亮度 / 对比度"对话框中调节参数时，可以在文档窗口中观察到图像的亮度变化。
- 使用旧版：勾选该选项后，可以得到与 Photoshop CS3 以前的版本相同的调整结果。
- 自动：单击"自动"按钮，Photoshop 会自动根据画面进行调整。

【重点】5.3.2 练一练：色阶

扫一扫 看视频

"色阶"命令主要用于调整画面的明暗程度以及增强或降低对比度。"色阶"命令有时可以单独对画面的阴影、中间调、高光以及亮部、暗部区域进行调整，而且可以对各个颜色通道进行调整，以实现色彩调整的目的。

执行"图像→调整→色阶"命令（快捷键为Ctrl+L），打开"色阶"对话框，如图5-35所示。执行"图层→新建调整图层→色阶"命令，创建一个"色阶"调整图层，如图5-36所示。

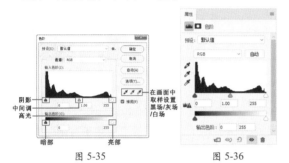

图 5-35　　　　　　图 5-36

步骤01 打开一张图像，如图5-37所示。执行"图像→调整→色阶"命令，在"输入色阶"中可以通过拖动滑块来调整图像的阴影、中间调和高光，同时也可以直接在对应的输入框中输入数值。向右移动"阴影"滑块，画面暗部区域会变暗，如图5-38和图5-39所示。

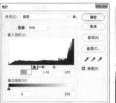

图 5-37　　　　图 5-38　　　　图 5-39

步骤02 尝试向左移动"高光"滑块，画面亮部区域变亮，如图5-40和图5-41所示。

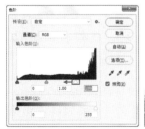

图 5-40　　　　　　图 5-41

步骤03 向左移动"中间调"滑块，画面中间调区域会变亮，受之影响，画面大部分区域会变亮，如图5-42和图5-43所示。

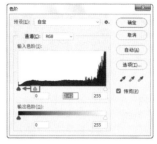

图 5-42　　　　　　图 5-43

步骤04 向右移动"中间调"滑块，画面中间调区域会变暗，受之影响，画面大部分区域会变暗，如图5-44和图5-45所示。

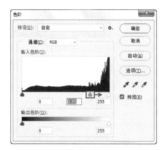

图 5-44　　　　　　图 5-45

步骤05 在"输出色阶"中可以设置图像的亮度范围，从而降低对比度。向右移动"暗部"滑块，画面暗部区域会变亮，画面会产生"变灰"的效果，如图5-46和图5-47所示。

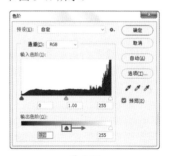

图 5-46　　　　　　图 5-47

步骤06 向左移动"亮部"滑块，画面亮部区域会变暗，画面同样会产生"变灰"的效果，如图5-48和图5-49所示。

步骤07 使用"在图像中取样以设置黑场"在图像中单击取样，可以将单击点的像素调整为黑色，同时图像中比该单击点暗的像素也会变成黑色，如图5-50和图5-51所示。

图 5-48　　　　　　　　　图 5-49

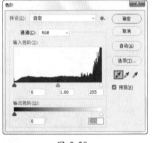 

图 5-50　　　　　　　　　图 5-51

步骤08 使用"在图像中取样以设置灰场"在图像中单击取样，可以根据单击点像素的亮度来调整其他中间调的平均亮度，如图 5-52 和图 5-53 所示。

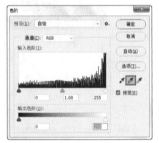 

图 5-52　　　　　　　　　图 5-53

步骤09 使用"在图像中取样以设置白场"在图像中单击取样，可以将单击点的像素调整为白色，同时图像中比该单击点亮的像素也会变成白色，如图 5-54 和图 5-55 所示。

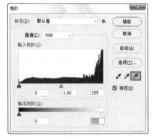 

图 5-54　　　　　　　　　图 5-55

步骤10 如果想要使用"色阶"命令对画面颜色进行调整，则可以在"通道"列表中选择某个"通道"，然后对该通道进行明暗调整，使某个通道变亮，如图 5-56 所示。画面则会更倾向于该颜色，如图 5-57 所示。而使某个通道变暗，则会减少画面中该颜色的成分，而使画面倾向于该通道的补色。

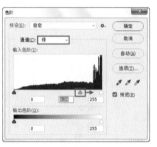 

图 5-56　　　　　　　　　图 5-57

[重点] 5.3.3　曲线

扫一扫 看视频

　　"曲线"命令既可用于对画面的明暗和对比度进行调整，又常用于校正画面偏色问题以及调整出独特的色调效果，如图 5-58 和图 5-59 所示。

图 5-58　　　　　　　　　图 5-59

　　执行"曲线→调整→曲线"命令（快捷键为 Ctrl+M），打开"曲线"对话框，如图 5-60 所示。曲线左侧为曲线调整区域，在这里可以通过改变曲线的形态，调整画面的明暗程度。曲线段上部分控制画面的亮部区域；曲线段中间部分控制画面中间调区域；曲线段下部分控制画面暗部区域。

　　在曲线上单击创建一个点，然后通过按住并拖动曲线点的位置调整曲线形态。将曲线上的点向左上移动可以使图像变亮，将曲线点向右下移动可以使图像变暗。

　　执行"图层→新建调整图层→曲线"命令，创建一个"曲线"调整图层，同样能够进行相同效果的调整，如图 5-61 所示。

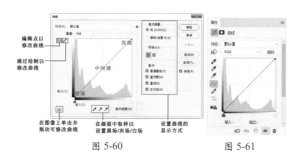

编辑点以修改曲线

通过绘制以修改曲线

亮部

中间调

暗部

在图像上单击并拖动可修改曲线

在画面中取样以设置黑场/灰场/白场

设置曲线的显示方式

图 5-60　　　　　　图 5-61

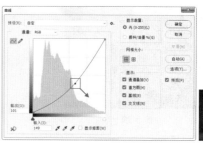

图 5-66　　　　　　图 5-67

1. 使用"预设"的曲线效果

"预设"下拉列表中共有 9 种曲线预设效果，单击"预设选项"按钮圖，可以对当前设置的参数进行保存，或者载入一个外部的预设调整文件。图 5-62 和图 5-63 所示分别为原图与 9 种预设效果。

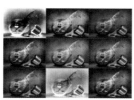

图 5-62　　　　　　图 5-63

2. 提亮画面

预设并不一定适合所有情况，所以大多数时候需要我们自己对曲线进行调整。例如，想让画面整体变亮一些，可以选择在曲线的中间调区域按住鼠标左键并向左上移动，如图 5-64 所示。此时画面就会变亮，如图 5-65 所示。因为通常情况下，中间调区域控制的范围较大，所以想要对画面整体进行调整时，大多会选择在曲线中间段部分进行调整。

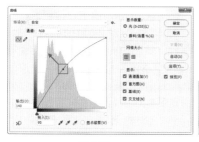

图 5-64　　　　　　图 5-65

3. 压暗画面

想要使画面整体变暗一些，可以在曲线上中间调的区域上按住鼠标左键并向右下移动曲线，如图 5-66 所示，效果如图 5-67 所示。

4. 调整图像对比度

想要增强画面对比度，则需要使画面亮部变得更亮，而暗部变得更暗。那么则需要将曲线调整为 S 形，在曲线上半段添加点向左上移动，在曲线下半段添加点向右下移动，如图 5-68 所示。反之想要使图像对比度降低，则需要将曲线调整为 Z 形，如图 5-69 所示。

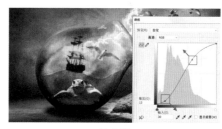

图 5-68

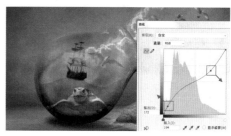

图 5-69

5. 调整图像的颜色

使用曲线可以校正偏色情况，也可以使画面产生各种各样的颜色倾向。例如，图 5-70 所示的画面倾向于红色，那么在调色处理时，就需要减少画面中的"红"，所以可以在"通道"下拉列表中选择"红"，然后调整曲线形态，将曲线向右下调整。此时画面中的红色成分减少，画面颜色恢复正常，如图 5-71 所示。当然，如果想要为图像进行色调的改变，则可以调整单独通道的明暗使画面颜色改变。

图 5-70

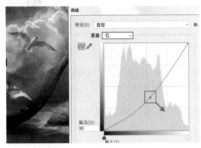

图 5-71

练习实例：使用曲线打造朦胧暖调

扫一扫 看视频

文件路径	第5章\练习实例：使用曲线打造朦胧暖调
难易指数	★★★★★
技术掌握	曲线、镜头光晕

案例效果

案例对比效果如图5-72和图5-73所示。

图 5-72　　　　　　　　图 5-73

操作步骤

步骤01　执行"文件→打开"命令，在打开的对话框中选择背景素材 1.jpg，单击"打开"按钮，如图5-74 所示。

图 5-74

步骤02　为画面增添一些"朦胧感"。在"图层"面板中选择该背景图层，右击选择"复制图层"命令。接

着对复制的图层执行"滤镜→模糊→高斯模糊"命令，在弹出的"高斯模糊"对话框中设置"半径"为 50 像素，单击"确定"按钮完成设置，如图 5-75 所示，效果如图 5-76 所示。

图 5-75　　　　　　　　图 5-76

步骤03　在"图层"面板中选择模糊的图层，单击"图层"面板底部的"添加图层蒙版"按钮。选择图层的蒙版，接着单击"工具箱"中的"画笔工具"，选择一个柔边圆画笔，设置画笔合适的"大小"，"硬度"为 0，画笔"不透明度"为 50%。在图层蒙版中的人物部分和背景区域简单涂抹，图层蒙版如图 5-77 所示。显露出底部清晰的人物和部分背景，如图 5-78 所示。

图 5-77　　　　　　　　图 5-78

步骤04　制作画面的暖色调。执行"图层→新建调整图→曲线"命令，在弹出的"属性"面板中的 RGB 曲线上半部分单击添加控制点并按住鼠标左键向上拖动。继续在曲线下半部分单击添加控制点，并按住鼠标左键向上拖动，通过改变曲线形状提高画面的亮度，如图 5-79 所示。单击 RGB 后的下拉按钮，在下拉列表中选择"红"，调整"红"通道的曲线形态，使画面暗部区域偏红，如图 5-80 所示。继续设置通道为"蓝"，在曲线上单击添加两个控制点，并按住鼠标左键向下拖动，通过调整减少画面中的蓝色，如图 5-81 所示，效果如图 5-82 所示。

步骤05　制作镜头光晕。新建图层，设置"前景色"为黑色，使用快捷键 Alt+Delete 填充黑色，如图 5-83 所示。执行"滤镜→渲染→镜头光晕"命令，在弹出的"镜头光晕"对话框中拖动光晕中的十字标，对光晕的方向进行改变，设置"亮度"为 100%，勾选"50-300 毫米变焦"，单击"确定"按钮完成设置，如图 5-84 所示，效果如图 5-85 所示。

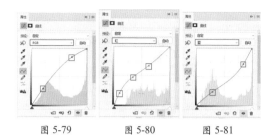

图 5-79　　　　图 5-80　　　　图 5-81

图 5-82　　　　　　图 5-83

图 5-84　　　　　　图 5-85

步骤06 在"图层"面板中设置该该图层的"混合模式"为"滤色",如图 5-86 所示,效果如图 5-87 所示。

图 5-86　　　　　　图 5-87

步骤07 为了强化光晕效果,可以在"图层"面板中选择该光晕图层,右击执行"复制图层"命令,叠加增强效果,如图 5-88 所示。使用同样的方法再叠加一层,如图 5-89 所示。

图 5-88　　　　　　图 5-89

步骤08 使用"横排文字工具"添加艺术字,如图5-90所示。最后制作照片框,单击"矩形工具",

在"选项栏"中设置绘制模式为"路径",半径为50像素,在画面中按住鼠标左键拖动绘制圆角矩形路径,接着使用快捷键Ctrl+Enter将路径转化为选区,接着使用反向快捷键Ctrl+Shift+I将选区反选,设置"前景色"为白色,使用快捷键Alt+Delete填充选区,按Enter键完成制作,取消选区。最终效果如图5-91所示。

图 5-90　　　　　　图 5-91

【重点】5.3.4　曝光度

"曝光度"命令主要用来校正图像曝光不足、曝光过度、对比度过低或过高的情况。

打开一张图像,如图 5-92 所示。执行"图像→调整→曝光度"命令,打开"曝光度"对话框(或者执行"图层→新建调整图层→曝光度"命令,创建一个"曝光度"调整图层)。在这里可以对曝光度数值进行设置使图像变亮或变暗,如图 5-93所示。例如,适当增大"曝光度"数值,可以使原本偏暗的图像变亮一些,如图 5-94 所示。

扫一扫 看视频

图 5-92　　　　　　图 5-93

图 5-94

- 预设:Photoshop 中预设了 4 种曝光效果,分别是"−1.0""−2.0""+1.0"和"+2.0"。
- 曝光度:向左拖动滑块,可以降低曝光效果;向右拖动滑块,可以增强曝光效果。图 5-95 所示为不同参数的对比效果。

曝光度：-2　　　　　　　　曝光度：0　　　　　　　　曝光度：1

图 5-95

- 位移：该选项主要对阴影和中间调起作用。减小数值可以使其阴影和中间调区域变暗，但对高光基本不会产生影响。图 5-96 所示为不同参数的对比效果。

位移：-0.2　　　　　　　　位移：0　　　　　　　　位移：0.2

图 5-96

- 灰度系数校正：使用一种乘方函数来调整图像灰度系数。滑块向左调整增大数值，滑块向右调整减小数值。图 5-97 所示为不同参数的对比效果。

灰度系数校正：3　　　　　　灰度系数校正：1　　　　　灰度系数校正：0.3

图 5-97

【重点】5.3.5　阴影 / 高光

　　"阴影 / 高光"命令可以单独对画面中的阴影区域和高光区域的明暗进行调整。"阴影 / 高光"命令常用于恢复由于图像过暗造成的暗部细节缺失，以及图像过亮导致的亮部细节不明确等问题，如图 5-98 和图 5-99 所示。

图 5-98

图 5-99

扫一扫 看视频

步骤01 打开一张图像，如图 5-100 所示。执行"图像→调整→阴影 / 高光"命令，打开"阴影 / 高光"对话框，默认情况下只显示"阴影"和"高光"两个数值，如图 5-101 所示。增大"阴影"数值可以使画面暗部区域变亮，如图 5-102 所示。

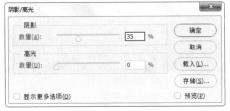

图 5-100　　　　　　　　　　　　图 5-101　　　　　　　　　　　　图 5-102

步骤02 增大"高光"数值可以使画面亮部区域变暗，如图 5-103 和图 5-104 所示。

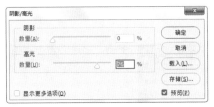

图 5-103　　　　　　　　　　　　　　　图 5-104

步骤03 "阴影 / 高光"可设置的参数并不只是这两个，勾选"显示更多选项"以后，可以显示"阴影 / 高光"的完整选项，如图 5-105 所示。"阴影"选项组与"高光"选项组的参数是相同的。

- **数量**：用于控制阴影 / 高光区域的亮度。"阴影"的数值越大，阴影区域就越亮。"高光"的数值越大，高光越暗。

- **色调**：用于控制色调的修改范围。数值越小，修改的范围越小。

- **半径**：用于控制每个像素周围的局部相邻像素的范围大小。相邻像素用于确定像素是在阴影还是在高光中。数值越小，范围越小。

图 5-105

- **颜色**：用于控制画面颜色感的强弱。数值越小，画面饱和度越低；数值越大，画面饱和度越高。

- **中间调**：用于调整中间调的对比度。数值越大，中间调的对比度越强，如图 5-106 所示。

中间调：**-100**　　　　　　　　中间调：**0**　　　　　　　　中间调：**+100**

图 5-106

- **修剪黑色**：该选项可以将阴影区域变为纯黑色，数值的大小用于控制变化为黑色阴影的范围。数值越大，变为黑色的区域越大，画面整体越暗。最大数值为 50%，过大的数值会使图像丧失过多细节，如图 5-107 所示。

修剪黑色：0.01%　　　　　修剪黑色：20%　　　　　修剪黑色：50%

图 5-107

- **修剪白色**：该选项可以将高光区域变为纯白色，数值的大小用于控制变化为白色高光的范围。数值越大，变为白色的区域越大，画面整体越亮。最大数值为 50%，过大的数值会使图像丧失过多细节，如图 5-108 所示。
- **存储默认值**：如果要将对话框中的参数设置存储为默认值，可以单击该按钮。存储为默认值以后，再次打开"阴影 / 高光"对话框时，就会显示该参数。

修剪白色：0.01%　　　　　修剪白色：20%　　　　　修剪白色：50%

图 5-108

5.4　调整图像的色彩

　　图像"调色"，一方面是针对画面明暗的调整，另一方面是针对画面"色彩"的调整。在"图像→调整"命令中有十几种可以针对图像色彩进行调整的命令。通过使用这些命令既可以校正偏色的问题，又能够为画面打造出各具特色的色彩风格，如图 5-109 和图 5-110 所示。

图 5-109　　　　　　　图 5-110

提示：学习调色时要注意的问题。

　　调色命令虽然很多，但并不是每一种都特别常用，或者说，并不是每一种都适合自己使用。其实在实际调色过程中，想要实现某种颜色效果，往往是既可以使用这种命令，又可以使用那种命令。这时千万不要纠结于书中或教程中使用的某个特定命令，而去使用这个命令。我们只需要选择自己习惯使用的命令就可以。

5.4.1　自然饱和度

　　"自然饱和度"可以增加或减少画面颜色的鲜艳程度。"自然饱和度"常用于使外景照片更加明艳动人，或者打造出复古怀旧的低彩效果。在"色相 / 饱和度"命令中也可以增加或降低画面的饱和度，

扫一扫 看视频

但是与之相比，"自然饱和度"的数值调整更加柔和，不会因为饱和度过高而产生纯色，也不会因饱和度过低而产生完全灰度的图像。所以"自然饱和度"非常适合于数码照片的调色。

　　选择一个图层，如图 5-111 所示。执行"图像→调整→自然饱和度"命令，打开"自然饱和度"对话框，在这里可以对"自然饱和度"和"饱和度"数值进行调整，如图 5-112 所示。执行"图层→新建调整图层→自然饱和度"命令，创建一个"自然饱和度"

调整图层。

图 5-111　　　　　　　　图 5-112

- **自然饱和度**：向左拖动滑块，可以降低颜色的饱和度；向右拖动滑块，可以提高颜色的饱和度，如图 5-113 所示。

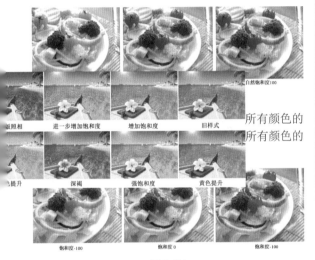

图 5-114

所有颜色的
所有颜色的

【重点】5.4.2　色相 / 饱和度

"色相 / 饱和度"命令可以对图像整体或局部的色相、饱和度以及明度进行调整，还可以对图像中的各个颜色（红、黄、绿、青、蓝、洋红）的色相、饱和度、明度分别进行调整。"色相 / 饱和度"命令常用于更改画面局部的颜色，或者增强画面饱和度。

扫一扫 看视频

打开一张图像，如图 5-115 所示。执行"图像→调整→色相 / 饱和度"菜单命令（快捷键为 Ctrl+U），打开"色相 / 饱和度"对话框。默认情况下，可以对整个图像的色相、饱和度、明度进行调整，如调整色相滑块，如图 5-116 所示。画面的颜色发生了变化，如图 5-117 所示。执行"图层→新建调整图层→色相 / 饱和度"命令，可以创建"色相 / 饱和度"调整图层。

- **预设**：在"预设"下拉列表中提供了 8 种色相 /

饱和度预设，如图 5-118 所示。

图 5-115　　　　　　　图 5-116

图 5-117

图 5-118

- **全图** "通道"下拉列表：在"通道"下拉列表中可以选择全图、红色、黄色、绿色、青色、蓝色和洋红通道进行调整。如果想要调整画面某一种颜色的色相、饱和度、明度，可以在"通道"下拉列表中选择某一个颜色，然后进行调整。

- **色相**：调整滑块可以更改画面各个部分或某种颜色的色相。

- **饱和度**：调整饱和度数值可以增强或减弱画面整体或某种颜色的鲜艳程度。数值越大，颜色越艳丽。

- **明度**：调整明度数值可以使画面整体或某种颜色的明亮程度增加。数值越大，越接近白色；数值越小，越接近黑色，如图 5-119 所示。

明度：-70　　　　　明度：70

图 5-119

- 🖐在图像上单击并拖动可修改饱和度：使用该工具在图像上单击设置取样点，如图 5-120 所示。然后将光标向左拖动可以降低图像的饱和度，向右拖动可以提高图像的饱和度，如图 5-121 所示。

图 5-120

图 5-121

- 着色：勾选该选项以后，图像会整体偏向于单一的色调，如图 5-122 所示。还可以通过拖动 3 个滑块来调节图像的色调，如图 5-123 所示。

图 5-122

图 5-123

延伸学习：使用"色相 / 饱和度"命令制作七色花

扫一扫 看视频

当我们有一朵花瓣颜色一样的花朵时，可以尝试利用"色相 / 饱和度"命令对画面中的部分区域进行调色，以实现制作出多种颜色花瓣的效果。首先制作出花瓣的选区，如图 5-124 所示。接着可以执行"图层→新建调整图层→色相 / 饱和度"命令，设置色相和饱和度的数值，如图 5-125 所示，在画面中可以观察到效果，即只有选区中的花瓣颜色发生了改变，如图 5-126 所示。

图 5-124

图 5-125

图 5-126

用同样的方法可以制作出其他花瓣的选区，并依次进行调色，如图 5-127 ~ 图 5-129 所示。

图 5-127

图 5-128

图 5-129

【重点】5.4.3　色彩平衡

　　"色彩平衡"命令是根据颜色的补色原理，控制图像颜色的分布。根据颜色之间的互补关系，要减少某个颜色就增加这种颜色的补色。所以可以利用"色彩平衡"命令进行偏色问题的校正。

扫一扫 看视频

　　首先设置"色调平衡"，可以选择需要处理的部分是阴影区域，或是中间调区域，还是高光区域。接着可以在上方调整各个色彩的滑块，如图 5-130 所示。执行"图层→新建调整图层→色彩平衡"命令，创建一个"色彩平衡"调整图层，如图 5-131 所示。

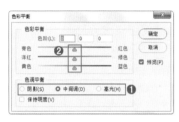

　　　　图 5-130　　　　　　　　图 5-131

- 色彩平衡：用于调整"青色 - 红色""洋红 - 绿色"以及"黄色 - 蓝色"在图像中所占的比例，可以手动输入，也可以拖动滑块来进行调整。例如，向左拖动"青色 - 红色"滑块，可以在图像中增加青色，同时减少其补色红色，如图 5-132 所示。向右拖动"青色 - 红色"滑块，可以在图像中增加红色，同时减少其补色青色，如图 5-133 所示。

　　　　图 5-132　　　　　　　　图 5-133

- 色调平衡：选择调整色彩平衡的方式，包含"阴影""中间调"和"高光"3 个选项，图 5-134 所示分别是向"阴影""中间调"和"高光"添加蓝色以后的效果。

- 保持明度：勾选"保持明度"选项，可以保持图像的色调不变，以防止亮度值随着颜色的改变而改变。图 5-135 所示为对比效果。

阴影　　　　　　中间调　　　　　　高光

图 5-134

启用"保持明度"　　　不启用"保持明度"

图 5-135

练习实例：使用"色彩平衡"命令制作唯美少女外景照片

文件路径	第5章\练习实例：使用"色彩平衡"命令制作唯美少女外景照片
难易指数	★★★★★
技术掌握	色彩平衡、混合模式

扫一扫 看视频

案例效果

　　案例效果对比如图 5-136 和图 5-137 所示。

　　　　图 5-136　　　　　　　　图 5-137

操作步骤

步骤01 执行"文件→打开"命令，在"打开"对话框中选择背景素材 1.jpg，单击"打开"按钮打开文件，如图 5-138 所示。

步骤02 调整画面的色彩，使其呈现出所需要的唯美感。执行"图层→新建调整图层→色彩平衡"命令，在弹出的"属性"面板中设置色调为"阴影"，青色为 0，洋红为 +50，黄色为 0，如图 5-139 所示。接着设置色调为"中间调"，青色为 −17，洋红为 +31，黄色为 0，如图 5-140 所示，效果如图 5-141 所示。

图 5-138　　　　　　图 5-139

图 5-140　　　　　　图 5-141

步骤03　在画面上部添加光感，新建图层。单击"工具箱"中的"画笔工具"，在"选项栏"中设置画笔"大小"为 400 像素，"硬度"为 0%，"不透明度"为 80%。设置"前景色"为黄色，接着在画面中上部按住鼠标左键并拖动涂抹，如图 5-142 所示。在"图层"面板中设置该图层的"混合模式"为"滤色"，如图 5-143 所示，效果如图 5-144 所示。

图 5-142

图 5-143　　　　　　图 5-144

步骤04　添加光效素材，执行"文件→置入嵌入对象"命令，在弹出的"置入嵌入的对象"对话框中选择素材 2.jpg，单击"置入"按钮，并放到适当位置，按 Enter 键完成置入。接着执行"图层→栅格化→智能对象"命令，将该图层栅格化为普通图层，如

图 5-145 所示。在"图层"面板中设置"混合模式"为"滤色"，如图 5-146 所示，效果如图 5-147 所示。

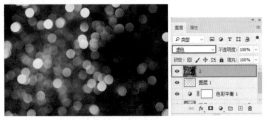

图 5-145　　　　　　图 5-146

图 5-147

重点 5.4.4　黑白

扫一扫 看视频

　　"黑白"命令可以去除画面中的色彩，将图像转换为黑白效果，在转换为黑白效果后还可以对画面中每种颜色的明暗程度进行调整。"黑白"命令常用于将彩色图像转换为黑白效果时使用，也可以使用"黑白"命令制作单色图像。

　　打开一张图像，如图 5-148 所示。执行"图像→调整→黑白"命令（快捷键为 Alt+Shift+Ctrl+B），打开"黑白"对话框，在这里可以对各个颜色的数值进行调整，以设置各个颜色转换为灰度后的明暗程度，如图 5-149 所示。执行"图层→新建调整图层→黑白"命令，创建一个"黑白"调整图层，如图 5-150 所示。

图 5-148　　　　图 5-149　　　　图 5-150

* 预设：在"预设"下拉列表中提供了多种预设的黑白效果，可以直接选择相应的预设来创建黑白图像。

- 颜色：这 6 个颜色选项用来调整图像中特定颜色的灰色调。例如，减小青色数值，会使包含青色的区域变深；增大青色数值，会使包含青色的区域变浅，如图 5-151 所示。
- 色调：要想创建单色图像，可以勾选"色调"选项。接着单击右侧色块设置颜色或者调整"色相""饱和度"数值来设置着色后的图像颜色，如图 5-152 所示，效果如图 5-153 所示。

图 5-151　　　　　　　　　　图 5-152　　　　　　　　图 5-153

5.4.5　练一练：照片滤镜

"照片滤镜"命令与摄影师经常使用的"彩色滤镜"效果非常相似，可以为图像"蒙"上某种颜色，以使图像产生明显的颜色倾向。"照片滤镜"命令常用于制作冷调或暖调的图像。

扫一扫 看视频

步骤01 打开一张图像，如图 5-154 所示。执行"图像→调整→照片滤镜"命令，打开"照片滤镜"对话框。在"滤镜"下拉列表中可以选择一种预设的效果应用到图像中，如选择"冷却滤镜"，如图 5-155 所示。此时图像变为冷调。执行"图层→新建调整图层→照片滤镜"命令，可以创建一个"照片滤镜"调整图层，如图 5-156 所示。

图 5-154　　　　　　　　图 5-155　　　　　　　　图 5-156

步骤02 如果列表中没有适合的颜色，也可以直接勾选"颜色"选项，自行设置合适的颜色，如图 5-157 所示，效果如图 5-158 所示。

图 5-157　　　　　　　图 5-158

步骤03 设置"浓度"数值可以调整滤镜颜色应用到图像中的颜色百分比。数值越大，应用到图像中的颜色浓度就越高；数值越小，应用到图像中的颜色浓度就越低。图 5-159 所示为不同浓度的对比效果。

浓度：20%　　　　　浓度：40%　　　　　浓度：80%

图 5-159

5.4.6　通道混合器

"通道混合器"命令可以将图像中的颜色通道相互混合，能够对目标颜色通道进行调整和修复，常用于偏色图像的校正。

扫一扫 看视频

打开一张图像，如图 5-160 所示。执行"图像→调整→通道混合器"命令，打开"通道混合器"对话框，首先在"输出通道"下拉列表中选择需要处理的通道，然后调整各个颜色滑块，如图 5-161 所示。执行"图层→新建调整图层→通道混合器"命令，可以创建"通道混合器"调整图层。

- 预设：Photoshop 提供了 6 种制作黑白图像的预设效果。
- 输出通道：在下拉列表中可以选择一种通道来对图像的色调进行调整。
- 源通道：用来设置源通道在输出通道中所占的百分比。例如，设置"输出通道"为红，增大红色数值，如图 5-162 所示。画面中红色的成分增加，如图 5-163 所示。

图 5-160   图 5-161   图 5-162   图 5-163

- 总计：显示源通道的计数值。如果计数值大于 100%，则有可能丢失一些阴影和高光细节。
- 常数：用来设置输出通道的灰度值，负值可以在通道中增加黑色，正值可以在通道中增加白色，如图 5-164 所示。

红通道常数：-50   红通道常数：0   红通道常数：50

图 5-164

- 单色：勾选该选项以后，图像将变成黑白效果。可以通过调整各个通道的数值，调整画面的黑白关系。

5.4.7　颜色查找

数字图像输入或输出设备都有自己特定的色彩空间，这就导致了色彩在不同的设备之间传输时出现不匹配的现象。"颜色查找"命令可以使画面颜色在不同的设备之间精确传递和再现。

扫一扫 看视频

不同的数字图像输入和输出设备都有其特定的色彩空间，这也就导致同一幅画面在不同的设备之间传输产生的不匹配的现象。打开一张图像，如图 5-165 所示。执行"图像→调整→颜色查找"命令，打开"颜色查找"对话框。在弹出的对话框中可以从以下方式中选择用于颜色查找的方式：3DLUT 文件、摘要、设备链接，并在每种方式的下拉列表中选择合适的类型，选择完成后可以看到图像整体颜色发生了风格化的效果，如图 5-166 所示，画面效果如图 5-167 所示，执行"图层→新建调整图层→颜色查找"命令，可以创建"颜色查找"调整图层。

图 5-165   图 5-166   图 5-167

5.4.8 反相

"反相"命令可以将图像中的颜色转换为它的补色，呈现出负片效果，即红变绿、黄变蓝、黑变白。

执行"图层→调整→反相"命令（快捷键为Ctrl+I），即可得到反相效果，对比效果如图5-168和图5-169所示。"反相"命令是一个可以逆向操作的命令。执行"图层→新建调整图层→反相"命令，可以创建一个"反相"调整图层。

扫一扫 看视频

图 5-168   图 5-169

5.4.9 色调分离

扫一扫 看视频

"色调分离"命令可以通过为图像设定"色阶"数量以减少图像的色彩数量。图像中多余的颜色会映射到最接近的匹配级别。选择一个图层，如图5-170所示。执行"图层→新建调整图层→色调分离"命令，打开"色调分离"对话框，如图5-171所示。在"色调分离"对话框中可以进行"色阶"数量的设置，设置的"色阶"值越小，分离的色调越多；"色阶"值越大，保留的图像细节就越多，如图5-172所示。执行"图层→新建调整图层→色调分离"命令，可以创建一个"色调分离"调整图层。

图 5-170   图 5-171

图 5-172

5.4.10 阈值

"阈值"命令可以将图像转换为只有黑白两色的效果。选择一个图层，如图5-173所示。执行"图层→

调整→阈值"命令，打开"阈值"对话框，如图5-174所示。"阈值色阶"数值可以指定一个色阶作为阈值，高于当前色阶的像素都将变为白色，低于当前色阶的像素都将变为黑色，如图5-175所示。

扫一扫 看视频

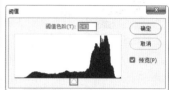

图 5-173   图 5-174

图 5-175

练习实例：使用"阈值"命令制作涂鸦墙

文件路径	第5章\练习实例：使用"阈值"命令制作涂鸦墙
难易指数	★★★★★
技术掌握	阈值、混合模式

案例效果

案例效果对比如图 5-176 和图 5-177 所示。

图 5-176   图 5-177

操作步骤

扫一扫 看视频

步骤01 执行"文件→打开"命令，在"打开"对话框中选择背景素材1.jpg，单击"打开"按钮打开文件，如图5-178所示。首先使用"阈值"制作出人物轮廓效果。执行"图层→新建调整图层→阈值"命令，在弹出的"属性"面板中设置"阈值色阶"为108，如图5-179所示，效果如图 5-180 所示。

图 5-178　　　　图 5-179　　　　图 5-180

步骤02 在画面中添加文字，使用"横排文字工具"在画面左下角添加合适的文字，如图 5-181 所示。接着为人物和文字赋予水彩效果。执行"文件→置入嵌入对象"命令，在弹出的"置入嵌入的对象"对话框中选择素材 2.jpg，单击"置入"按钮，并将素材图片放到适当位置，按 Enter 键完成置入。执行"图层→栅格化→智能对象"命令，将该图层栅格为普通图层，如图 5-182 所示。

图 5-181　　　　　　　图 5-182

步骤03 在"图层"面板中设置"混合模式"为"滤色"，如图 5-183 所示。此时画面中白色部分没有任何内容，而人物上的黑色部分和文字部分表面呈现出水彩效果，如图 5-184 所示。

图 5-183　　　　　　　图 5-184

步骤04 为背景添加墙面的纹理。执行"文件→置入嵌入对象"命令，在弹出"置入嵌入的对象"对话框中选择素材 3.jpg，单击"置入"按钮置入素材图片。执行"图层→栅格化→智能对象"命令，将该图层栅格为普通图层，如图 5-185 所示。在"图层"面板中设置"混合模式"为"正片叠底"，如图 5-186 所示，效果如图 5-187 所示。

图 5-185

图 5-186　　　　　　　图 5-187

重点 5.4.11　　渐变映射

扫一扫 看视频

"渐变映射"是先将图像转换为灰度图像，然后设置一个渐变，将渐变中的颜色按照图像的灰度范围映射到图像中。使图像中只保留渐变中存在的颜色。选择一个图层，如图 5-188 所示。执行"图像→调整→渐变映射"命令，打开"渐变映射"对话框。单击"灰度映射所用的渐变"打开"渐变编辑器"对话框，在该对话框中可以选择或重新编辑一种渐变应用到图像上，如图 5-189 所示，效果如图 5-190 所示。执行"图层→新建调整图层→渐变映射"命令，创建一个"渐变映射"调整图层。

图 5-188　　　　图 5-189　　　　图 5-190

- **仿色**：勾选该选项以后，Photoshop 会添加一些随机的杂色来平滑渐变效果。
- **反向**：勾选该选项以后，可以反转渐变的填充方向，映射出的渐变效果也会发生变化。

课后练习：使用"渐变映射"命令打造复古电影色调

文件路径	第5章\课后练习：使用"渐变映射"命令打造复古电影色调
难易指数	★★★★★
技术掌握	渐变映射、混合模式
操作思路	(1) 打开素材，然后新建"渐变映射"调整图层，制作出蓝、红、黄三色效果。 (2) 降低调整图层的不透明度，使调色效果更加自然。 (3) 绘制黑色的矩形，添加文字作为字幕，效果如图5-191和图5-192所示。

图 5-191

图 5-192

扫一扫 看视频

【重点】5.4.12 可选颜色

"可选颜色"命令可以为图像中各个颜色通道增加或减少某种印刷色的成分含量。使用"可选颜色"命令可以非常方便地对画面中某种颜色的色彩倾向进行更改。

扫一扫 看视频

选择一个图层，如图5-193所示。执行"图像→调整→可选颜色"命令，打开"可选颜色"对话框，首先选择需要处理的"颜色"，然后调整下方的色彩滑块。此处对"红色"进行调整，减少其中青色的成分（相当于增多青色的补色：红色），增多其中黄色的成分，如图5-194所示。所以画面中包含红色的部分（如皮肤部分）被添加了红色和黄色，显得非常"暖"，如图5-195所示。执行"图层→新建调整图层→可选颜色"命令，创建一个"可选颜色"调整图层。

图 5-193   图 5-194   图 5-195

- 颜色：在下拉列表中选择要修改的颜色，然后调整下面的颜色，可以调整该颜色中青色、洋红、黄色和黑色所占的百分比。
- 方法：选择"相对"方式，可以根据颜色总量的百分比来修改青色、洋红、黄色和黑色的数量；选择"绝对"方式，可以采用绝对值来调整颜色。

练习实例：使用"可选颜色"命令制作小清新色调

文件路径	第5章\练习实例：使用"可选颜色"命令制作小清新色调
难易指数	★★★★★
技术掌握	可选颜色

案例效果

案例对比效果如图5-196和图5-197所示。

扫一扫 看视频

图 5-196   图 5-197

操作步骤

步骤01 执行"文件→打开"命令，打开素材 1.jpg，如图 5-198 所示。执行"图层→新建调整图层→可选颜色"命令，随即弹出"属性"面板，如图 5-199 所示。

图 5-198　　　　　　图 5-199

步骤02 在这里设置"颜色"为红色，继续设置"黄色"数值为 100，如图 5-200 所示。使画面中皮肤的部分更倾向于黄色，画面效果如图 5-201 所示。

图 5-200　　　　　　图 5-201

步骤03 单击"颜色"下拉按钮，在下拉列表中选择"黄色"，并设置"黄色"数值为 -100，参数设置如图 5-202 所示。减少画面中的黄色成分，植物部分中的黄色成分减少，变为了青色，画面效果如图 5-203 所示。

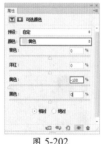

图 5-202　　　　　　图 5-203

步骤04 设置颜色为"绿色"，调整"青色"数值为 100，"黄色"数值为 -100，如图 5-204 所示。使植物更倾向于青色，画面效果如图 5-205 所示。

步骤05 设置"颜色"为"中性色"，调整"黄色"数值为 -50，如图 5-206 所示。画面整体呈现出一种蓝紫色调，效果如图 5-207 所示。

图 5-204　　　　　　图 5-205

图 5-206　　　　　　图 5-207

步骤06 设置颜色为"黑色"，调整"黄色"数值为 -30，如图 5-208 所示。使画面的暗部区域更倾向于紫色，画面效果如图 5-209 所示，本案例中调色的部分就操作完成了。

图 5-208　　　　　　图 5-209

步骤07 新建图层并填充为黑色。执行"滤镜→渲染→镜头光晕"命令，在"镜头光晕"对话框中将光晕调整到右侧，设置"亮度"为 165%，设置"镜头类型"为"50-300 毫米变焦"，如图 5-210 所示。参数设置完成后单击"确定"按钮，画面效果如图 5-211 所示。

图 5-210　　　　　图 5-211

步骤08 设置该图层的混合模式为"滤色"，如图 5-212 所示。画面效果如图 5-213 所示，本案例制作完成。

图 5-212　　　　　图 5-213

课后练习：夏季变秋季

文件路径	第5章\课后练习：夏季变秋季
难易指数	★★★★★
技术掌握	曲线、可选颜色、自然饱和度
操作思路	（1）打开素材，通过"曲线"增加画面颜色对比度。（2）新建"可选颜色"调整图层，调整"绿色"和"黄色"数值，使草地变为金黄色。（3）新建"自然饱和度"调整图层，增加画面颜色饱和度，效果如图5-214和图5-215所示。

图 5-214

图 5-215

5.4.13 练一练：使用"HDR 色调"命令

"HDR 色调"命令常用于处理风景照片，可以在画面中增强亮部和暗部的细节和颜色感，使图像更具有视觉冲击力。

步骤01 选择一个图层，如图5-216所示。执行"图像→调整→ HDR 色调"命令，打开"HDR 色调"对话框，如图5-217所示。默认的参数增强了图像的细节感和颜色感，效果如图 5-218 所示。

步骤02 在"预设"下拉列表中可以看到多种"预设"效果，如图 5-219 所示。单击即可快速为图像赋予该效果。图 5-220 所示为不同的预设效果。

图 5-216　　　　　图 5-217

图 5-218　　　　　图 5-219

单色艺术效果　　　　更加饱和

图 5-220

步骤03 虽然预设效果有很多种，但是实际使用的时候会发现预设效果与我们实际想要的效果还是有一定差距的，所以可以选择一个与预期较接近的"预设"，然后适当修改下方的参数，以制作出合适的效果。

- **半径**：边缘光是指图像中颜色交界处产生的发光效果。半径数值用于控制发光区域的宽度，如图 5-221 所示。
- **强度**：强度数值用于控制发光区域的明亮程度。数值越大，发光区域越亮；数值越小，发光区域越暗。
- **灰度系数**：用于控制图像的明暗对比。向左移动滑块，数值变大，对比度增强；向右移动滑块，

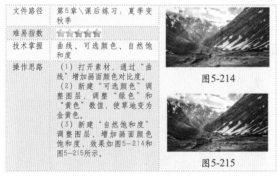

数值变小，对比度减弱，效果如图 5-222 所示。

边缘光半径：**20**　　　　边缘光半径：**80**

图 5-221

灰度系数：**2**　　　　灰度系数：**0.2**

图 5-222

- 曝光度：用于控制图像明暗。数值越小，画面越暗；数值越大，画面越亮。
- 细节：增强或减弱像素对比度以实现柔化图像或锐化图像。数值越小，画面越柔和；数值越大，画面越锐利，效果如图 5-223 所示。

细节：**-100%**　　细节：**0%**　　细节：**300%**

图 5-223

- 阴影：设置阴影区域的明暗。数值越小，阴影区域越暗；数值越大，阴影区域越亮。
- 高光：设置高光区域的明暗。数值越小，高光区域越暗；数值越大，高光区域越亮。
- 自然饱和度：控制图像中色彩的饱和程度，增大数值可使画面颜色感增强，但不会产生灰度图像和溢色。
- 饱和度：可用于增强或减弱图像颜色的饱和程度，数值越大，颜色纯度越高，数值为 -100% 时为灰度图像。
- 色调曲线和直方图：展开该选项组，可以进行"色调曲线"形态的调整，此选项与"曲线"命令的使用方法基本相同。

5.4.14　去色

"去色"命令无须设置任何参数，可

扫一扫 看视频

以直接将图像中的颜色去掉，使其成为灰度图像。

打开一张图像，如图 5-224 所示，然后执行"图像→调整→去色"命令（快捷键为 Shift+Ctrl+U），可以将其调整为灰度效果，如图 5-225 所示。

图 5-224　　　　　　图 5-225

 提示："去色"命令与"黑白"命令有什么不同？

"去色"命令与"黑白"命令都可以制作出灰度图像，但是"去色"命令只能简单地去掉所有颜色，而"黑白"命令则可以通过参数的设置调整各个颜色在黑白图像中的亮度，以得到层次丰富的黑白照片。

5.4.15　练一练：匹配颜色

"匹配颜色"命令可以将图像 1 中的色彩关系映射到图像 2 中，使图像 2 产生与之相同的色彩。使用"匹配颜色"命令可以便捷地更改图像颜色，可以在不同的图像文件中进行"匹配"，也可以匹配同一个文件中不同图层之间的颜色。

扫一扫 看视频

步骤01 打开需要处理的图像，图像 1 为青色调，如图 5-226 所示。接着将用于匹配的"源"图像置入，图像 2 为紫色调，如图 5-227 所示。

图 5-226　　　　　　图 5-227

步骤02 选择图像 1 所在的图层，隐藏其他图层，如图 5-228 所示。然后执行"图像→调整→匹配颜色"命令，弹出"匹配颜色"对话框，设置"源"为当前的文件，选择"图层"为紫色调的图像 2 所在的图层，如图 5-229 所示。此时图像 1 变为了紫色调，如图 5-230 所示。

步骤03 在"图像选项"中还可以进行"明亮度""颜色强度""渐隐"的设置，设置完成后单击"确定"按钮，如图 5-231 所示，效果如图 5-232 所示。

图 5-228　　　　　图 5-229

图 5-230

- 明亮度："明亮度"选项用来调整图像匹配的明亮程度。
- 颜色强度："颜色强度"选项相当于图像的饱和度，因此用来调整图像色彩的饱和度。数值越低，画面越接近单色效果。
- 渐隐："渐隐"选项决定了有多少源图像的颜色匹配到目标图像的颜色中。数值越大，匹配程度越低，越接近图像原始效果。

图 5-231　　　　　图 5-232

- 中和："中和"选项主要用来中和匹配后与匹配前的图像效果，常用于去除图像中的偏色现象。
- 使用源选区计算颜色：可以使用源图像中的选区图像的颜色来计算匹配颜色。
- 使用目标选区计算调整：可以使用目标图像中的选区图像的颜色来计算匹配颜色（注意，这种情况必须选择源图像为目标图像）。

[重点] 5.4.16　练一练：替换颜色

扫一扫 看视频

　　"替换颜色"命令可以修改图像中选定颜色的色相、饱和度和明度，从而将选定的颜色替换为其他颜色。如果要更改画面中某个区域的颜色，以常规的方法是先得到选区，然后填充其他颜色。而使用"替换颜色"命令可以免去很多麻烦，通过在画面中单击拾取的方式，直接对图像中的指定颜色进行色相、饱和度以及明度的修改即可实现颜色的更改。

步骤01 选择一个需要调整的图层，如图 5-233 所示。执行"对象→调整→替换颜色"命令，打开"替换颜色"对话框。首先需要在画面中取样，以设置需要替换的颜色。默认情况下选择的是"吸管工具" ✍，将光标移动到需要替换颜色的位置单击拾取颜色，此时缩略图中白色的区域代表被选中（也就是会被替换的部分）。在拾取需要替换的颜色时，可以配合容差值进行调整，如图 5-234 所示。如果有未选中的位置，可以使用"添加到取样工具" ✍ 在未选中的位置单击，如图 5-235 和图 5-236 所示。

图 5-233　　　　　图 5-234

图 5-235　　　　　图 5-236

步骤02 更改"色相""饱和度"和"明度"选项调整

替换的颜色，"结果"色块显示替换后的颜色效果，如图 5-237 所示。设置完成后单击"确定"按钮，如图 5-238 所示。

图 5-237　　　　　　图 5-238

- 这3个工具用于在画面中选中被替换的区域。使用"吸管工具" 在图像上单击，可以选中单击处的颜色，同时在"选区"缩略图中也会显示出选中的颜色区域（白色代表选中的颜色，黑色代表未选中的颜色）。使用"添加到取样工具" 在图像上单击，可以将单击处的颜色添加到选中的颜色中。使用"从取样中减去工具" 在图像上单击，可以将单击处的颜色从选定的颜色中减去。
- 颜色容差：该选项用来控制选中颜色的范围。数值越大，选中的颜色范围越广。图 5-239 所示为"颜色容差"为 20 的效果，图 5-240 所示为"颜色容差"为 80 的效果。

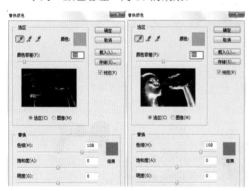

图 5-239　　　　　　图 5-240

- 选区 / 图像：选择"选区"方式，可以以蒙版方式进行显示，其中白色表示选中的颜色，黑色表示未选中的颜色，灰色表示只选中了部分颜色；选择"图像"方式，则只显示图像。

- 色相 / 饱和度 / 明度：用于设置替换后颜色的参数。

5.4.17　色调均化

扫一扫 看视频

"色调均化"命令可以将图像中全部像素的亮度值进行重新分布，使图像中最亮的像素变成白色，最暗的像素变成黑色，中间的像素均匀分布在整个灰度范围内。

1. 均化整个图像的色调

选择需要处理的图层，如图 5-241 所示。执行"图像→调整→色调均化"命令，使图像均匀地呈现出所有范围的亮度级，如图 5-242 所示。

图 5-241　　　　　　图 5-242

2. 均化选区中的色调

如果图像中存在选区，如图 5-243 所示。执行"色调均化"命令时会弹出一个对话框，用于设置色调均化的选项，如图 5-244 所示。

如果想要只处理选区中的部分，则选择"仅色调均化所选区域"，如图 5-245 所示。如果选择"基于所选区域色调均化整个图像"，则可以按照选区内的像素明暗均化整个图像，如图 5-246 所示。

图 5-243　　　　　　图 5-244

图 5-245　　　　　　图 5-246

综合实例：打造清新淡雅色调

文件路径	第5章\综合实例：打造清新淡雅色调
难易指数	★★★★★
技术掌握	混合模式、自然饱和度、曲线、可选颜色、色彩平衡

案例效果

案例对比效果如图 5-247 和图 5-248 所示。

图 5-247

图 5-248

操作步骤

步骤01 执行"文件→新建"命令，新建一个文件。设置前景色为浅米色，使用快捷键 Alt+Delete 进行填充，如图 5-249 所示。
执行"文件→置入嵌入对象"命令，置入人物素材 1.jpg。执行"图层→栅格化→智能对象"命令，将人物图层栅格为普通图层，如图 5-250 所示。

扫一扫 看视频

图 5-249

图 5-250

步骤02 将"人像"图层复制一层，得到"人像 副本"图层。选择"人像 副本"图层，执行"图像→调整→去色"命令，得到一个灰色图层，如图 5-251 所示。设置该图层的混合模式为"柔光"，"不透明度"为50%，如图 5-252 所示。画面效果如图 5-253 所示。

图 5-251

图 5-252

图 5-253

步骤03 新建调整图层，增加画面饱和度。执行"图层→新建调整图层→自然饱和度"命令，新建一个

"自然饱和度"调整图层，在"自然饱和度"的"属性"面板中设置"自然饱和度"为 100，如图 5-254 所示。画面效果如图 5-255 所示。

图 5-254

图 5-255

步骤04 再次新建一个"自然饱和度"调整图层，在"自然饱和度"的"属性"面板中设置"自然饱和度"为 70，如图 5-256 所示。画面效果如图 5-257 所示。

图 5-256

图 5-257

步骤05 此时的画面有些偏暗，接下来将画面调亮些。执行"图层→新建调整图层→曲线"命令，新建一个"曲线"调整图层，在"曲线"的"属性"面板中调整曲线形状，如图 5-258 所示。画面效果如图 5-259 所示。

图 5-258

图 5-259

步骤06 将左侧暗部调亮。新建一个"曲线"调整图层，调整曲线形状，如图 5-260 所示。继续调整"绿"通道曲线形状，如图 5-261 所示。此时画面效果如图 5-262 所示。

步骤07 此时的画面暗部被调亮了，但是亮部却太亮了。下面使用"蒙版"还原亮部细节。单击调整图层蒙版缩略图，编辑一个黑白色系的渐变，在蒙版中进行填充，如图 5-263 所示，效果如图 5-264 所示。

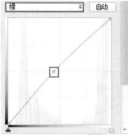

图 5-260　　　　　　　　图 5-261

图 5-262

图 5-263　　　　　　　　图 5-264

步骤08 人物的皮肤颜色还有些偏黄，需要调整。执行"图层→新建调整图层→可选颜色"命令。在"可选颜色"的"属性"面板中，设置"颜色"为黄色，设置"黄色"为 -62%，"黑色"为 -20%，参数设置如图 5-265 所示。皮肤倾向于粉嫩的颜色，画面效果如图 5-266 所示。

图 5-265　　　　　　　　图 5-266

步骤09 此时人物的皮肤变得白皙了，但是画面整体效果有些太亮。使用"画笔工具"，在蒙版中人物皮肤以外的部分，使用黑色进行涂抹，还原画面原有效果，如图 5-267 所示，画面效果如图 5-268 所示。

图 5-267　　　　　　　　图 5-268

步骤10 执行"文件→置入嵌入对象"命令，置入天空素材 2.jpg，执行"图层→栅格化→智能对象"命令，如图 5-269 所示。设置该图层的混合模式为"正片叠底"，如图 5-270 所示，效果如图 5-271 所示。

步骤11 单击添加"图层蒙版"按钮 □，为该图层添加图层蒙版，使用黑色柔边圆画笔在蒙版中进行涂抹，隐藏遮挡住人物和椅子的部分，如图 5-272 所示。

图 5-269　　　　图 5-270　　　　图 5-271

图 5-272

步骤12 执行"图层→新建调整图层→色彩平衡"命令，在"色彩平衡"的"属性"面板中，设置"色调"为"阴影"，调整"黄色-蓝色"数值为50，参数设置如图5-273所示，画面效果如图5-274所示。

图 5-273　　　　　　　　图 5-274

步骤13 新建图层组，将"背景"图层以外的图层移动至该图层组中，如图 5-275 所示。单击工具箱中形状工具组中的"矩形工具"按钮，在选项栏中设置绘制模式为"路径",设置合适的"半径"数值,在画布中按住鼠标左键并拖动,绘制一个圆角矩形路径,如图 5-276 所示。使用快捷键 Ctrl+Enter 得到选区,如图 5-277 所示。

图 5-275　　　　　　　图 5-276

图 5-277

步骤14 选择图层组,单击"图层"面板底部的"添加图层蒙版"按钮,如图 5-278 所示。基于选区为图层组添加图层蒙版,使选区以外的部分被隐藏,形成相框效果,如图 5-279 所示。

图 5-278　　　　　　　图 5-279

步骤15 选中该图层组,执行"图层→图层样式→内发光"命令,在"内发光"对话框设置混合模式为"滤色",不透明度为 75%,颜色为白色,方法为"柔和",源为"边缘",大小为 87 像素,范围为 50%,参数设置如图 5-280 所示。在左侧样式列表中勾选"投影",设置"投影"的混合模式为"正片叠底",设置合适的投影颜色,不透明度为 75%,角度为120 度,距离为 8 像素,大小为 7 像素,参数设置如图 5-281 所示。设置完成后,单击"确定"按钮,画面效果如图 5-282 所示。

步骤16 执行"文件→置入嵌入对象"命令,置入前景装饰素材 3.png,执行"图层→栅格化→智能对象"命令,完成本案例的制作,如图 5-283 所示。

图 5-280　　　　　　　图 5-281

图 5-282　　　　　　　图 5-283

读书笔记

Chapter
6
第6章

扫一扫 看视频

实用抠图技法

抠图是作品的制作过程中经常使用的操作。本章主要讲解几种比较常见的抠图技法，包括基于颜色差异抠图、使用"钢笔工具"精确抠图、使用通道抠出特殊对象等。不同的抠图技法适用于不同的图像，所以在进行实际抠图操作前，首先要判断使用哪种方式更适合，然后再进行抠图操作。

重点知识掌握：

- 掌握快速选择、魔棒、磁性套索、魔术橡皮擦等工具的使用方法。
- 熟练使用"钢笔工具"绘制路径并抠图。
- 熟练掌握通道抠图。

通过本章学习，我能做：

通过本章的学习，能够掌握多种抠图方式，通过这些抠图技法能够实现绝大部分图像的抠图操作。使用"快速选择工具""魔棒工具""磁性套索工具""魔术橡皮擦工具""背景橡皮擦工具""色彩范围工具"能够抠出具有明显颜色差异的图像。对于主体物与背景颜色差异不明显的图像，可以使用"钢笔工具"抠出。除此之外，类似长发、长毛动物、透明物体、云雾、玻璃等特殊图像，可以通过"通道抠图"抠出。

6.1 抠图与选区

大部分的"合成"作品和平面设计作品都需要很多元素，这些元素有些可以利用 Photoshop 的功能创建出来，而有的则需要从其他图像中"提取"。这个提取的过程就需要用到"抠图"。"抠图"是数码图像处理中非常常用的术语，是指将图像中主体物以外的部分去除，或者从图像中分离出部分元素的操作。图 6-1 所示为抠图合成的过程。

图 6-1

6.2 利用颜色差异抠图

在 Photoshop 中，抠图的方式有很多种，如基于颜色的差异获得图像的选区、使用"钢笔工具"精确抠图、通道抠图等。本节主要讲解基于颜色的差异进行抠图的工具。Photoshop 有多种可以通过识别颜色的差异创建选区的工具和命令，如"快速选择工具""魔棒工具""磁性套索工具""背景橡皮擦工具""魔术橡皮擦工具"与"色彩范围"命令等。这些工具及命令位于工具箱的不同工具组中以及"选择"菜单中，如图 6-2 和图 6-3 所示。

皮擦工具"则用于擦除背景部分。

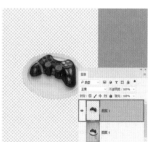

图 6-4   图 6-5

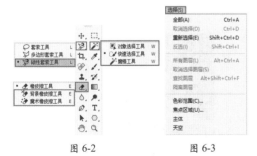

图 6-2   图 6-3

使用"快速选择工具""魔棒工具""磁性套索工具"以及"色彩范围"命令等可以用于制作主体物或背景部分的选区。例如，得到主体物的选区后（见图6-4），就可以将选区中的内容复制为独立图层，如图6-5所示，或者将选区反向选择，得到主体物以外的选区，删除背景，如图6-6所示。这两种方式都可以实现抠图操作。而"背景橡皮擦工具"和"魔术橡

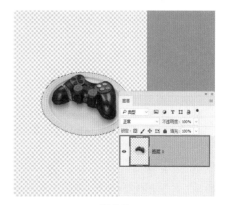

图 6-6

【重点】6.2.1 练一练：使用"快速选择工具"创建选区

扫一扫 看视频

"快速选择工具" ⚡ 能够自动查找颜色接近的区域，并创建出这部分区域的选区。单击工具箱中的"快速选择工具" ⚡，在选项栏中设置合适的绘制模式以及画笔大小，然后在画面中按住鼠标左键并拖动，即可自动创建与光标移动过的位置颜色相似的选区，如图6-7和图6-8所示。

的区域，如图 6-11 所示。

图 6-9

图 6-7　　　　　图 6-8

如果当前画面中已有选区，而接下来想要创建新选区时，可以单击选项栏中的"新选区"按钮 ⚡，然后在画面中按住鼠标左键并拖动，如图 6-9 所示。如果第一次绘制的选区不够，单击选项栏中的"添加到选区"按钮 ⚡，可以在原有选区的基础上添加新创建的选区，如图 6-10 所示。如果绘制的选区有多余的部分，单击"从选区减去"按钮 ⚡，接着在多余的选区部分涂抹，可以在原有选区的基础上减去鼠标涂抹过

图 6-10　　　　　图 6-11

- 对所有图层取样：如果勾选该选项，在创建选区时会根据所有的图层显示的效果建立选取范围，而不仅是只针对当前图层。如果只想针对于当前图层创建选区，需要取消该选项。

- 自动增强：降低选取范围边界的粗糙度与色彩区块感。

课后练习：为饮品照片更换背景

文件路径	第6章\课后练习：为饮品照片更换背景
难易指数	★★★★★
技术掌握	快速选择工具
操作思路	(1) 打开背景素材，置入前景素材。 (2) 使用"快速选择工具"制作主体物选区。 (3) 选择反向选区，并删除主体物以外的部分，效果如图6-12所示。

图 6-12

扫一扫 看视频

6.2.2 练一练：使用"魔棒工具"获取某种颜色选区

"魔棒工具" ⚡ 用于获取与取样点颜色相似部分的选区。使用"魔棒工具"在画面中单击，光标所处的位置就是"取样点"，而颜色是否"相似"则是由容差值控制的，容差值越大，可被选择的范围越大。

扫一扫 看视频

"魔棒工具"与"快速选择工具"位于同一个工具组中。右击该工具组，在工具列表中选择 "魔棒工具" ✨。首先需要在选项栏中设置"容差"，接着进行"选区绘制模式" ▢ ▣ ▣ ▣ 以及是否"连续"的设置。设置完成后，在画面中单击，如图6-13所示，得到与光标单击位置颜色相近区域的选区，如图6-14所示。

图 6-13　　　　　　图 6-14

如果想要选中画面中的背景区域，而此时得到的选区并没有覆盖全部背景区域，如图6-15所示。那么此时需要适当增大"容差"，然后重新制作选区，如图6-16所示。反之，如果此时得到的选区覆盖到了该颜色以外的颜色，则需要考虑是否要减小"容差"。

图 6-15　　　　　　图 6-16

如果想要扩大当前选区的范围，可以在选项栏中单击"添加到选区"按钮 ▣，如图6-17所示。然后依次单击需要取样的颜色即可，如图6-18所示。

图 6-17　　　　　　图 6-18

- 取样大小：用来设置"魔棒工具"的取样范围。选择"取样点"可以只对光标所在位置的像素进行取样；选择"3×3 平均"可以对光标所在位置三个像素区域内的平均颜色进行取样；其他的以此类推。
- 容差：决定所选像素之间的相似性或差异性，其取值范围为0~255。数值越低，对像素的相似程度的要求越高，所选的颜色范围就越小；数值越高，对像素的相似程度的要求越低，所选的颜色范围就越广，选区也就越大。图 6-19 所示为不同容差数值的选区效果。

容差：20　　　　　容差：100

图 6-19

- 消除锯齿：默认情况下该选项始终处于被勾选的状态，勾选该选项可以消除选区边缘的锯齿现象。
- 连续：当勾选该选项时，只选择颜色连接的区域；当关闭该选项时，可以选择与所选像素颜色接近的所有区域，当然也包含没有连接的区域，图 6-20 所示分别为勾选和未勾选"连续"时的效果。

勾选"连续"　　　未勾选"连续"

图 6-20

- 对所有图层取样：如果文档中包含多个图层，当勾选该选项时，可以选择所有可见图层上颜色相近的区域；当关闭该选项时，仅选择当前图层上颜色相近的区域。

课后练习：制作数码产品广告

文件路径	第6章\课后练习：制作数码产品广告
难易指数	⭐⭐⭐⭐⭐
技术掌握	魔棒工具
操作思路	(1) 打开背景素材，置入前景素材。 (2) 使用"魔棒工具"制作主体物选区。 (3) 选择反向选区，并删除主体以外的部分，效果如图6-21所示。

图 6-21

扫一扫 看视频

【重点】6.2.3 使用"磁性套索工具"

扫一扫 看视频

"磁性套索工具" 能够自动识别颜色差别，并能够对具有颜色差异的边界自动描边，以得到某个对象的选区。"磁性套索工具"常用于快速选择与背景对比强烈且边缘复杂的对象。

"磁性套索工具"位于套索工具组中，右击该工具按钮，在弹出的工具列表中选择"磁性套索工具" 。然后将光标定位到需要制作选区的对象边缘处，单击以确定起点，如图6-22所示。接着，沿对象边缘移动光标，对象边缘处会自动创建出选区的边线，如图6-23所示。继续移动光标，到起点处单击，得到闭合的选区，如图6-24所示。

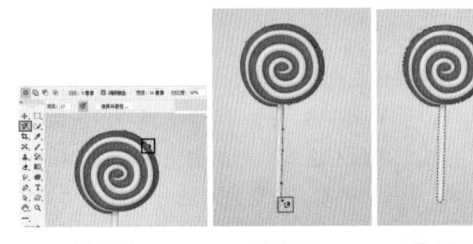

图 6-22	图 6-23	图 6-24

- **宽度**："宽度"值决定了以光标中心为基准，光标周围有多少个像素能够被"磁性套索工具"检测到。如果对象的边缘比较清晰，可以设置较大的宽度值；如果对象的边缘比较模糊，可以设置较小的宽度值。

- **对比度**：该选项主要用来设置"磁性套索工具"感应图像边缘的灵敏度。如果对象的边缘比较清晰，可以将该值设置得高一些；如果对象的边缘比较模糊，可以将该值设置得低一些。

- **频率**：在使用"磁性套索工具"勾画选区时，Photoshop 会生成很多锚点，"频率"选项就是用来设置锚点的数量。数值越高，生成的锚点越多，捕捉到的边缘越准确，但是可能会造成选区不够平滑的现象，图6-25所示为不同参数的对比效果。

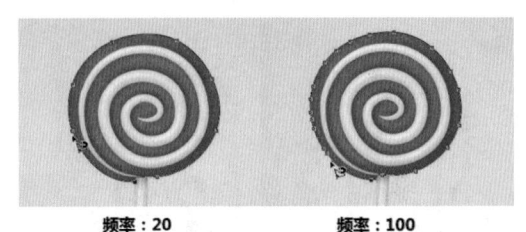

频率：20　　　　　　频率：100

图 6-25

- **钢笔压力**：如果计算机配有数位板和压感笔时，可以单击激活该按钮，Photoshop 会根据压感笔的压力自动调节"磁性套索工具"的检测范围。

课后练习：制作唯美人像合成

文件路径	第6章\课后练习：制作唯美人像合成
难易指数	⭐⭐⭐⭐⭐
技术掌握	磁性套索
操作思路	(1) 打开背景素材，置入前景素材。 (2) 使用"磁性套索工具"制作主体物选区，选择反向选区，并删除主体物以外的部分。 (3) 添加前景装饰素材，效果如图6-26所示。

图 6-26

扫一扫 看视频

〔重点〕6.2.4 使用"魔术橡皮擦工具"擦除相同颜色区域

"魔术橡皮擦工具"可以快速擦除画面中相同的颜色，使用方法与"魔棒工具"非常相似。"魔术橡皮擦工具"位于橡皮擦工具组中，右击该工具组，在弹出的工具列表中选择"魔术橡皮擦工具"。首先需要在选项栏中设置"容差"数值以及是否"连续"。设置完成后，在画面中单击，如图6-27所示，即可擦除与单击点颜色相似的区域，如图6-28所示。

图 6-27　　　　　　　图 6-28

- 容差：此处的容差与"魔棒工具"中的容差相同，是用来限制所选像素之间的相似性或差异性，在这里可以用来设置擦除的颜色范围。容差数值越小，擦除的范围相对越小；容差值越大，擦除的范围相对越大。图6-29所示为不同参数的对比效果。

容差：10　　　　　　　容差：30

图 6-29

- 消除锯齿：可以使擦除区域的边缘变得平滑。

图6-30所示是启用和未启用"消除锯齿"的对比效果。

- 连续：勾选该选项时，只擦除与单击点像素相连接的区域；关闭该选项时，则可以擦除图像中所有与单击点像素相近似的像素区域。图6-31所示为对比效果。

启用"消除锯齿"　　　　　　未启用"消除锯齿"

图 6-30

启用"连续"　　　　　　未启用"连续"

图 6-31

- 不透明度：用来设置擦除的强度。数值越大，擦除的像素越多；数值越小，擦除的像素越少，被擦除的部分变为半透明；数值为100%时，将完全擦除像素。图6-32所示为对比效果。

不透明度：10%　　　不透明度：50%　　　不透明度：80%

图 6-32

课后练习：去除人像背景

文件路径	第6章\课后练习：去除人像背景
难易指数	★★★★★
技术掌握	魔术橡皮擦
操作思路	(1) 打开背景素材，置入前景素材。 (2) 使用"魔术橡皮擦工具"擦除人物背景。 (3) 添加前景装饰素材，效果如图6-33所示。

图 6-33

6.2.5 使用"背景橡皮擦工具"

扫一扫 看视频

"背景橡皮擦工具"是一种基于色彩差异的智能化擦除工具。它可以自动采集画笔中心的色样，同时删除在画笔内出现的这种颜色，使擦除区域成为透明区域。

"背景橡皮擦工具"位于橡皮擦工具组中，右击工具组，在弹出的工具列表中选择"背景橡皮擦工具" 。将光标移动到画面中，光标会呈现出中心带有"十字"的圆形效果，圆形表示当前工具的作用范围，而圆形中心的"十字"则表示在擦除过程中自动采集颜色的位置，如图 6-34 所示。在涂抹过程中会自动擦除圆形画笔范围内出现的相近颜色的区域，如图 6-35 所示。

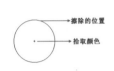

图 6-34　　　　　　　图 6-35

- 取样：用来设置取样的方式，不同的取样方式会直接影响到画面的擦除效果。激活"取样：连续"按钮 ，在拖动鼠标时可以连续对颜色进行取样，凡是出现在光标中心十字线以内的图像都将被擦除，如图 6-36 所示。激活"取样：一次"按钮 ，只擦除包含第 1 次单击处颜色的图像，如图 6-37 所示。激活"取样：背景色板"按钮 ，只擦除包含背景色的图像，如图 6-38 所示。

图 6-36　　　　图 6-37　　　　图 6-38

提示：如何选择合适的"取样方式"？

连续取样：这种取样方式会随画笔的圆形中心的"十字"位置的改变而更换取样颜色，所以适合在背景颜色差异较大时使用。

一次取样：这种取样方式适合于背景为单色

或颜色变化不大的情况。因为这种取样方式只会识别画笔的圆形中心的"十字"第一次在画面中单击的位置，所以在擦除过程中不必特别留意"十字"的位置。

背景色板取样：由于这种取样方式可以随时更改背景色板的颜色，从而方便地擦除不同的颜色，非常适合当背景颜色变化较大，而又不想使用擦除程度较大的"连续取样"方式的情况。

- 限制：设置擦除图像时的限制模式。选择"不连续"选项时，可以擦除出现在光标下任何位置的样本颜色；选择"连续"选项时，只擦除包含样本颜色并且相互连接的区域；选择"查找边缘"选项时，可以擦除包含样本颜色的连接区域，同时更好地保留形状边缘的锐化程度，如图6-39所示。

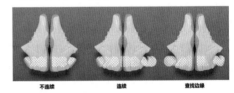

图 6-39

- 容差：用来设置颜色的容差范围。低容差仅限于擦除与样本颜色非常相似的区域，高容差可擦除范围更广的颜色。图6-40所示为对比效果。

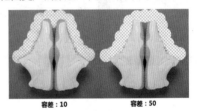

图 6-40

- 保护前景色：勾选该项以后，可以防止擦除与前景色匹配的区域。

延伸学习：使用"背景橡皮擦工具"去除图像背景

扫一扫 看视频

步骤01 打开一张颜色艳丽的照片，在这里可以看到背景与主体物颜色差别较大。选择工具箱中的"背景橡皮擦工具"，在选项栏中设置"大小"为170像素，单击"取样：连续"按钮，设置"限制"为"连续"，"容差"为

50%，如图 6-41 所示。然后在画布上将光标移动到红色雪糕的背景上并按住鼠标左键沿着雪糕边缘拖动，注意光标的十字中心点不能接触到雪糕。被擦除的区域变为透明，如图 6-42 所示。

步骤02 依次将背景全部擦除，如图 6-43 所示。执行"文件→置入嵌入对象"命令，置入背景素材 2.jpg。然后按 Enter 键确定置入操作。接着将该图层移动到雪糕图层的下方，效果如图 6-44 所示。

图 6-41　　　　　图 6-42

图 6-43　　　　　图 6-44

课后练习：合成人像海报

文件路径	第6章\课后练习：合成人像海报
难易指数	★★★★★
技术掌握	背景橡皮擦工具
操作思路	(1) 打开背景素材，置入前景素材。 (2) 使用"背景橡皮擦工具"擦除人物背景。 (3) 添加前景装饰素材，效果如图6-45所示。

图 6-45

扫一扫 看视频

6.2.6　练一练：使用"色彩范围"命令获取特定颜色选区

"色彩范围"命令可根据图像中某一种或多种颜色的范围创建选区。"色彩范围"具有一个完整的参数设置对话框，在其中可以进行颜色的选择、颜色容差的设置，以及使用"添加到取样"吸管、"从选区中减去"吸管对选中的区域进行调整。

扫一扫 看视频

步骤01 打开一张图片，如图 6-46 所示。执行"选择→色彩范围"命令，弹出"色彩范围"对话框。在这里首先需要设置"选择"（取样方式），单击"选择"后的下拉按钮，可以看到有很多种颜色取样的方式，如图 6-47 所示。

- 图像查看区域：包含"选择范围"和"图像"两个选项。当勾选"选择范围"时，预览区域中的白色代表被选择的区域，黑色代表未被选择的区域，灰色代表被部分选择的区域（即有羽化效果的区域）；当勾选"图像"时，预览区内会显示彩色图像。

- 选择：用来设置创建选区的方式。选择"取样颜色"选项时，光标会变成 ✐ 形状，将光标放置在画布中的图像上单击进行取样。

- 检测人脸：当将"选择"设置为"肤色"时，启用"检测人脸"功能可以更加准确地查找皮肤部分的选区。

- 本地化颜色簇：启用此选项，移动"范围"滑块可以控制要包含在蒙版中的颜色与取样点的最大和最小距离。

- 颜色容差：用来控制颜色的选择范围。数值越高，包含的颜色越多；数值越低，包含的颜色越少。

- 范围：当取样方式为"高光""中间调"和"阴影"时，可以通过调整范围数值，设置"高

图 6-46　　　　　图 6-47

光""中间调"和"阴影"各个部分的大小。

步骤 02 如果选择"红色""黄色""绿色"等颜色，在图像查看区域中可以看到，画面中包含这种颜色的区域以白色（选区内部）显示，不包含这种颜色的区域以黑色（选区以外）显示，如果图像中仅部分包含这种颜色，则以灰色显示。例如，图像中皮肤和服装上包含红色，所以这部分显示为明暗不同的灰色，如图 6-48 所示。也可以从"高光""中间调"和"阴影"中选择一种方式，在图像查看区域可以看到被选中的部分区域变为白色，其他区域为黑色，如图 6-49 所示。

图 6-48　　　　　图 6-49

步骤 03 如果列表中的颜色无法满足我们的需求，则可以在"选择"列表中选择"取样颜色"，光标会变成吸管 形状，将光标放置在图像上单击即可进行取样，如图 6-50 所示。在"图像查看区域"中可以看到与单击处颜色接近的区域变为白色，如图 6-51 所示。

图 6-50　　　　　图 6-51

步骤 04 如果此时发现单击后被选中的区域范围有些小，原本非常接近的颜色区域并没有在图像查看窗口中变为白色，这时可以适当增大"颜色容差"数值，可以看到被选中的范围变大了，如图 6-52 所示。

图 6-52

步骤 05 虽然增大"颜色容差"可以增大被选中的范围，但还是会遗漏一些区域。此时可以单击"添加到

取样"按钮 ，在画面中多次单击需要被选中的区域，也可以在"图像查看区域"中单击，使需要选中的区域变白。

- ：当选择"取样颜色"选项时，可以对取样颜色进行添加或减去。使用"吸管工具" 可以直接在画面中单击进行取样。如果要添加取样颜色，可以单击"添加到取样"按钮 ，然后在预览图像上单击，以取样其他颜色。如果要减去多余的取样颜色，可以单击"从取样中减去"按钮 ，然后在预览图像上单击以减去其他取样颜色。

- **反向**：将选区进行反转，也就是说，创建选区以后，相当于执行了"选择→反向"命令。

步骤 06 为了便于观察选区效果，也可以从"选区预览"下拉列表中选择文档窗口中选区的预览方式。选择"无"选项时，表示不在窗口中显示选区；选择"灰度"选项时，表示可以按照选区在灰度通道中的外观来显示选区；选择"黑色杂边"选项时，可以在未选择的区域上覆盖一层黑色；选择"白色杂边"选项时，可以在未选择的区域上覆盖一层白色；选择"快速蒙版"选项时，可以显示选区在快速蒙版状态下的效果，如图 6-53 所示。

图 6-53

步骤 07 选区制作完成后，单击"确定"按钮，即可得到选区，如图 6-54 所示。单击"存储"按钮，可以将当前的设置状态保存为选区预设；单击"载入"按钮，可以载入存储的选区预设文件，如图 6-55 所示。

图 6-54　　　　　图 6-55

课后练习：制作中国风招贴

文件路径	第6章\课后练习：制作中国风招贴
难易指数	★★★★★
技术掌握	色彩范围、色相/饱和度
操作思路	(1) 打开背景素材，置入前景素材。 (2) 使用"色彩范围"命令得到小岛背景部分的选区，并删除背景。 (3) 置入云朵素材，继续使用"色彩范围"命令进行抠图，去除背景。 (4) 对云朵素材进行调色，效果如图6-56所示。

图 6-56

扫一扫 看视频

6.3 钢笔抠图

虽然前面讲到的几种基于颜色差异的抠图工具可以进行非常便捷的抠图操作，但还是有一些情况无法处理，如主体物与背景非常相似的图像、对象边缘模糊不清的图像、基于颜色抠图后对象边缘参差不齐的情况等。这些都无法利用前面学到的工具很好地完成抠图操作。这时就需要使用"钢笔工具"进行精确路径的绘制，然后将路径转换为选区，接着可以删除背景，或者单独把主体物复制出来，就可以完成抠图操作了，如图 6-57 所示。

扫一扫 看视频

原图　钢笔绘制路径　转换为选区　提取主体物　合成

图 6-57

6.3.1 钢笔、路径和锚点

"钢笔工具"是一种矢量工具，主要用于矢量绘图（关于矢量绘图的知识将在第 9 章中进行讲解）。矢量绘图有三种不同的模式，其中"路径"模式允许使用"钢笔工具"绘制出矢量的路径。使用"钢笔工具"绘制的路径的可控性极强，而且可以在绘制完毕进行重复修改，所以非常适合于绘制精细而复杂的形状路径。而且"路径"可以转换为"选区"，有了选区就可以轻松完成抠图操作。所以，使用"钢笔工具"进行抠图是一种比较精确的抠图方法。

在使用"钢笔工具"抠图之前，首先来认识几个概念。使用"钢笔工具"以"路径"模式绘制出的对象是"路径"。"路径"是由一些"锚点"连接而成的

线段或曲线。当调整"锚点"位置或弧度时，路径形态也会随之发生变化，如图 6-58 和图 6-59 所示。

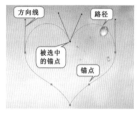 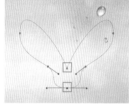

图 6-58　　　　图 6-59

"锚点"可以决定路径的走向以及弧度。"锚点"有两种：尖角锚点和平滑锚点。图 6-60 所示的平滑锚点上会显示一条或两条"方向线"（有时也被称为"控制棒"或"控制柄"），"方向线"两端为"方向点"，"方向线"和"方向点"的位置共同决定了这个锚点的弧度，如图 6-61 和图 6-62 所示。

  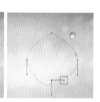

图 6-60　　　图 6-61　　　图 6-62

在使用"钢笔工具"进行精确抠图的过程中，会用到"钢笔工具组"和"选择工具组"。其中包括"钢笔工具""自由钢笔工具""弯度钢笔工具""添加锚点工具""删除锚点工具""转换点工具""路径选择工具""直接选择工具"，如图 6-63 和图 6-64 所示。其中"钢笔工具"和"自由钢笔工具"用于绘制路径，而剩余的工具则用于调整路径的形态。通常我们会使用"钢笔工具"尽可能准确地绘制出路径，然后使用其他工具进行细节形态的调整。

图 6-63

图 6-64

【重点】6.3.2 练一练：使用"钢笔工具"绘制路径

1. 绘制直线/折线路径

扫一扫 看视频

单击工具箱中的"钢笔工具" ，在选项栏中设置绘制模式为"路径"。在画面中单击，画面中出现一个锚点，这是路径的起点，如图 6-65 所示。接着在下一个位置单击，两个锚点之间有一段直线路径，如图 6-66 所示。继续以单击的方式进行绘制，可以绘制出折线，如图 6-67 所示。

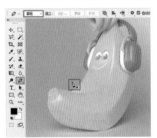

图 6-65

图 6-66

图 6-67

> 提示：终止路径绘制的操作。
>
> 如果要终止路径绘制的操作，可以在使用"钢笔工具"的状态下按 Esc 键完成路径的绘制，或者单击工具箱中的其他任意一个工具以终止路径绘制的操作。

2. 绘制曲线路径

曲线路径需要由平滑锚点组成。使用"钢笔工具"直接在画面中单击，创建出的是尖角锚点。想要绘制平滑锚点，需要按住鼠标左键拖动，此时可以看到按住鼠标左键的位置生成了一个锚点，而拖动的位置显示了方向线，如图 6-68 所示。此时可以按住鼠标左键，同时上、下、左、右拖动方向线，调整方向线的角度，曲线的弧度也随之发生变化，如图 6-69 所示。

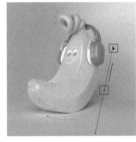

图 6-68

图 6-69

3. 绘制闭合路径

路径绘制完成后，将"钢笔工具"光标定位到路径的起点处，光标变为 状时（见图 6-70），单击即可闭合路径，如图 6-71 所示。

图 6-70

图 6-71

> 提示：如何删除路径？
>
> 路径绘制完成后，如果需要删除路径，可以在使用"钢笔工具"的状态下，右击执行"删除路径"命令。

4. 继续绘制未完成的路径

如果想要继续绘制未闭合的路径，可以将"钢笔工具"光标移动到路径的一个端点处，光标变为 时，单击该端点，如图 6-72 所示。接着将光标移动到其他位置进行绘制，可以看到在当前路径上向外产生了延伸的路径，如图6-73所示。

图 6-72　　　　　　图 6-73

> **提示：继续绘制路径的注意事项。**
>
> 需要注意的是，如果光标变为 ₂，那么此时绘制的是一条新的路径，而不是在之前路径的基础上继续绘制了。

6.3.3　调整路径形态

1.选择路径、移动路径

单击工具箱中的"路径选择工具" ▶，在需要选中的路径上单击，此时路径上的锚点出现，表明该路径处于选中状态，如图6-74所示。按住鼠标左键并拖动，即可移动该路径，如图6-75所示。

图 6-74　　　　　　图 6-75

2.选择锚点、移动锚点

右击"选择工具组"按钮，在工具列表中单击"直接选择工具" ▶，使用"直接选择工具"可以选择路径上的锚点或方向线，选中之后可以移动锚点、调整方向线。将光标移动到锚点位置，单击可以选中其中一个锚点，如图6-76所示。框选可以选中多个锚点，如图6-77所示。按住鼠标左键拖动，可以移动锚点位置，如图6-78所示。在使用"钢笔工具"的状

态下，按住 Ctrl 键可以切换为"转换点工具"，松开 Ctrl 键会变回"钢笔工具"。

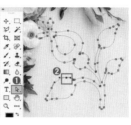
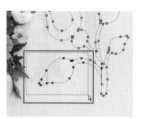

图 6-76　　　　　　图 6-77

图 6-78

> **提示：快速切换"直接选择工具"。**
>
> 在使用"钢笔工具"的状态下，按住 Ctrl 键切换到"直接选择工具"。

3.添加锚点

如果路径上的锚点较少，细节就无法精细刻画，可以使用"添加锚点工具" ✎ 在路径上添加锚点。

右击"钢笔工具组"，在工具列表中单击"添加锚点工具" ✎。将光标移动到路径上，光标变成 ▶₊ 形状，在路径上单击可以添加一个锚点，如图 6-79 所示。在使用"钢笔工具"的状态下，将光标放在路径上，光标也会变成 ▶₊ 形状，单击也可以添加一个锚点，如图 6-80 所示。添加了锚点后，就可以使用"直接选择工具"调整锚点位置，如图 6-81 所示。

4.删除锚点

要删除多余的锚点可以使用"钢笔工具组"中的"删除锚点工具" ✎。右击"钢笔工具组"，在工具列表中单击"删除锚点工具" ✎，将光标放在锚点上，单击即可删除锚点，如图 6-82 所示。在使用"钢笔工具"的状态下直接将光标移动到锚点上，光标变为 ▶₋，单击也可以删除锚点，如图 6-83 所示。

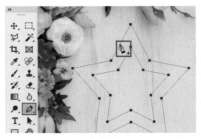

图 6-79

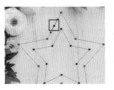

图 6-80

图 6-81

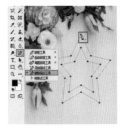

图 6-82

图 6-83

5. 转换锚点类型

"转换点工具" ⅃ 可以将锚点在尖角锚点与平滑锚点之间转换。右击"钢笔工具组"，在工具列表中单击"转换点工具" ⅃，在平滑锚点上单击，可以将平滑锚点转换为尖角锚点，如图 6-84 所示。在尖角锚点上按住鼠标左键并拖动，即可调整为平滑锚点的形状，如图 6-85 所示。在使用"钢笔工具"的状态下，按住 Alt 键可以切换为"转换点工具"，松开 Alt 键会变回"钢笔工具"。

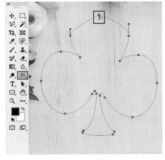

图 6-84

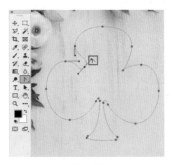

图 6-85

【重点】6.3.4 将路径转换为选区

路径我们已经绘制完成了，想要抠图，最重要的一个步骤就是将路径转换为选区。在使用"钢笔工具"的状态下，在路径上右击，执行"建立选区"命令，如图 6-86 所示。在弹出的"建立选区"对话框中可以设置"羽化半径"，如图 6-87 所示。

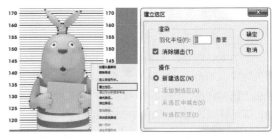

图 6-86   图 6-87

羽化半径为 0 像素时，选区边缘为清晰明确的边缘。羽化半径越大，选区边缘越模糊，如图 6-88 所示。使用快捷键 Ctrl+Enter 可以迅速将路径转换为选区。

羽化半径：0像素   羽化半径：10像素   羽化半径：30像素

图 6-88

延伸学习：使用"钢笔工具"为人像抠图

钢笔抠图需要使用的工具已经学习过了，下面来梳理一下钢笔抠图的基本思路：首先使用"钢笔工具"绘制大致轮

扫一扫 看视频

廓，注意绘制模式必须设置为"路径"，如图6-89所示。接着使用"直接选择工具""转换点工具"等对路径形态进一步调整，如图6-90所示。路径准确后转换为选区，可以按快捷键Ctrl+Enter（在无须设置羽化数值的情况下），如图6-91所示。得到选区后再反向选择选区，删除背景，或者将主体物复制为独立图层，如图6-92所示。抠图完成后可以更换新背景，添加装饰元素。完成作品的制作，如图6-93所示。

图 6-89　　　　　　图 6-90　　　　　　图 6-91

图 6-92　　　　　　　图 6-93

1. 使用"钢笔工具"绘制人物大致轮廓

步骤01 为了避免原图层被破坏，可以复制人像图层，并隐藏原图层。单击工具箱中的"钢笔工具"，在选项栏中设置绘制模式为"路径"，将光标移动至人物边缘单击生成锚点，如图6-94所示。将光标移动至下一个转折点处，单击生成锚点，如图6-95所示。

图 6-94　　　　　　　图 6-95

步骤02 沿着人物边缘绘制路径，如图6-96所示。当绘制至起点处光标变为 状，单击闭合路径，如图6-97所示。

图 6-96　　　　　　图 6-97

2. 调整锚点位置

步骤01 在使用"钢笔工具"的状态下，按住 Ctrl 键切换到"直接选择工具"。在锚点上按住鼠标左键，并将锚点拖动至人物边缘，如图 6-98 所示。继续将临近的锚点拖动至人物边缘，如图 6-99 所示。

图 6-98　　　　　　图 6-99

步骤02 继续调整锚点位置，若遇到锚点数量不充足的情况，可以添加锚点，再继续移动锚点位置，如图 6-100 所示。使用"钢笔工具"将光标移动至路径处变为 状，单击即可添加锚点，如图 6-101 所示。

图 6-100　　　　　　图 6-101

步骤03 若在调整过程中遇见锚点过于密集的情况，如图 6-102 所示。可以将"钢笔工具"光标移动至需要删除的锚点的位置，光标变为 状，单击即可将锚点删除，如图 6-103 所示。

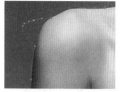
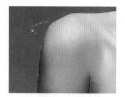

图 6-102　　　　　　　图 6-103

3. 将尖角锚点转换为平滑锚点

调整了锚点位置后，虽然锚点的位置贴合到人物边缘，但是本应带有弧度的线条缺少弧度呈现出尖角的效果，如图 6-104 所示。此时可以使用"转换点工具" ，在尖角锚点上按住鼠标左键并拖动，使之产生弧度，如图 6-105 所示。接着可以在"方向线"上按住鼠标左键并拖动，调整方向线角度，使之与人物形态相吻合，如图 6-106 所示。

图 6-104　　　　图 6-105　　　　图 6-106

4. 将路径转换为选区

路径调整完成，效果如图 6-107 所示。按快捷键 Ctrl+Enter 将路径转换为选区，如图 6-108 所示。使用快捷键 Ctrl+Shift+I 将选区反向选择，然后按 Delete 键，将选区中的内容删除，此时可以看到手臂处还有部分背景，如图 6-109 所示。同样使用"钢笔工具"绘制路径，转换为选区后删除，如图 6-110 所示。

图 6-107　　图 6-108　　图 6-109　　图 6-110

5. 后期装饰

执行"文件→置入嵌入对象"命令，为人物添加新的背景和前景，摆放在合适的位置，完成合成作品

的制作，如图 6-111 和图 6-112 所示。

图 6-111　　　　　　　图 6-112

6.3.5　使用"自由钢笔工具"

"自由钢笔工具"也是一种绘制路径的工具，但是"自由钢笔工具"并不适合于绘制精确的路径。因为"自由钢笔工具"是通过在画面中按住鼠标左键并随意拖动，光标经过的区域即可形成路径。

右击"钢笔工具组"，在工具列表中选择"自由钢笔工具" ，在画面中按住鼠标左键并拖动，如图 6-113 所示，即可自动添加锚点绘制出路径，如图 6-114 所示。

图 6-113　　　　　　　图 6-114

在选项栏中单击 图标，在下拉列表中可以对自由钢笔的"曲线拟合"数值进行设置，该数值用于控制绘制路径的精度。数值越大，路径越平滑，如图 6-115 所示；数值越小，路径越精确，如图 6-116 所示。

图 6-115　　　　　　　图 6-116

6.3.6　使用"磁性钢笔工具"

"磁性钢笔工具"能够自动捕捉颜色差异的边缘以快速绘制路径，与"磁性套索工具"非常相似，但是"磁性钢笔工具"绘制出的是路径，如果对效果不满意可以继续调整路径，常用于抠图操作中。"磁性钢笔工具"并不是一个独立的工具，而是需要在使用"自由钢笔工具"的状态下，在选项栏中勾选"磁性的"选项，此时工具将切换为"磁性钢笔工具" ✍。在画面中主体物边缘单击并沿轮廓拖动光标，可以看到磁性钢笔会自动捕捉颜色差异较大的区域创建路径，如图 6-117 所示。继续拖动光标完成路径的绘制，此时绘制的路径可能与主体物形态不符，如图 6-118 所示。可以继续使用"钢笔工具组"以及"直接选择工具"对其进行调整，如图 6-119 所示。

图 6-117

图 6-118

图 6-119

练习实例：使用"磁性钢笔工具"为人像更换背景

文件路径	第6章\练习实例：使用"磁性钢笔工具"为人像更换背景
难易指数	★★★★★
技术掌握	磁性钢笔工具

案例效果

案例效果如图 6-120 所示。

图 6-120

操作步骤

步骤01 执行"文件→打开"命令，打开素材 1.jpg，如图 6-121 所示。执行"文件→置入嵌入对象"命令置入素材 2.jpg，并将其栅格化，如图 6-122 所示。

图 6-121

图 6-122

步骤02 选择人像图层，单击工具箱中的"自由钢笔工具"，在选项栏中勾选"磁性的"选项。接着在人像的边缘上单击以确定起点，然后沿着人像边缘拖动绘制路径，如图 6-123 所示。继续沿着人像边缘拖动光标到起始锚点后单击，闭合路径，如图 6-124 所示。

图 6-123

图 6-124

步骤 03 按快捷键 Ctrl+Enter 得到路径的选区，然后使用快捷键 Ctrl+Shift+I 将选区反选，如图 6-125 所示。按 Delete 键删除选区中的像素，按快捷键 Ctrl+D 取消选区的选择，如图 6-126 所示。

图 6-125　　　　　　图 6-126

步骤 04 执行"文件→置入嵌入对象"命令，置入素材 3.png，按 Enter 键完成置入。最终效果如图 6-127 所示。

图 6-127

6.4　通道抠图

扫一扫 看视频

通道抠图是一种比较专业的抠图技法，我们可能经常听说使用通道抠图能够抠出其他抠图方式无法抠出的对象。的确是这样，如带有毛发的小动物和人像、边缘复杂的植物、半透明的薄纱或云朵、光效等这些比较特殊的对象（见图 6-128～图 6-133），可以尝试使用"通道抠图"。

图 6-128　　　　　　图 6-129

图 6-130　　　　　　图 6-131

图 6-132　　　　　　图 6-133

【重点】6.4.1　通道抠图原理

虽然通道抠图的功能非常强大，但是通道抠图并不难掌握，前提是需要理解通道抠图的原理。首先，要明白以下几件事：①通道与选区可以相互转化（通道中的白色为选区内，黑色为选区外，灰色可得到半透明的选区），如图 6-134～图 6-136 所示；②通道是灰度图像，排除了色彩的影响，更容易进行明暗的调整；③不同通道的黑白内容不相同，抠图之前找对通道很重要；④不可直接在原通道上进行操作，必须复制通道。直接在原通道上进行操作，会改变图像颜色。

图 6-134　　　　　　图 6-135

复制、粘贴得到的图像

图 6-136

总结来说，通道抠图的主体思路就是在各个通道中对比，找到一个主体物与环境黑白反差最大的通道，复制并进行操作。然后进一步强化通道黑白反差，得到合适的黑白通道。将通道转换为选区，回到原图中，完成抠图，如图 6-137 所示。

| 原图 | 复制主体物与环境反差大的通道 | 强化通道黑白反差 |
| 载入通道选区 | 回到原图层 | 抠图完成 |

图 6-137

重点 6.4.2　通道与选区的关系

执行"窗口→通道"命令，打开"通道"面板。在"通道"面板中，最顶部的通道为 RGB 复合通道、下方的为颜色通道，除此之外还可能包括 Alpha 通道和专色通道，通道的相关内容将在赠送的电子书中的第 1 章中详细讲解。

默认情况下，颜色通道和 Alpha 通道显示为灰度，如图 6-138 所示。可以尝试单击选中任何一个灰度通道，画面变为该通道的效果，单击"通道"面板底部的"将通道作为选区载入"按钮　○，即可载入通道的选区，如图 6-139 所示。通道中白色部分为选区内部，黑色部分为选区外部，灰色部分为羽化选区。

图 6-138

图 6-139

得到了选区后，单击最顶部的 RGB 复合通道，回到原始效果，如图 6-140 所示。接着回到"图层"面板，可以将选区内的部分按 Delete 键删除，观察一下效果。可以看到有的部分被彻底删除，也有的部分变为半透明，如图 6-141 所示。

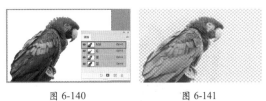

图 6-140　　　　　　　图 6-141

重点 6.4.3　练一练：使用通道进行抠图

本节以一个人像的照片为例进行讲解。如果想要将人像从背景中分离出来，使用钢笔抠图可以提取身体部分，而头发边缘处无法处理，因为发丝边缘非常细密，可以尝试使用通道抠图。

步骤 01 复制背景图层，将其他图层隐藏，这样避免破坏原始图像。选择需要抠图的图层。执行"窗口→通道"命令，进入"通道"面板，逐一观察并选择主体物与背景黑白对比最强烈的通道。经过观察，"蓝"通道中头发与背景之间的黑白对比较为明显，如图 6-142 所示。所以选择"蓝"通道，右击执行"复制通道"命令，创建出"蓝拷贝"通道，如图 6-143 所示。一定要复制通道，因为直接在原通道上进行操作，会改变画面颜色。

步骤 02 利用"调整"命令来增强复制出的通道黑白对比，使选区与背景区分开。单击选择"蓝拷贝"通道，接着按快捷键 Ctrl+M 调出"曲线"对话框，然后单击"在图像中取样以设置黑场"按钮，然后在人物皮肤上单击。此时皮肤部分连同比皮肤暗的区域全部变为黑色，如图 6-144 所示。接着使用"在图像中取样以设置白场"按钮，单击背景部分，背景变为全白，如图 6-145 所示。设置完成后单击"确定"按钮。

图 6-142

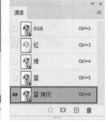
图 6-143

图 6-146

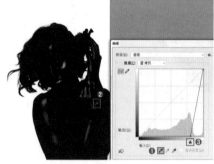
图 6-144

图 6-147

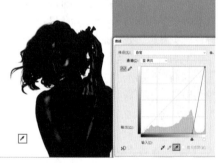
图 6-145

图 6-148

图 6-149

步骤 03 将前景色设置为黑色，使用"画笔工具"将人物面部以及手部涂抹成黑色，如图 6-146 所示。调整完毕，选中该通道，单击"通道"面板下方的"将通道作为选区载入"按钮 ○ ，得到人物的选区，如图 6-147 所示。

步骤 04 单击 RGB 通道，如图 6-148 所示。回到"图层"面板，选中复制的图层，按 Delete 键删除背景。此时人像以外的部分被隐藏，如图 6-149 所示。最后为人像添加一个新的背景，如图 6-150 所示。

图 6-150

涂抹成白色，但是需要保留毛毯边缘，如图 6-158 所示。

图 6-156

图 6-157   图 6-158

重点 延伸学习：使用通道抠图抠
出小动物

步骤01 执行"文件→打开"命令，打开素
材 1.jpg，如图 6-151 所示。为了避免破坏
原图像，按快捷键 Ctrl+J 复制"背景"图
层，如图 6-152 所示。

扫一扫 看视频

步骤02 将"背景"图层隐藏，选择"图层1"。进入
"通道"面板，观察每个通道前景色与背景色的对比效
果，经过观察，"绿"通道的对比较为明显，如图 6-153
所示。所以选择"绿"通道，将其拖动到"新建通道"
按钮上，创建出"绿拷贝"通道，如图 6-154 所示。

图 6-151   图 6-152

图 6-153   图 6-154

步骤03 增加画面的黑白对比。按快捷键 Ctrl+M 调
出"曲线"对话框，然后单击"在画面中取样以设置
白场"按钮，然后在小猫上单击，此时小猫变为了白
色，如图 6-155 所示。接着单击"在画面中取样以设
置黑场"按钮，在背景处单击，如图 6-156 所示。

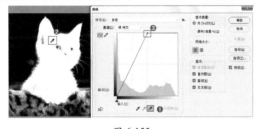

图 6-155

步骤04 设置完成后单击"确定"按钮，画面效果如
图 6-157 所示。接着使用白色的画笔将小猫五官和毛毯

步骤05 选择工具箱中的"减淡工具"，设置合适的
笔尖大小，设置"范围"为"中间调"，"曝光度"为
80%，在毛毯位置按住鼠标左键拖动进行涂抹，提高
亮度，如图 6-159 所示。接着单击工具箱中的"加深
工具"，在选项栏中设置"范围"为"阴影"，"曝光
度"为 50%，在灰色的背景处涂抹，使其变为黑色，
如图 6-160 所示。

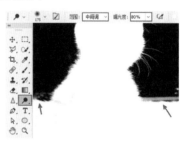

图 6-159

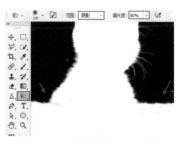

图 6-160

步骤06 在"绿拷贝"通道中，按住 Ctrl 键的同时单击

通道缩略图得到选区，回到"图层"面板中选中复制的图层，接着单击"添加图层蒙版"按钮，基于选区添加图层蒙版，如图 6-161 所示。此时画面效果如图 6-162 所示。

图 6-161　　　　　　图 6-162

步骤 07 由于猫咪的皮毛边缘还有黑色背景的颜色，所以需要进行一定的调色。执行"图层→新建调整图层→色相/饱和度"命令，在打开的"属性"面板中设置"通道"为"全图"，"明度"为 +80，单击"此调整剪切到此图层"按钮，如图 6-163 所示，效果如图 6-164 所示。

图 6-163　　　　　　图 6-164

步骤 08 选择调整图层的图层蒙版，将前景色设置为黑色，然后使用快捷键 Alt+Delete 进行填充。接着使用白色的柔角画笔在小猫边缘拖动进行涂抹，蒙版涂抹位置如图 6-165 所示。涂抹完成后，边缘处的毛变为了白色，效果如图 6-166 所示。

图 6-165　　　　　　图 6-166

步骤 09 执行"文件→置入嵌入对象"命令，置入素材 2.jpg，并将其移动到猫咪图层的下层。最终效果如图 6-167 所示。

图 6-167

【重点】延伸学习：使用通道抠图抠出透明酒杯

步骤 01 执行"文件→打开"命令，打开素材 1.jpg，如图 6-168 所示。为了避免破坏原图像，按快捷键 Ctrl+J 复制"背景"图层，如图 6-169 所示。

扫一扫 看视频

图 6-168　　　　　　图 6-169

步骤 02 进入"通道"面板，观察每个通道前景色与背景色的对比效果，经过观察，"红"通道的对比较为明显，如图 6-170 所示。所以选择"红"通道并将其拖动到"新建通道"按钮上，创建出"红拷贝"通道，如图 6-171 所示。

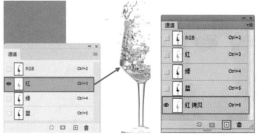

图 6-170　　　　　　图 6-171

步骤 03 使酒杯与其背景形成强烈的黑白对比，以便得到选区。按快捷键 Ctrl+M 调出"曲线"对话框。接着在阴影部分单击添加控制点，然后按住鼠标左键拖动，压暗画面的颜色，如图 6-172 所示。设置完成后单击"确定"按钮，画面效果如图 6-173 所示。

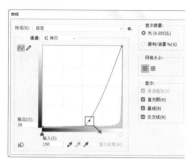

图 6-172　　　　　图 6-173

步骤 04 按快捷键 Ctrl+I 将颜色反相，如图 6-174 所示。接着单击"通道"面板下方的"将通道作为选区载入"按钮 ○ 得到选区，如图 6-175 所示。

图 6-174　　　　　图 6-175

步骤 05 回到"图层"面板，选中复制的图层，单击"图层"面板底部的"添加图层蒙版"按钮，基于选区添加图层蒙版，如图 6-176 所示。此时酒杯以外的部分被隐藏，如图 6-177 所示。

图 6-176　　　　　图 6-177

步骤 06 由于酒的颜色比较浅，选中复制的图层，多次按快捷键 Ctrl+J 复制图层，如图 6-178 所示。此时画面效果如图 6-179 所示。

图 6-178　　　　　图 6-179

步骤 07 执行"文件→置入嵌入对象"命令，置入背景素材 2.jpg。将置入的素材移动到"图层 1"的下面。最终效果如图 6-180 所示。

图 6-180

【重点】延伸学习：使用通道抠图抠出云朵

扫一扫 看视频

步骤 01 具有一定透明属性的对象通常无法使用常规的方法进行提取。遇到这种情况可以在"通道"面板中看一下各个通道中主体物与背景之间是否有明确的黑白差异，以判断是否可以利用通道抠图。执行"文件→打开"命令，打开素材 1.jpg，如图 6-181 所示。执行"文件→置入嵌入对象"命令，置入云朵素材 2.jpg，并将该图层栅格化，如图 6-182 所示。

图 6-181　　　　　图 6-182

步骤 02 隐藏"背景"图层，只显示云朵所在的图层。如果想要抠出云朵，基于颜色进行抠图的工具会使云朵边缘非常"硬"。而云朵边缘需要很柔和，云朵上也需要有一定的透明效果。所以对于通道的处理，需要使天空部分为黑色，云朵部分为白色和灰色，云朵边缘保留灰色区域。打开"通道"面板，观察每个通道前景色与背景色的对比效果，经过观察，"红"通道的对比较为明显，如图 6-183 所示。所以选择"红"通道将其拖动到"新建通道"按钮上，创建出"红拷贝"通道，如图 6-184 所示。

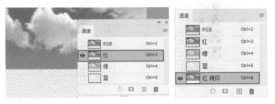

图 6-183　　　　　　　　图 6-184

步骤 03 使云彩与其背景形成强烈的黑白对比，以便得到选区。选择"红拷贝"通道，按快捷键 Ctrl+M 打开"曲线"对话框，单击"在画面中取样以设置黑场"按钮，移动光标至画面中的灰色天空部分单击，此时云彩以外的部分将会变成黑色。单击"确定"按钮完成设置，如图 6-185 所示。

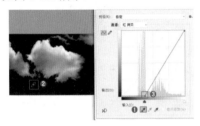

图 6-185

步骤 04 单击"通道"面板下方的"将通道作为选区载入"按钮 ○ 得到选区，如图 6-186 所示。单击 RGB 通道，显示出完整图像效果，如图 6-187 所示。

图 6-186　　　　　　　　图 6-187

步骤 05 回到"图层"面板，选择天空图层，单击"图层"面板底部的"添加图层蒙版"按钮，基于选区添加图层蒙版。如图 6-188 所示。此时画面效果如图 6-189 所示。接着显示"背景"图层，此时画面效果如图 6-190 所示。

图 6-188　　　　　　　　图 6-189

图 6-190

步骤 06 对云朵进行调色。选择云朵所在的图层，执行"图层→新建调整图层→色相 / 饱和度"命令，在打开的"属性"面板中设置"明度"为 +100，单击"此调整剪切到此图层"按钮，如图 6-191 所示。原本偏蓝的云朵变白了，效果如图 6-192 所示。

图 6-191　　　　　　　　图 6-192

课后练习：使用抠图工具制作食品广告

文件路径	第 6 章\课后练习：使用抠图工具制作食品广告
难易指数	★★★★★
技术掌握	快速选择工具
操作思路	(1) 打开背景素材，置入主体物素材。 (2) 使用"快速选择工具"得到食品图中背景部分的选区，并删除背景。 (3) 使用"横排文字工具"和形状工具制作装饰元素，效果如图 6-193 所示。

图 6-193

扫一扫 看视频

扫一扫 看视频

蒙版与合成

　　"蒙版"原本是摄影术语，是指用于控制照片不同区域曝光的传统暗房技术。在 Photoshop 中，蒙版主要用于画面的修饰与合成。Photoshop 中共有 4 种蒙版，其中最为常用的是剪贴蒙版和图层蒙版。这两种蒙版的原理与操作方式各不相同，本章主要讲解这两种蒙版在合成中的使用方法。

重点知识掌握：

- 熟练掌握剪贴蒙版的使用方法。
- 熟练掌握图层蒙版的使用方法。

通过本章学习，我能做：

　　通过本章的学习，可以利用剪贴蒙版、图层蒙版等工具实现对图层部分元素"隐藏"的工作。这在平面设计以及创意合成中是非常重要的一个步骤。在设计作品的制作过程中，经常需要对同一图层进行多次处理，也许版面中某个元素的变动，导致之前制作好的图层仍然需要调整。如果在之前的操作中直接对暂时不需要的局部图像进行删除，一旦发现需要"找回"这部分内容时，将是非常麻烦的。有了"蒙版"这一非破坏性的"隐藏"功能，可以轻松实现非破坏性的编辑操作。

7.1 认识 "蒙版"

　　"蒙版"这个词语对于传统摄影爱好者来说，可能并不陌生。"蒙版"原本是摄影术语，是指用于控制照片不同区域曝光的传统暗房技术。在 Photoshop 中，蒙版主要用于画面的修饰与合成。什么是合成呢？"合成"这个词的含义是"由部分组成整体"。在 Photoshop 中，就是由原本不在一张图像上的内容，通过一系列的手段，进行组合拼接，使之出现在同一个画面中，呈现出一个新的图像，如图 7-1 所示。听起来是不是很神奇？其实在前面的学习中，已经进行过一些简单的画面"合成"了。例如，利用抠图工具将人像从原来的照片中"抠"出来，并放到新的背景中，如图 7-2 所示。

图 7-1　　　　　　　　　　　　　　　　图 7-2

　　而在合成的过程中，经常需要将图片的某些部分隐藏，以便于显示出特定内容。直接擦掉或者删除多余的部分是一种"破坏性"的操作，被删除的像素无法复原。而借助 Photoshop 中的蒙版功能则能够轻松地隐藏部分区域，而如果想要显示出被隐藏的区域也是可以实现的。

　　Photoshop 中共有 4 种蒙版：剪贴蒙版、图层蒙版、矢量蒙版和快速蒙版。常用于抠图与合成的有剪贴蒙版与图层蒙版。

- 剪贴蒙版：以下层图层的"形状"控制上层图层显示"内容"。在合成中常用于为某个图层赋予另外一个图层中的内容。

- 图层蒙版：通过"黑白"来控制图层内容的显示和隐藏。图层蒙版是经常使用的功能，在合成中常用于图像某部分区域的隐藏。

7.2 剪贴蒙版

　　剪贴蒙版常用于为图层内容表面添加特殊图案，以及调色中只对某个图层应用调整图层，图 7-3 ~ 图 7-6 所示为使用剪贴蒙版制作的作品。

扫一扫 看视频

图 7-3　　　　　　图 7-4　　　　　　图 7-5　　　　　　图 7-6

7.2.1　剪贴蒙版的原理

剪贴蒙版至少需要两个图层才能够使用。其原理是通过使用处于下方图层（基底图层）的形状，限制上方图层（内容图层）的显示内容。也就是说，"基底图层"的形状决定了形状，而"内容图层"则控制显示的图案。图 7-7 所示为一个剪贴蒙版组。

图 7-7

在剪贴蒙版组中，基底图层只能有一个，而内容图层则可以有多个。如果对基底图层的位置或大小进行调整，则会影响剪贴蒙版组的形态，如图 7-8 所示。如果对内容图层进行增减或编辑，则只会影响显示内容，如图 7-9 所示。如果内容图层小于基底图层，那么露出来的部分则显示为基底图层，如图 7-10 所示。

图 7-8　　　　　图 7-9　　　　　图 7-10

【重点】7.2.2　练一练：创建剪贴蒙版

步骤01 想要创建剪贴蒙版，必须有两个或两个以上的图层，一个作为基底图层，其他的图层可作为内容图层。例如，这里打开了一个包含多个图层的文档，如图 7-11 所示。在上方的用作"内容图层"的图层上右击，执行"创建剪贴蒙版"命令，如图 7-12 所示。

图 7-11　　　　　　　图 7-12

步骤02 内容图层前方出现了 ⬇ 符号，表明此时已经为下方的图层创建了剪贴蒙版，如图7-13所示。此时内容图层只显示了下方文字图层中的部分，如图7-14所示。

图 7-13　　　　　　　图 7-14

步骤03 如果有多个内容图层，可以将这些内容图层全部放在基底图层的上方，然后在"图层"面板中选中，右击执行"创建剪贴蒙版"命令，如图 7-15 所示，效果如图 7-16 所示。

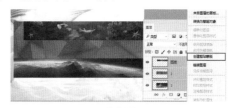

图 7-15

图 7-16

步骤04 如果想要使剪贴蒙版组上出现图层样式，那么需要为"基底图层"添加图层样式，如图 7-17 和图 7-18 所示，否则附着于内容图层的图层样式可能无法显示。

图 7-17 　　　　　　图 7-18

步骤05 当对内容图层的"不透明度"和"混合模式"进行调整时，只有与基底图层混合的效果发生变化，不会影响到剪贴蒙版中的其他图层，如图 7-19 所示。当对基底图层的"不透明度"和"混合模式"进行调整时，整个剪贴蒙版中的所有图层都会以设置不透明度数值以及混合模式进行混合，如图 7-20 所示。

图 7-19

图 7-20

课后练习：制作用户信息页面

文件路径	第7章\课后练习：制作用户信息页面
难易指数	★★★★★
技术掌握	剪贴蒙版、矩形工具
操作思路	（1）新建文档，使用"渐变工具"填充背景。 （2）使用"矩形工具"绘制界面主体图形。 （3）置入素材，绘制多个几何图形，为主体图形创建剪贴蒙版，效果如图7-25所示。

提示： 调整剪贴蒙版组中的图层顺序。

（1）剪贴蒙版组中的内容图层顺序可以随意调整。但是，如果基底图层调整了位置，原本剪贴蒙版组的效果就会发生错误。

（2）如果内容图层移动到基底图层的下方，相当于释放剪贴蒙版。

（3）在已有剪贴蒙版的情况下，将一个图层拖动到基底图层上方，即可将其加入到剪贴蒙版组中。

〔重点〕7.2.3　释放剪贴蒙版

如果想要去除剪贴蒙版，可以在剪贴蒙版组中最底部的内容图层上右击，然后在弹出的菜单中选择"释放剪贴蒙版"命令，如图 7-21 所示，可以释放整个剪贴蒙版组，如图 7-22 所示。

图 7-21 　　　　　　图 7-22

如果包含了多个内容图层，想要释放某一个内容图层，可以在"图层"面板中拖动该内容图层到基底图层的下方，如图 7-23 所示，就相当于释放剪贴蒙版，如图 7-24 所示。

图 7-23 　　　　　　图 7-24

图 7-25

扫一扫 看视频

7.3　图层蒙版

图层蒙版是设计制图中非常常用的一项工具。该功能常用于隐藏图层的局部内容，来实现画面局部修饰或合成作品的制作。这种隐藏而非删除的编辑方式，是一种非常方便的非破坏性编辑方式。图 7-26 ～ 图 7-29 所示为使用图层蒙版制作的作品。

扫一扫 看视频

图 7-26

图 7-27

图 7-28　　　　图 7-29

7.3.1　图层蒙版的原理

与前面讲到的剪贴蒙版的原理不同，图层蒙版只应用于一个图层上。为某个图层添加"图层蒙版"后，可以通过在图层蒙版中绘制黑色或白色，来控制图层的显示与隐藏。图层蒙版是一种非破坏性的抠图方式。在图层蒙版中显示黑色的部分，其图层中的内容会变为透明；灰色部分为半透明；白色则是完全不透明，如图 7-30 所示。

原图　　　　图层蒙版　　　　效果
图 7-30

【重点】7.3.2　练一练：创建图层蒙版

创建图层蒙版有两种方式：在没有任何选区的情况下可以创建出空的蒙版，画面中的内容不会被隐藏；而在包含选区的情况下创建图层蒙版，选区内部的部分为显示状态，选区以外的部分会隐藏。

1.直接创建图层蒙版

选择一个图层，单击"图层"面板底部的"创

建图层蒙版"按钮 ▣，即可为该图层添加图层蒙版，如图 7-31 所示。该图层的缩略图右侧会出现一个图层蒙版缩略图的图标，如图 7-32 所示。每个图层只能有一个图层蒙版，如果已有图层蒙版，再次单击该按钮创建出的是矢量蒙版。图层组、文字图层、3D 图层、智能对象等特殊图层都可以创建图层蒙版。

图 7-31　　　　图 7-32

单击图层蒙版缩略图，接着可以使用"画笔工具"在蒙版中进行涂抹。在蒙版中只能使用灰度颜色进行绘制。蒙版中被绘制了黑色的部分，图像相应的部分会被隐藏；蒙版中被绘制了白色的部分，图像相应的部分会显示，如图 7-33 所示；图层蒙版中绘制了灰色的区域，图像相应的部分会以半透明的方式显示，如图 7-34 所示。

还可以使用"渐变工具"或"油漆桶工具"对图层蒙版进行填充。单击图层蒙版缩略图，使用"渐变工具"在蒙版中填充从黑到白的渐变，白色部分显示，黑色部分隐藏。灰度的部分为半透明的过渡效果，如

图 7-35 所示。使用"油漆桶工具"，在选项栏中设置填充类型为"图案"，然后选中一个图案，在图层蒙版中进行填充，图案内容会转换为灰度，如图 7-36 所示。

图 7-33

图 7-34

图 7-35

图 7-36

提示：图层蒙版小知识。

除了可以在图层蒙版中填充颜色以外，还可

以在图层蒙版中应用各种滤镜以及一部分调色命令，来改变画面的明暗以及对比度。

2.基于选区添加图层蒙版

如果当前画面中包含选区，单击需要添加图层蒙版的图层，单击"图层"面板底部的"添加图层蒙版"按钮█，选区以内的部分显示，选区以外的图像将被图层蒙版隐藏，如图 7-37 和图 7-38 所示。

图 7-37

图 7-38

【重点】7.3.3 图层蒙版的基本操作

对于已有的图层蒙版，可以暂时停用蒙版、删除蒙版、取消蒙版与图层之间的链接使图层和蒙版可以分别调整，还可以对蒙版进行复制或转移。图层蒙版的很多操作对于矢量蒙版同样适用。

1.停用图层蒙版

在图层蒙版缩略图上右击，执行"停用图层蒙版"命令，即可停用图层蒙版，使蒙版效果隐藏，原图层内容全部显示出来，如图 7-39 和图 7-40 所示。（矢量蒙版也是相同操作。）

图 7-39

图 7-40

图 7-44

选择需要停用的图层蒙版，按住 Shift 键单击该蒙版，即可快速将该蒙版停用。如果想启用蒙版，继续按住 Shift 键单击该蒙版，即可快速启用蒙版。

2. 启用图层蒙版

当停用图层蒙版以后，如果要重新启用图层蒙版，可以在蒙版缩略图上右击，然后执行"启用图层蒙版"命令，如图 7-41 和图 7-42 所示。（矢量蒙版也是相同操作。）

图 7-41　　　　　　　图 7-42

3. 删除图层蒙版

如果要删除图层蒙版，可以在蒙版缩略图上右击，然后在弹出的菜单中执行"删除图层蒙版"命令，如图 7-43 所示。（矢量蒙版也是相同操作。）

图 7-43

4. 链接图层蒙版

默认情况下，图层与图层蒙版之间带有一个链接图标，此时移动 / 变换原图层，蒙版也会发生变化。如果不想变换图层或蒙版时影响对方，可以单击链接图标取消链接。如果要恢复链接，可以在取消链接的地方单击，如图 7-44 和图 7-45 所示。（矢量蒙版也是相同操作。）

图 7-45

5. 应用图层蒙版

"应用图层蒙版"可以将蒙版效果应用于原图层，并且删除图层蒙版。图像中对应蒙版中的黑色区域删除，白色区域保留下来，而灰色区域将呈半透明效果。在图层蒙版缩略图上右击，执行"应用图层蒙版"命令，如图 7-46 和图 7-47 所示。

图 7-46　　　　　　　图 7-47

6. 转移图层蒙版

"图层蒙版"是可以在图层之间转移的。在要转移的图层蒙版缩略图上按住鼠标左键并拖动到其他图层上，如图 7-48 所示。松开鼠标后即可将该图层的蒙版转移到其他图层上，如图 7-49 所示。（矢量蒙版也是相同操作。）

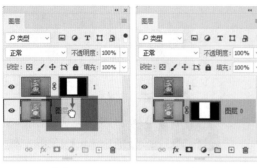

图 7-48　　　　　　　　　图 7-49

7. 替换图层蒙版

如果将一个图层蒙版移动到另一个带有图层蒙版的图层上，则可以替换该图层的图层蒙版，如图 7-50 ～图 7-52 所示。（矢量蒙版也是相同操作。）

图 7-50　　　　　　图 7-51　　　　　　图 7-52

8. 复制图层蒙版

如果要将一个图层的蒙版复制到另一个图层上，可以按住 Alt 键的同时，将图层蒙版拖动到另一个图层上，如图 7-53 和图 7-54 所示。（矢量蒙版也是相同操作。）

图 7-53　　　　　　　　　图 7-54

9. 载入蒙版的选区

蒙版可以转换为选区。按住 Ctrl 键的同时单击图层蒙版缩略图，蒙版中白色的部分为选区内，黑色的部分为选区以外，灰色为羽化的选区，如图 7-55 和图 7-56 所示。

图 7-55　　　　　　　　图 7-56

10. 图层蒙版与选区相加减

图层蒙版与选区可以相互转换，已有的图层蒙版可以被当作选区，与其他选区进行选区运算。如果当前图像中存在选区，在图层蒙版缩略图上右击，可以看到 3 个关于蒙版与选区运算的命令，如图 7-57 所示。执行其中某一项命令，即可把图层蒙版当作选区，与现有选区进行加减，如图 7-58 所示。

图 7-57

添加蒙版到选区　　　从选区中减去蒙版　　　蒙版与选区交叉

图 7-58

练习实例：制作古典婚纱版式

文件路径	第7章\练习实例：制作古典婚纱版式
难易指数	★★★★★
技术掌握	图层蒙版

扫一扫 看视频

案例效果

案例效果如图 7-59 所示。

图 7-59

操作步骤

步骤01 新建一个横版的文件，设置前景色为深青色，按快捷键 Alt+Delete，将背景填充为青色，如图 7-60 所示。新建图层，将该图层命名为"矩形"。使用"矩形选框工具" ▣ 绘制矩形选区，并填充淡青色，如图 7-61 所示。

图 7-60　　　　　　　图 7-61

步骤02 为淡青色"矩形"图层添加图层样式。选择该图层，执行"图层→图层样式→描边"命令，打开"图层样式"对话框。在"描边"中设置"大小"为 21 像素，"位置"为"外部"，"混合模式"为"正常"，"填充类型"为"颜色"，"颜色"为黑色，参数设置如图 7-62 所示。画面效果如图 7-63 所示。

图 7-62　　　　　　　图 7-63

步骤03 执行"文件→置入嵌入对象"命令，置入木纹理素材 1.jpg，执行"图层→栅格化→智能对象"命令。设置"木纹理"图层的混合模式为"柔光"，"不透明度"为 80%，参数设置如图 7-64 所示。画面效

果如图 7-65 所示。

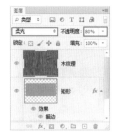
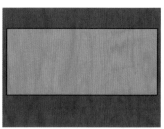

图 7-64　　　　　　　图 7-65

步骤04 执行"文件→置入嵌入对象"命令，置入人物素材 2.jpg。执行"图层→栅格化→智能对象"命令。按住 Ctrl 键并单击"矩形"图层缩略图，得到矩形选区，如图 7-66 所示。选择 1 图层，单击"添加图层蒙版"按钮，基于选区为 1 图层添加图层蒙版。画面效果如图 7-67 所示。

图 7-66　　　　　　　图 7-67

步骤05 将前景色设置为黑色，单击工具箱中的"画笔工具"。在画布中右击，在弹出的"画笔预设选取器"中选择"常规画笔"组中的"柔边圆"画笔，设置画笔合适的"大小"，"硬度"为 0%，参数设置如图 7-68 所示。单击"人物"图层蒙版缩略图，进入图层蒙版编辑状态。使用黑色画笔在人物左上角和右侧涂抹，利用"柔边圆"画笔制作出柔和的过渡效果，如图 7-69 所示。

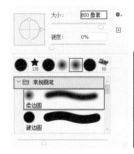

图 7-68　　　　　　　图 7-69

步骤06 执行"文件→置入嵌入对象"命令，置入人物素材 3.jpg。执行"图层→栅格化→智能对象"命令，将该图层命名为 2。将其摆放在画面中的合适位

置，如图 7-70 所示。单击工具箱中的"矩形工具"，在选项栏中设置绘制模式为"路径"，"半径"为 30 像素。在相应位置绘制圆角矩形，如图 7-71 所示。

图 7-70　　　　　　图 7-71

步骤07 圆角矩形绘制完成后按快捷键 Ctrl+Enter 得到选区。按快捷键 Shift+F6 打开"羽化选区"对话框，在"羽化选区"对话框中设置"羽化半径"为 20 像素，如图 7-72 所示。参数设置完成后，单击"确定"按钮。选区效果如图 7-73 所示。

图 7-72　　　　　　图 7-73

步骤08 选择 2 图层，单击"添加图层蒙版"按钮，基于选区为 2 图层添加图层蒙版，如图 7-74 和

图 7-75 所示。

图 7-74　　　　　　图 7-75

步骤09 执行"文件→置入嵌入对象"命令，置入装饰素材 4.png，执行"图层→栅格化→智能对象"命令，完成本案例的制作，效果如图 7-76 所示。

图 7-76

课后练习：使用多种蒙版制作箱包创意广告

文件路径	第7章\课后练习：使用多种蒙版制作箱包创意广告
难易指数	★★★★★
技术掌握	图层蒙版、剪贴蒙版、高斯模糊
操作思路	（1）新建文档，置入背景素材并利用图层蒙版隐藏部分内容。对背景进行模糊与调色处理。 （2）置入其他的天空、山石、箱包、鸟等素材，抠图并利用图层蒙版将背景隐藏。 （3）键入文字，借助剪贴蒙版，制作出彩色的文字，效果如图 7-77 所示。

图 7-77

扫一扫 看视频

 读书笔记

Chapter 8

第 8 章

图层混合与图层样式

本章讲解的是图层的高级功能：图层的透明效果、混合模式与图层样式。这几项功能是设计制图中经常需要使用的功能。"不透明度"与"混合模式"的使用方法非常简单，常用在多图层混合中；而"图层样式"则可以为图层添加描边、阴影、发光、颜色、渐变、图案以及立体感的效果。"图层样式"的参数可控性较强，能够轻松制作出各种各样的常见效果。

重点知识掌握：

- 图层不透明度的设置。
- 图层混合模式的设置。
- 图层样式的使用方法。
- 使用多种图层样式制作特殊效果。

通过本章学习，我能做：

通过本章的学习，能够轻松制作出多个图层混叠的效果，如多重曝光、融图、为图像增添光效、使天空出现蓝天白云、照片做旧、增强画面色感、增强画面冲击力等。当然想要制作出以上效果，不仅需要设置好合适的混合模式，更需要找到合适的素材。掌握了"图层样式"，可以制作出带有各种"特征"的图层，如浮雕、描边、光泽、发光、投影等。通过多种图层样式的共同使用，可以为文字或形状图层模拟出水晶质感、金属质感、凹凸质感、钻石质感、糖果质感、塑料质感等。

8.1　图层透明效果

扫一扫 看视频

　　透明度的设置是数字化图像处理最常用到的功能。在使用画笔绘图时可以进行画笔不透明度的设置，对图像填充颜色时也可以进行透明度的设置。而在图层中还可以针对每个图层进行透明效果的设置。顶部图层如果产生了半透明的效果，就会显露出底部图层的内容。透明度的设置常用于使多张图像 / 图层产生融合效果。图 8-1～图 8-4 所示为通过设置透明效果制作的作品。

图 8-1　　　　　　　图 8-2　　　　　　　图 8-3　　　　　　　图 8-4

　　想要使图层产生透明效果，需要在"图层"面板中进行设置。由于透明效果是应用于图层本身的，所以在设置透明度之前需要在"图层"面板中选中需要设置的图层，可以在"图层"面板的顶部看到"不透明度"和"填充"这两个选项。默认数值为 100%，表示图层完全不透明，效果如图 8-5 所示。可以在选项后方的数值框中直接输入数值以调整图层的透明效果。这两项都是用于制作图层透明效果的，数值越大，图层越不透明；数值越小，图层越透明，如图 8-6 所示。

不透明度：100%　　　　不透明度：50%　　　　不透明度：0%

图 8-5　　　　　　　　　　　图 8-6

【重点】8.1.1　设置"不透明度"

　　"不透明度"作用于整个图层的透明属性，包括图层中的形状、像素以及图层样式和智能滤镜等。

步骤 01　对一个带有图层样式的图层设置不透明度，如图 8-7 所示。在"图层"面板中单击该图层，单击不透明度数值后方的下拉按钮 ，也可以通过移动滑块来调整透明效果，如图 8-8 所示。还可以将光标定位在"不透明度"文字上，按住鼠标左键左右拖动，从而调整不透明度效果，如图 8-9 所示。

图 8-7　　　　　　　　　　图 8-8　　　　　　　　　　图 8-9

步骤 02 想要设置精确的透明参数，也可以直接设置数值，如图 8-10 所示。此时图层本身以及图层的描边样式等属性也都变成了半透明效果，如图 8-11 所示。

图 8-10　　　　图 8-11

8.1.2　设置"填充"

与"不透明度"相似，"填充"功能也可以使图层产生透明效果。但是设置"填充"的不透明效果只影响图层本身的内容，对附加的图层样式等部分没有影响。例如，将"填充"数值调整为 30%，如图 8-12 所示。图层本身内容变透明了，而描边等的图层样式还完整地显示着，如图 8-13 所示。

图 8-12　　　　图 8-13

8.2　图层混合模式

图层的"混合模式"是指当前图层中的像素与下方图像之间像素的颜色混合。"混合模式"不仅在"图层"中可以操作，在使用绘图工具、修饰工具、颜色填充等情况下也都可以使用"混合模式"。图层混合模式的设置主要用于融合多张图像、使画面同时具有多个图像中的特质、改变画面色调、制作特效等情况。而且不同的混合模式作用于不同的图层往往能够产生千变万化的效果，所以对于混合模式的使用，不同的情况下并不一定要采用某种特定样式，可以多次尝试，有趣的效果自然就会出现，如图 8-14 ~ 图 8-17 所示。

扫一扫 看视频

图 8-14　　　　图 8-15

图 8-16　　　　图 8-17

8.2.1　练一练：设置图层混合模式

想要设置图层的混合模式，需要在"图层"面板中进行。当文档中存在两个或两个以上的图层时（只有一个图层时设置混合模式没有效果），单击选中图层（背景图层以及锁定全部的图层无法设置混合模式），如图 8-18 所示。然后单击混合模式右侧的下拉按钮，选中某一个，当前画面效果将会发生变化，如图 8-19 所示。

图 8-18　　　　图 8-19

在下拉列表中可以看到有很多"混合模式"，被分为 6 组，如图 8-20 所示。在选中了某一种混合模式后，保持混合模式处于"选中"状态，然后滚动鼠标中轮，即可快速查看各种混合模式的效果。这样也方便我们找到一种合适的混合模式，如图 8-21 所示。

图 8-20　　　　　　　图 8-21

提示：为什么设置了混合模式却没有效果？

如果所选图层被顶部图层完全遮挡，那么此时设置该图层混合模式是不会看到效果的，需要将顶部遮挡图层隐藏后观察效果。当然也存在另一种可能性，某些特定色彩的图像与另外一些特定色彩设置混合模式也不会产生效果。

8.2.2 组合模式组

组合模式组中包括两种模式："正常"和"溶解"。默认情况下，新建的图层或置入的图层模式均为"正常"，如图 8-22 所示。这种模式下，"不透明度"为100% 时则完全遮挡下方图层，如图 8-23 所示。降低该图层不透明度可以隐约显露出下方图层，如图 8-24 所示。

图 8-22　　　　图 8-23　　　　图 8-24

"溶解"模式会使图像中透明度区域的像素产生离散效果。"溶解"模式需要在降低图层的"不透明度"或"填充"数值才能起作用，这两个参数的数值越低，像素离散效果越明显，如图 8-25 所示。

不透明度：50%　　　　不透明度：80%

图 8-25

【重点】8.2.3 加深模式组

加深模式组中包含五种混合模式，这些混合模式可以使当前图层的白色像素被下层较暗的像素替代，使图像产生变暗效果。

- 变暗：比较每个通道中的颜色信息，并选择基

色或混合色中较暗的颜色作为结果色，同时替换比混合色亮的像素，而比混合色暗的像素保持不变，如图 8-26 所示。

- 正片叠底：任何颜色与黑色混合产生黑色，任何颜色与白色混合保持不变，如图 8-27 所示。
- 颜色加深：通过增加上下层图像之间的对比度来使像素变暗，与白色混合后不产生变化，如图 8-28 所示。
- 线性加深：通过减小亮度使像素变暗，与白色混合不产生变化，如图 8-29 所示。
- 深色：通过比较两个图像的所有通道的数值的总和，然后显示数值较小的颜色，如图 8-30 所示。

图 8-26　　　　图 8-27　　　　图 8-28

图 8-29　　　　图 8-30

【重点】8.2.4 减淡模式组

减淡模式组包含五种混合模式。这些模式会使图像中黑色的像素被较亮的像素替换，而任何比黑色亮的像素都可能提亮下层图像。所以减淡模式组中的模式会使图像变亮。

- 变亮：比较每个通道中的颜色信息，并选择基色或混合色中较亮的颜色作为结果色，同时替换比混合色暗的像素，而比混合色亮的像素保持不变，如图 8-31 所示。
- 滤色：与黑色混合时颜色保持不变，与白色混合时产生白色，如图 8-32 所示。
- 颜色减淡：通过减小上下层图像之间的对比度

来提亮底层图像的像素,如图 8-33 所示。

- 线性减淡(添加):与"线性加深"模式产生的效果相反,可以通过提高亮度来减淡颜色,如图 8-34 所示。
- 浅色:通过比较两个图像的所有通道的数值的总和,然后显示数值较大的颜色,如图 8-35 所示。

图 8-31   图 8-32   图 8-33

图 8-34   图 8-35

【重点】8.2.5 对比模式组

对比模式组包括七种模式,使用这些混合模式可以使图像中 50% 的灰色完全消失,亮度值高于 50% 灰色的像素都提亮下层的图像,亮度值低于 50% 灰色的像素则使下层图像变暗,以此加强图像的明暗差异。

- 叠加:对颜色进行过滤并提亮上层图像,具体取决于底层颜色,同时保留底层图像的明暗对比,如图 8-36 所示。
- 柔光:使颜色变暗或变亮,具体取决于当前图像的颜色。如果上层图像比 50% 灰色亮,则图像变亮;如果上层图像比 50% 灰色暗,则图像变暗,如图 8-37 所示。
- 强光:对颜色进行过滤,具体取决于当前图像的颜色。如果上层图像比 50% 灰色亮,则图像变亮;如果上层图像比 50% 灰色暗,则图像变暗,如图 8-38 所示。
- 亮光:通过增加或减小对比度来加深或减淡颜色,具体取决于上层图像的颜色。如果上层图像比 50% 灰色亮,则图像变亮;如果上层图像比 50% 灰色暗,则图像变暗,如图 8-39 所示。

图 8-36   图 8-37

图 8-38   图 8-39

- 线性光:通过减小或增加亮度来加深或减淡颜色,具体取决于上层图像的颜色。如果上层图像比 50% 灰色亮,则图像变亮;如果上层图像比 50% 灰色暗,则图像变暗,如图 8-40 所示。
- 点光:根据上层图像的颜色来替换颜色。如果上层图像比 50% 灰色亮,则替换比较暗的像素;如果上层图像比 50% 灰色暗,则替换较亮的像素,如图 8-41 所示。
- 实色混合:将上层图像的 RGB 通道值添加到底层图像的 RGB 值。如果上层图像比 50% 灰亮,则使底层图像变亮;如果上层图像比 50% 灰色暗,则使底层图像变暗,如图 8-42 所示。

图 8-40   图 8-41   图 8-42

8.2.6 比较模式组

比较模式组包含四种模式,这些混合模式可以对比当前图像与下层图像的颜色差别。将颜色相同的区域显示为黑色,不同的区域显示为灰色或彩色。如果当前图层中包含白色,那么白色区域会使下层图像反相,而黑色不会对下层图像产生影响。

- 差值:上层图像与白色混合将反转底层图像的颜色,与黑色混合则不产生变化,如图 8-43

所示。

- 排除：创建一种与"差值"模式相似，但对比度更低的混合效果，如图 8-44 所示。
- 减去：从目标通道中相应的像素上减去源通道中的像素值，如图 8-45 所示。
- 划分：比较每个通道中的颜色信息，然后从底层图像中划分上层图像，如图 8-46 所示。

图 8-43　　　　　图 8-44　　　　　图 8-45　　　　　图 8-46

8.2.7　色彩模式组

色彩模式组包括四种混合模式，这些混合模式会自动识别图像的颜色属性（色相、饱和度和亮度）。然后再将其中的一种或两种应用在混合后的图像中。

- 色相：用底层图像的亮度和饱和度以及上层图像的色相来创建结果色，如图 8-47 所示。
- 饱和度：用底层图像的亮度和色相以及上层图像的饱和度来创建结果色，在饱和度为 0 的灰色区域应用该模式不会产生任何变化，如图 8-48 所示。
- 颜色：用底层图像的亮度以及上层图像的色相与饱和度来创建结果色，这样可以保留图像中的灰色，对于为单色图像上色或给彩色图像着色非常有用，如图 8-49 所示。
- 明度：用底层图像的色相与饱与度以及上层图像的亮度来创建结果色，如图 8-50 所示。

图 8-47　　　　　图 8-48　　　　　图 8-49　　　　　图 8-50

练习实例：制作运动鞋创意广告

文件路径	第8章\练习实例：制作运动鞋创意广告
难易指数	★★★★★
技术掌握	混合模式、不透明度

扫一扫 看视频

案例效果

案例对比效果如图 8-51 和图 8-52 所示。

图 8-51　　　　　图 8-52

操作步骤

步骤01 新建一个宽度为2500像素、高度为1800像素的文件，并将画布填充为黑色。执行"文件→置入嵌入对象"命令，置入素材1.jpg，执行"图层→栅格化→智能对象"命令，如图8-53所示。单击工具箱中的"魔术橡皮擦工具" ，在图片中白色处单击，将白色背景擦除，效果如图8-54所示。

图 8-53　　　　　　　　图 8-54

步骤02 制作鞋上的花纹。执行"文件→置入嵌入对象"命令，置入花朵素材2.png，并摆放到合适位置。执行"图层→栅格化→智能对象"命令，如图8-55所示。设置该图层的混合模式为"柔光"，如图8-56所示，效果如图8-57所示。

图 8-55　　　　图 8-56　　　　图 8-57

步骤03 选择"花"图层，按快捷键Ctrl+J将其复制到独立图层，并将该图层的混合模式设置为"明度"，进行适当缩放后摆放在鞋子上方，如图8-58所示，效果如图8-59所示。

图 8-58　　　　　　　　图 8-59

步骤04 使用"橡皮擦工具" 将多余的花瓣擦除，效果如图8-60所示。

步骤05 执行"文件→置入嵌入对象"命令，置入彩条素材3.jpg，摆放到合适位置，执行"图层→栅格化→智能对象"命令。设置该图层的混合模式为"颜色减淡"，"不透明度"为37%，如图8-61所示。将多余部分擦除，效果如图8-62所示。

图 8-60　　　　图 8-61　　　　图 8-62

步骤06 置入光效素材4.jpg，执行"图层→栅格化→智能对象"命令，设置光效素材的图层混合模式为"滤色"，如图8-63所示，效果如图8-64所示。

图 8-63　　　　　　　　图 8-64

步骤07 在"背景"图层上方新建图层，使用"画笔工具"更改画笔颜色，绘制一些"光斑"，效果如图8-65所示。将该图层进行复制，将复制后的图层移动至合适位置，并设置该图层的混合模式为"溶解"，"不透明度"为6%，如图8-66所示，效果如图8-67所示。

图 8-65　　　　图 8-66　　　　图 8-67

步骤08 置入背景装饰素材5.png，执行"图层→栅格化→智能对象"命令，效果如图8-68所示。置入前景装饰素材并摆放至合适位置，完成本案例的制作，效果如图8-69所示。

图 8-68　　　　　　　　图 8-69

课后练习：使用混合模式制作"人与城市"

文件路径	第8章\课后练习：使用混合模式制作"人与城市"
难易指数	★★★★★
技术掌握	混合模式、不透明度
操作思路	（1）打开一张风景素材，置入人物剪影素材。 （2）为人物剪影素材设置混合模式与不透明度。 （3）添加文字完成制作，效果如图8-70所示。

图 8-70

扫一扫 看视频

8.3 为图层添加样式

"图层样式"是一种附加在图层上的"特殊效果"，如浮雕、描边、光泽、发光、投影等。这些样式可以单独使用，也可以多种样式共同使用。图层样式在设计制图中的应用非常广泛，如制作带有凸起感的艺术字、为某个图形添加描边、制作水晶质感的按钮、模拟向内凹陷的效果、制作凹凸纹理效果、为图层表面赋予某种图案、制作闪闪发光效果等，如图8-71和图8-72所示。

图 8-71   图 8-72

Photoshop 中共有 10 种"图层样式"：斜面和浮雕、描边、内阴影、内发光、光泽、颜色叠加、渐变叠加、图案叠加、外发光、投影。从名称中就能够猜到这些样式是用来做什么效果的。图8-73和图8-74所示为单独使用这些图层样式的效果。

图 8-73   图 8-74

【重点】8.3.1 图层样式的使用方法

1. 添加图层样式

扫一扫 看视频

步骤01 想要使用图层样式，首先需要选中图层（不能是空图层），如图8-75所示。

接着执行"图层→图层样式"命令，在子菜单中可以看到图层样式的名称以及图层样式的相关命令，如图8-76所示。执行某一个图层样式命令，即可弹出"图层样式"对话框。

图 8-75

图 8-76

步骤02 "图层样式"对话框左侧区域为图层样式列表，在某一个样式前单击，样式名称前面的复选框内有☑标记，表示在图层中添加了该样式。接着单击样式的名称，才能进入该样式的参数设置页面。调整好相应的参数设置，单击"确定"按钮，如图8-77所示，即可为当前图层添加该样式，如图8-78所示。

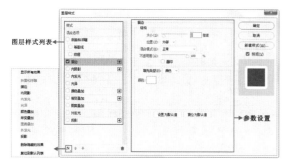

图层样式列表

参数设置

图 8-77

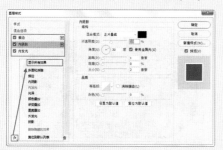

图 8-78

 提示：显示所有效果。

　　如果"图层样式"对话框左侧的列表中只显示了部分样式，那么可以单击左下角的 fx 按钮，执行"显示所有效果"命令，如图8-79所示，即可显示其他未启用的样式，如图8-80所示。

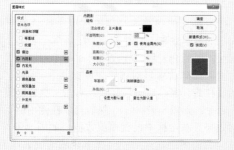

图 8-79

图 8-80

步骤03 同一个图层可以添加多个图层样式，在左侧图层样式列表中单击多个图层样式的名称，即可启用该图层样式，如图8-81和图8-82所示。

图 8-81

图 8-82

步骤04 有的图层样式名称后方带有一个 ⊞，表明该样式可以被多次添加。例如，单击"描边"样式后方的 ⊞，在图层样式列表中出现了另一个"描边"样式，可以设置不同的描边大小和颜色，如图8-83所示。此时该图层出现了两层描边，如图8-84所示。

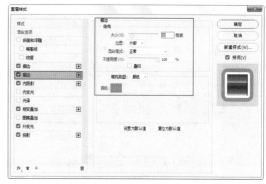

图 8-83

图 8-84

步骤 05 图层样式也会按照上下堆叠的顺序显示，上方的样式会遮挡下方的样式。在图层样式列表中可以对多个相同样式的上下排列顺序进行调整。例如，选中该图层三个描边样式中的一个，单击底部的"向上移动效果"按钮⬆可以将该样式向上移动一层，单击"向下移动效果"按钮⬇可以将该样式向下移动一层，如图 8-85 所示。

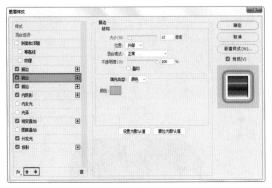

图 8-85

提示：为图层添加样式的其他方法。

也可以在选中图层后，单击"图层"面板底部的"添加图层样式"按钮 fx，接着在弹出的菜单中选择合适的样式，如图 8-86 所示。在"图层"面板中双击需要添加样式的图层缩略图，也可以打开"图层样式"对话框。

图 8-86

2. 编辑已添加的图层样式

为图层添加了图层样式后，在"图层"面板中的该图层上会出现已添加的样式列表，单击下拉按钮即可展开图层样式，如图 8-87 所示。在"图层"面板中双击该样式的名称，弹出"图层样式"对话框，直接修改参数即可，如图 8-88 所示。

图 8-87   图 8-88

3. 复制和粘贴图层样式

当已经制作好了一个图层的样式，其他图层或其他文件中的图层也需要使用相同的样式，可以使用"拷贝图层样式"功能快速赋予该图层相同的样式。选择需要复制图层样式的图层，在图层名称上右击，执行"拷贝图层样式"命令，如图 8-89 所示。接着选择目标图层，右击，执行"粘贴图层样式"命令，如图 8-90 所示。此时另外一个图层也出现了相同的样式，如图 8-91 所示。

图 8-89   图 8-90

图 8-91

4. 缩放图层样式

图层样式的参数大小很大程度上应该能够对应该图层的显示效果，有时为一个图层赋予了某个图层样式后，可能会发现该样式的尺寸与本图层的尺寸不成比例，此时就可以对该图层样式进行"缩放"。展开图层样式列表，在图层样式上右击，执行"缩放效果"命令，如图 8-92 所示。然后可以在弹出的"缩放图层效果"对话框中设置缩放数值，如图 8-93 所示。经过缩放的图层样式尺寸会产生相应的放大或缩小，如图 8-94 所示。

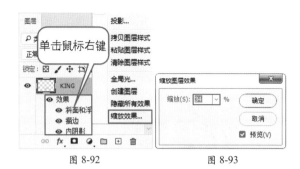

图 8-92　　　　　　　　图 8-93

图 8-94

5. 隐藏图层效果

展开图层样式列表，在每个图层样式前都有一个用于切换显示或隐藏状态的图标 ◉。单击"效果"前的该图标可以隐藏该图层的全部样式，如图 8-95 所示。单击单个样式前的该图标，则只隐藏部分样式，如图 8-96 和图 8-97 所示。

图 8-95

图 8-96

图 8-97

提示：隐藏文档中的全部效果。

如果要隐藏整个文档中图层的图层样式，可以执行"图层→图层样式→隐藏所有效果"命令。

6. 删除图层样式

要想清除图层的样式，可以在该图层上右击，执行"清除图层样式"命令，如图 8-98 所示。如果只想删除众多样式中的一种，可以展开样式列表，将某一样式拖动到"删除图层"按钮 🗑 上，就可以删除某种图层样式，如图 8-99 所示。

图 8-98　　　　　　　　图 8-99

7. 栅格化图层样式

与栅格化文字、栅格化智能对象、栅格化矢量图层相同，"栅格化图层样式"可以将"图层样式"变为普通图层的一部分，使图层样式部分可以像普通图层中的其他部分一样进行编辑处理。在该图层上右击，执行"栅格化图层样式"命令，如图 8-100 所示。此时该图层的图层样式也出现在图层本身的内容中了，如图 8-101 所示。

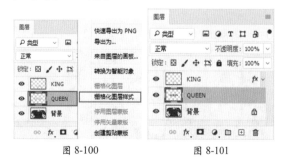

图 8-100　　　　　　　　图 8-101

〔重点〕8.3.2　斜面和浮雕

斜面和浮雕样式可以为图层模拟从表面凸起的立体感。在"斜面和浮雕"样式中包含多种凸起效果，如外斜面、内斜面、浮雕效果、枕状浮雕、描边浮雕。斜面和浮雕样式主要通过为图层添加高光与阴影，使图像产生立体感，常用于制作立体感的文字或带有厚度感的对象效果。选中图层，如图 8-102 所示。执行"图层→图层样式→斜面浮雕"命令，打开"斜面和浮雕"参数设置对话框，如图 8-103 所示。所选图层会产生凸起效果，如图 8-104 所示。

图 8-102　　　　　　　　　图 8-103　　　　　　　　　图 8-104

- **样式**：从列表中选择斜面和浮雕的样式。选择"外斜面"，可以在图层内容的外侧边缘创建斜面；选择"内斜面"，可以在图层内容的内侧边缘创建斜面；选择"浮雕效果"，可以使图层内容相对于下层图层产生浮雕状的效果；选择"枕状浮雕"，可以模拟图层内容的边缘嵌入到下层图层中产生的效果；选择"描边浮雕"，可以将浮雕应用于图层的"描边"样式的边界，如果图层没有"描边"样式，则不会产生效果。图 8-105 所示为不同样式的效果。

外斜面　　　　　内斜面　　　　　浮雕效果　　　　　枕状浮雕　　　　　描边浮雕

图 8-105

- **方法**：用来选择创建浮雕的方法。选择"平滑"可以得到比较柔和的边缘；选择"雕刻清晰"可以得到最精确的浮雕边缘；选择"雕刻柔和"可以得到中等水平的浮雕效果。图 8-106 所示为不同方法的效果。

深度：30　　　　　深度：90　　　　　深度：160

图 8-107

平滑　　　　　雕刻清晰　　　　　雕刻柔和

图 8-106

方向：上　　　　　　方向：下

图 8-108

- **深度**：用来设置浮雕斜面的应用深度，该值越高，浮雕的立体感越强。图 8-107 所示为不同参数的效果。

- **方向**：用来设置高光和阴影的位置，该选项与光源的角度有关。图 8-108 所示为不同参数的效果。

- **大小**：表示斜面和浮雕的阴影面积的大小。

- **软化**：用来设置斜面和浮雕的平滑程度。图 8-109 所示为不同参数的效果。

软化:0 　　　　　软化:10

图 8-109

- 角度：用来设置光源的发光角度。
- 高度：用来设置光源的高度。
- 使用全局光：如果勾选该选项，那么所有浮雕样式的光照角度都将保持在同一个方向。
- 光泽等高线：选择不同的等高线样式，可以为斜面和浮雕的表面添加不同的光泽质感，也可以自己编辑等高线样式。图 8-110 所示为不同类型的等高线效果。

图 8-110

- 消除锯齿：当设置了光泽等高线时，斜面边缘可能会产生锯齿，勾选该选项可以消除锯齿。
- 高光模式 / 不透明度：这两个选项用来设置高光的混合模式和不透明度，后面的色块用于设置高光的颜色。
- 阴影模式 / 不透明度：这两个选项用来设置阴影的混合模式和不透明度，后面的色块用于设置阴影的颜色。

1. 等高线

在样式列表中，"斜面和浮雕"样式下方还有另外两个样式："等高线"和"纹理"。单击"斜面和浮雕"样式下面的"等高线"选项，切换到"等高线"参数设置对话框，如图 8-111 所示。使用"等高线"可以在浮雕中创建凹凸起伏的效果，如图 8-112 所示。

图 8-111 　　　　　图 8-112

2. 纹理

勾选图层样式列表中的"纹理"选项，启用该样式，单击并切换到"纹理"参数设置对话框，如图8-113所示。"纹理"样式可以在图层表面模拟凹凸效果，如图8-114所示。

- 图案：单击"图案"，可以在弹出的"图案"拾色器中选择一个图案，并将其应用到斜面和浮雕上。
- 从当前图案创建新的预设 ▣：单击该按钮，可以将当前设置的图案创建为一个新的预设图案，同时新图案会保存在"图案"拾色器中。

图 8-113 　　　　　图 8-114

- 贴紧原点：将原点对齐图层或文档的左上角。
- 缩放：用来设置图案的大小。
- 深度：用来设置图案纹理的使用程度。
- 反相：勾选该选项以后，可以反转图案纹理的凹凸方向。
- 与图层链接：勾选该选项以后，可以将图案和图层链接在一起，这样在对图层进行变换等操作时，图案也会跟着一同变换。

重点 8.3.3　描边

"描边"样式能够在图层的边缘处添加纯色、渐变色以及图案的边缘。通过参数设置可以使描边处于图层边缘以内的部分、图层边缘以外的部分，或者使描边出现在图层边缘内外。选中图层，如图 8-115 所示，执行"图层→图层样式→描边"命令，在"描边"对话框中可以对描边大小、位置、混合模式、不透明度、填充类型以及颜色进行设置，如图 8-116 所示。图 8-117 所示为颜色描边、渐变描边、图案描边效果。

- 大小：用于设置描边的粗细，数值越大，描边越粗。
- 位置：用于设置描边与对象边缘的相对位置。选择"外部"，描边位于对象边缘以外；选择"内部"，描边位于对象边缘以内；选择"居中"，描边一半位于对象轮廓以外，一半位于轮廓以内。

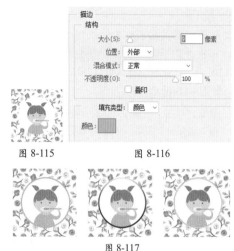

图 8-115　　　　图 8-116

- **混合模式**：用于设置描边内容与底部图层或本图层的混合方式。
- **不透明度**：用于设置描边的不透明度，数值越小，描边越透明。
- **叠印**：勾选此选项，描边的不透明度和混合模式会应用于原图层内容表面。
- **填充类型**：在列表中可以选择描边的类型，包括渐变、颜色、图案，选择不同方式，下方的参数设置也不相同。
- **颜色**：当填充类型为"颜色"时，可以在此处设置描边的颜色。

图 8-117

课后练习：使用图层样式制作卡通文字

文件路径	第8章\课后练习：使用图层样式制作卡通文字
难易指数	★★★★★
技术掌握	斜面和浮雕、描边
操作思路	(1) 输入文字并分别变换调整角度。 (2) 为文字添加图层样式。 (3) 添加右上角卡通素材，效果如图8-118所示。

扫一扫 看视频

图 8-118

〔重点〕8.3.4　内阴影

"内阴影"样式可以为图层添加从边缘向内产生的阴影样式，这种效果会使图层内容产生凹陷效果。选中图层，如图 8-119 所示。执行"图层→图层样式→内阴影"命令，在"内阴影"参数设置对话框中可以对"内阴影"的结构和品质进行设置，如图 8-120 所示。图 8-121 所示为添加了"内阴影"样式后的效果。

图 8-119　　　　　　图 8-120　　　　　　图 8-121

- **混合模式**：用来设置内阴影与图层的混合方式，默认设置为"正片叠底"模式。
- **阴影颜色**：单击"混合模式"选项右侧的颜色块，可以设置内阴影的颜色。
- **不透明度**：设置内阴影的不透明度。数值越低，内阴影越淡。

- **角度**：用来设置内阴影应用于图层时的光照角度，指针方向为光源方向，相反方向为投影方向。
- **使用全局光**：勾选该选项时，可以保持所有光照的角度一致；关闭该选项时，可以为不同的图层分别设置光照角度。
- **距离**：用来设置内阴影偏移图层内容的距离。
- **阻塞**：可以在阴影模糊之前收缩内阴影的边界。"大小"选项与"阻塞"选项是相互关联的，"大小"数值越高，可设置的"阻塞"范围就越大。

- **大小**："大小"选项用来设置投影的模糊范围，该值越高，模糊范围越广，反之内阴影越清晰。
- **等高线**：以调整曲线的形状来控制内阴影的形状，可以手动调整曲线形状，也可以选择内置的等高线预设。
- **消除锯齿**：混合等高线边缘的像素，使投影更加平滑。该选项对于尺寸较小且具有复杂等高线的内阴影比较实用。
- **杂色**：用来在阴影中添加颗粒杂色的粒感效果，数值越大，颗粒感越强。

{重点} 8.3.5　内发光

"内发光"样式主要用于产生从图层边缘向内发散的光亮效果。选中图层，如图 8-122 所示。执行"图层→图层样式→内发光"命令，如图 8-123 所示。在"内发光"参数设置对话框中可以对"内发光"的结构、图素和品质进行设置，效果如图 8-124 所示。

图 8-122　　　　　　　　图 8-123　　　　　　　　图 8-124

- **混合模式**：设置发光效果与下面图层的混合方式。
- **不透明度**：设置发光效果的不透明度。
- **杂色**：在发光效果中添加随机的杂色效果，使光晕产生颗粒感。
- **发光颜色**：单击"杂色"选项下面的颜色块，可以设置发光颜色；单击颜色块后面的渐变条，可以在"渐变编辑器"对话框中选择或编辑渐变色。
- **方法**：用来设置发光的方式。选择"柔和"选项，发光效果比较柔和；选择"精确"选项，可以得到精确的发光边缘。
- **源**：控制光源的位置。
- **阻塞**：用来在发光模糊之前收缩内发光的杂色边界。
- **大小**：设置光晕范围的大小。
- **等高线**：使用等高线可以控制发光的形状。
- **范围**：控制发光中作为等高线目标的部分或范围。
- **抖动**：改变渐变的颜色和不透明度的应用。

课后练习：制作透明吊牌

文件路径	第8章\课后练习：制作透明吊牌
难易指数	★★★★★
技术掌握	图层样式、不透明度设置
操作思路	(1) 绘制吊牌基本形状，并为其赋予图层样式。 (2) 调整吊牌填充不透明度，使之产生透明效果。 (3) 使用"椭圆工具"以及卡通元素制作左侧圆形卡通头像。 (4) 使用"文字工具"添加其他文字元素，效果如图8-125所示。

图 8-125

扫一扫 看视频

8.3.6 光泽

"光泽"样式可以为图层添加受到光线照射后，表面产生的映射效果。"光泽"通常用来制作具有光泽质感的按钮和金属。选中图层，如图 8-126 所示。执行"图层→图层样式→光泽"命令，如图 8-127 所示。在"光泽"参数设置对话框中可以对"光泽"的颜色、混合模式、不透明度、角度、距离、大小、等高线进行设置，效果如图 8-128 所示。

图 8-126

图 8-127

图 8-128

8.3.7 颜色叠加

"颜色叠加"样式可以为图层整体赋予某种颜色。选中图层，如图 8-129 所示。执行"图层→图层样式→颜色叠加"命令。在"颜色叠加"参数设置对话框中可以通过调整颜色的混合模式与透明度来调整该图层的效果，如图 8-130 所示。图 8-131 所示为添加"颜色叠加"样式的效果。

图 8-129

图 8-130

图 8-131

8.3.8 渐变叠加

"渐变叠加"样式与"颜色叠加"样式非常接近，都是以特定的混合模式与不透明度使某种色彩混合于所选图层，但是"渐变叠加"样式是以渐变颜色对图层进行覆盖。所以该样式主要用于使图层产生某种渐变色的效果。选中图层，如图 8-132 所示。执行"图层→图层样式→渐变叠加"命令，打开"渐变叠加"参数设置对话框，如图 8-133 所示。"渐变叠加"不仅仅能够制作带有多种颜色的对象，更能够通过巧妙的渐变颜色设置制作出凸起、凹陷等三维效果以及带有反光的质感效果。在"渐变叠加"参数设置对话框中可以对"渐变叠加"的渐变颜色、混合模式、角度、缩放等参数进行设置，效果如图 8-134 所示。

图 8-132　　　　　　　　图 8-133　　　　　　　　图 8-134

课后练习：使用"渐变叠加"样式制作多彩招贴

文件路径	第8章\课后练习：使用"渐变叠加"样式制作多彩招贴
难易指数	★★★★★
技术掌握	为图层组添加图层样式、渐变叠加样式
操作思路	(1) 使用"横排文字工具"以及"矩形选框工具"制作招贴主体部分。 (2) 添加剪影素材完成招贴图形部分的制作。 (3) 将招贴的全部元素放在一个图层组中。 (4) 为图层组添加图层样式，效果如图8-135所示。

扫一扫 看视频

图 8-135

8.3.9　图案叠加

"图案叠加"样式与前两种叠加样式的原理相似，"图案叠加"样式可以在图层上叠加图案。选中图层，如图 8-136 所示。执行"图层→图层样式→图案叠加"命令。在"图案叠加"参数设置对话框中可以对图案、混合模式、不透明度等参数进行设置，如图 8-137 所示，效果如图 8-138 所示。

图 8-136　　　　　　　　图 8-137　　　　　　　　图 8-138

[重点] 8.3.10　外发光

"外发光"样式与"内发光"样式非常相似，"外发光"样式可以沿图层内容的边缘向外创建发光效果。选中图层，如图 8-139 所示。执行"图层→图层样式→外发光"命令。在"外发光"参数设置对话框中可以对"外发光"的结构、图素以及品质进行设置，如图 8-140 所示，效果如图 8-141 所示。"外发光"效果可用于制作自发光效果以及人像或者其他对象的梦幻般的光晕效果。

图 8-139　　　　　　　　图 8-140　　　　　　　　图 8-141

重点 8.3.11　投影

　　"投影"样式与"内阴影"样式比较相似，"投影"样式用于制作图层边缘向后产生的阴影效果。选中图层，如图 8-142 所示。执行"图层→图层样式→投影"命令，打开"投影"参数设置对话框，如图 8-143 所示。接着可以通过设置参数来增强某部分层次感和立体感，效果如图 8-144 所示。

图 8-142　　　　　　　　图 8-143　　　　　　　　图 8-144

- **混合模式**：用来设置投影与下面图层的混合方式，默认设置为"正片叠底"模式。
- **阴影颜色**：单击"混合模式"选项右侧的颜色块，可以设置阴影的颜色。
- **不透明度**：设置投影的不透明度。数值越低，投影越淡。
- **角度**：用来设置投影应用于图层时的光照角度，指针方向为光源方向，相反方向为投影方向。
- **使用全局光**：当勾选该选项时，可以保持所有光照的角度一致；关闭该选项时，可以为不同的图层分别设置光照角度。
- **距离**：用来设置投影偏移图层内容的距离。
- **扩展**：用来设置投影的扩展范围。注意，该值会受到"大小"选项的影响。
- **大小**：用来设置投影的模糊范围，该值越高，模糊范围越广，反之投影越清晰。
- **等高线**：以调整曲线的形状来控制投影的形状，可以手动调整曲线形状，也可以选择内置

的等高线预设。图 8-145 所示为不同参数的对比效果。

图 8-145

- **消除锯齿**：混合等高线边缘的像素，使投影更加平滑。该选项对于尺寸较小且具有复杂等高线的投影比较实用。
- **杂色**：用来在投影中添加颗粒杂色的粒感效果，数值越大，颗粒感越强。图 8-146 所示为不同参数的对比效果。

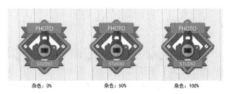

杂色: 0%　　　杂色: 50%　　　杂色: 100%

图 8-146

- 图层挖空投影：用来控制半透明图层中投影的可见性。勾选该选项后，如果当前图层的"填充"数值小于100%，则半透明图层中的投影不可见。

课后练习：动感缤纷艺术字

文件路径	第8章\课后练习：动感缤纷艺术字
难易指数	⭐⭐⭐⭐⭐
技术掌握	图层样式、渐变、钢笔工具
操作思路	(1) 使用"椭圆工具"与"画笔工具"制作文字的背景。 (2) 使用"横排文字工具"在画面中添加文字，并为其添加图层样式。 (3) 使用"画笔工具"绘制一些光斑，并设置混合模式，增添文字的效果，效果如图8-147所示。

扫一扫 看视频

图 8-147

综合实例：制作炫彩光效海报

文件路径	第8章\综合实例：制作炫彩光效海报
难易指数	⭐⭐⭐⭐⭐
技术掌握	混合模式、图层样式

案例效果

案例效果如图 8-148 所示。

扫一扫 看视频

图 8-148

操作步骤

步骤01 执行"文件→打开"命令，打开人物素材1.jpg，如图8-149所示。执行"文件→置入嵌入对象"命令，置入纹理素材2.jpg并将其摆放在画面底部，执行"图层→栅格化→智能对象"命令，将图层栅格化，如图8-150所示。

图 8-149　　　　　图 8-150

步骤02 选择纹理图层，单击"添加图层蒙版"按钮 ▣，为该图层添加图层蒙版。编辑一个由黑到白的线性渐变进行填充，如图8-151所示。画面效果如图8-152所示。执行"文件→置入嵌入对象"命令，置入素材3.png和4.png，摆放至合适位置，执行"图层→栅格化→智能对象"命令，效果如图8-153所示。

图 8-151　　　　图 8-152　　　　图 8-153

步骤03 执行"文件→置入嵌入对象"命令，置入光效素材5.png，将其摆放至合适位置。执行"图层→栅格化→智能对象"命令，设置该图层的混合模式为"线性减淡"，如图8-154所示。画面效果如图8-155所示。

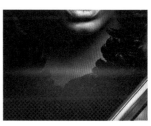

图 8-154　　　　　　图 8-155

步骤04 单击工具箱中的"横排文字工具"按钮，在选项栏中设置合适的字体、字号，在画布中单击并输出文字，如图8-156所示。执行"图层→图层样式→渐变叠加"命令，打开"图层样式"对话框，在"渐变叠加"中设置混合模式为"正常"，不透明度为100%，设置合适的渐变色，样式为"线性"，角度为

90度，参数设置如图 8-157 所示。

图 8-156　　　　　　图 8-157

步骤 05 勾选"外发光"选项，在"外发光"中设置混合模式为"滤色"，不透明度为50%，颜色为深青色，方法为"柔和"，大小为200像素，范围为50%，如图 8-158 所示。勾选"投影"样式，在"投影"中设置混合模式为"正常"，颜色为淡青色，不透明度为100%，角度为96度，距离为21像素，大小为21像素。设置合适的"等高线"形状，参数设置如图 8-159 所示。参数设置完成后，单击"确定"按钮，文字效果如图 8-160 所示。

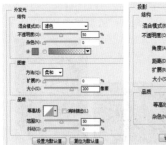

图 8-158　　　　　　图 8-159

图 8-160

步骤 06 执行"文件→置入嵌入对象"命令，置入光效

素材 6.png，执行"图层→栅格化→智能对象"命令，并将其摆放在文字上方，设置该图层的混合模式为"滤色"，如图 8-161 所示。画面效果如图 8-162 所示。

图 8-161　　　　　　图 8-162

步骤 07 使用同样的方法制作文字部分，效果如图8-163所示。

图 8-163

步骤 08 新建图层，使用"渐变工具"  编辑一个紫色系透明渐变，设置填充类型为"线性渐变"，在画布中拖动进行填充。设置该图层的混合模式为"滤色"，不透明度为40%，如图 8-164 所示。本案例制作完成，效果如图 8-165 所示。

图 8-164　　　　　　图 8-165

 **读书笔记**

扫一扫 看视频

矢量绘图

绘图是Photoshop的一项重要功能，除了使用"画笔工具"进行绘图外，矢量绘图也是一种常用的方式。采用矢量绘图方式所绘制的图形是一种风格独特的插画，画面内容通常由颜色不同的图形构成，图形边缘锐利，形态简洁明了，画面颜色鲜艳动人。Photoshop中有两大类可以用于矢量绘图的工具："钢笔工具"和"形状工具"。"钢笔工具"用于绘制不规则的形状，而"形状工具"则用于绘制规则的几何图形，如椭圆形、矩形、多边形等。"形状工具"的使用方法非常简单，使用"钢笔工具"绘制路径并抠图的方法在前面的章节中讲解过，本章主要针对钢笔绘图以及形状绘图的方式进行讲解。

重点知识掌握：

- 掌握矢量绘图不同类型的绘制模式。
- 熟练掌握使用"形状工具"绘制图形的操作方法。
- 熟练掌握路径的移动、变换、对齐、分布的操作方法。

通过本章学习，我能做：

通过本章的学习，能够熟练掌握"形状工具"与"钢笔工具"的使用方法，通过使用这些工具可以绘制出各种各样的矢量插图，如卡通形象插画、服装效果图插画、信息图等，也可以进行大幅面广告以及Logo设计。矢量绘图在UI设计中也很常用，由于手机App经常需要在不同尺寸的平台上使用，所以使用矢量绘图工具进行UI设计可以更方便地放大和缩小界面元素，而且不会使其变得"模糊"。

9.1 什么是矢量绘图

扫一扫 看视频

　　矢量绘图是一种比较特殊的绘图模式。与使用"画笔工具"绘图不同，"画笔工具"绘制出的内容为"像素"，是一种典型的位图绘图方式。而使用"钢笔工具"或"形状工具"绘制出的内容为路径和填色，是一种质量不受画面尺寸影响的矢量绘图方式。Photoshop的矢量绘图工具包括"钢笔工具"和"形状工具"。"钢笔工具"主要用于绘制不规则的图形，而"形状工具"则是通过选取内置的图形样式绘制较为规则的图形。

　　"矢量绘图"从画面上看，比较明显的特点有：画面内容多以图形出现；造型随意，不受限制；图形边缘清晰锐利；可供选择的色彩范围广，但颜色使用相对单一；放大或缩小图像不会变模糊。矢量绘图常用于标志设计、户外广告、UI设计、插画设计、服装款式图绘制、服装效果图绘制等。图9-1～图9-4所示为优秀的矢量绘图作品。

图9-1　　　　　　图9-2　　　　　　图9-3　　　　　　图9-4

9.1.1 认识矢量图

　　矢量图是由一条条的直线和曲线构成的，在填充颜色时，系统将按照用户指定的颜色沿曲线的轮廓线边缘进行着色处理。矢量图的颜色与分辨率无关，被缩放时，图形能够维持原有的清晰度以及弯曲度，颜色和外形也都不会发生偏差和变形。所以，矢量图经常用于户外大型喷绘或巨幅海报等印刷尺寸较大的项目中，如图9-5所示。

图9-5

　　与矢量图相对应的是"位图"。位图是由单个的像素点构成的，将画面放大到一定比例，就可以看到这些"小方块"，每个"小方块"都是一个"像素"，如图9-6所示。例如，通常所说的图片的尺寸

为"500像素×500像素"，就表明画面的长度和宽度上均有500个这样的"小方块"。位图的清晰度与尺寸和分辨率有关，如果强行将位图尺寸增大，会使图像变模糊，影响质量。

图9-6

9.1.2 路径与锚点

　　在矢量制图的世界中，我们知道图形都是由路径和颜色构成的。那什么是路径呢？路径是由锚点及锚点之间的连接线构成的。两个锚点就可以构成一条路径，而三个锚点可以定义一个面。锚点的位置决定着连接线的动向。所以，可以说矢量图的创作过程就是

创作路径、编辑路径的过程。

路径上的转角有的是平滑的，有的是尖锐的。转角的平滑或尖锐是由转角处的锚点类型构成的。锚点包含"平滑锚点（平滑点）"和"尖角锚点（角点）"两种类型，如图9-7所示。每个锚点都有控制柄，控制柄决定锚点的弧度，同时也决定了锚点两端的线段弯曲度，如图9-8所示。

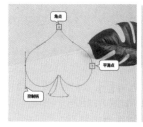 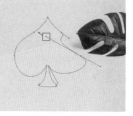

图 9-7　　　　　　　图 9-8

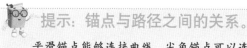

提示：锚点与路径之间的关系。

平滑锚点能够连接曲线，尖角锚点可以连接转角曲线和直线，如图9-9所示。

图 9-9

路径有的是断开的，有的是闭合的，还有的是由多个路径构成的。这些路径可以被概括为三种类型：两端具有端点的开放路径、首尾相接的闭合路径以及由两个或两个以上路径组成的复合路径，如图9-10所示。

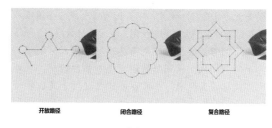

图 9-10

【重点】9.1.3　矢量绘图的三种模式

在使用"钢笔工具"或"形状工具"绘图前，首先要在工具选项栏中选择绘图模式：形状、路径和像素，如图9-11所示。图9-12所示为三种绘图模式的效果。注意，"像素"模式无法在"钢笔工具"状态下启用。

图 9-11　　　　　　　　　　　图 9-12

矢量绘图时经常使用"形状"模式进行绘制，因为可以方便快捷地在选项栏中设置填充与描边属性。在前面章节讲解过，"路径"模式常用来创建路径后转换为选区，而像素模式则用于快速绘制常见的几何图形。

三种绘图模式的特点，现总结如下。

- 形状：带有路径，可以设置填充与描边。绘制时自动新建"形状图层"，绘制出的是矢量对象。"钢笔工具"与"形状工具"皆可使用此模式。

- 路径：只能绘制路径，不具有颜色填充属性。无须选中图层，绘制出的是矢量路径，无实体，打印输出不可见。可以转换为选区后填充。"钢笔工具"与"形状工具"皆可使用此模式。

- 像素：没有路径，以前景色填充绘制的区域。需要选中图层，绘制出的对象为位图对象。"形状工具"可用此模式，"钢笔工具"不可用此模式。

由于矢量工具包括几种不同的绘图模式，不同的工具在使用不同的绘图模式时的用途也不相同。

抠图/绘制精确选区：钢笔工具+路径模式。绘制出精确的路径后，转换为选区可以进行抠图或者以局部选区对画面细节进行编辑，这部分知识已经在前面的章节讲解过。也可以为选区填充或描边。

需要打印的大幅面设计作品：钢笔工具+形状模式、形状工具+形状模式。由于平面设计作品经常需要进行打印或印刷，而如果需要将作品尺寸增大时，以矢量对象存在的元素，不会因为增大或缩小图像尺寸而影响质量。所以最好使用矢量元素进行绘图。

绘制矢量插画：钢笔工具+形状模式、形状工具+形状模式。使用形状模式进行插画绘制，既可以方便地设置颜色，又可以方便地进行重复编辑。

重点 9.1.4 练一练：使用"形状"模式绘图

在使用"形状工具组"中的工具或"钢笔工具"时，都可以将绘制模式设置为"形状"。在"形状"模式下可以设置形状的填充，可以将其填充为纯色、渐变、图案或者无填充。同样还可以设置描边的颜色、粗细以及描边样式，如图9-13所示。

图 9-13

步骤01 选择工具箱中的"矩形工具" □，在选项栏中设置绘制模式为"形状"，然后单击"填充"按钮，在下拉列表中单击"无"按钮 ☑，同样设置"描边"为"无"。"描边"下拉列表与"填充"下拉列表是相同的，如图9-14所示。接着按住鼠标左键拖动图形，效果如图9-15所示。

图 9-14

图 9-15

步骤02 按快捷键Ctrl+Z进行撤销。单击"填充"按钮，在下拉列表中单击"纯色"按钮 ■，可以看到多种颜色，单击即可选中相应的颜色，如图9-16所示。接着绘制图形，即可被填充上该颜色，如图9-17所示。

图 9-16

图 9-17

步骤03 若单击"拾色器"按钮 ■，可以打开"拾色器"对话框，自定义颜色，如图9-18所示。图像绘制完成后，还可以双击形状图层的缩略图，在弹出的"拾色器"对话框中定义颜色，如图9-19所示。

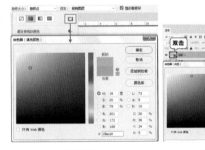

图 9-18   图 9-19

步骤04 如果想要设置填充为渐变，可以单击"填充"按钮，在下拉列表中单击"渐变"按钮 ■，然后编辑渐变颜色，如图9-20所示。渐变编辑完成后绘制图形，效果如图9-21所示。此时双击形状图层缩略图可以弹出"渐变填充"对话框，在该对话框中可以重新定义渐变颜色，如图9-22所示。

图 9-20   图 9-21   图 9-22

步骤05 如果要设置填充为图案，可以单击"填充"按钮，在下拉列表中单击"图案"按钮 ■，选择一个图案，如图9-23所示。接着绘制图形，该图形效果如图9-24所示。双击形状图层缩略图可以弹出"图案填充"对话框，在该对话框中可以重新选择图案，如图9-25所示。

图 9-23　　　　图 9-24　　　　图 9-25

提示：使用"形状工具"绘制时需要注意的小状况。

当绘制了一个形状，接着需要绘制第二个不同属性的形状时，如果直接在选项栏中设置参数，可能会更改第一个形状图层的属性。这时，可以在更改属性之前，在"图层"面板中的空白位置单击，取消对任何图层的选择，再在属性栏中设置参数，进行第二个图形的绘制。

步骤 06 设置描边颜色，然后调整描边粗细，如图9-26所示。单击"描边"按钮，在下拉列表中可以选择一种描边线条的样式，如图9-27所示。

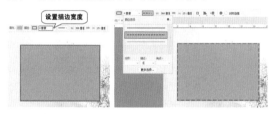

图 9-26　　　　　　图 9-27

步骤 07 在"对齐"选项中可以设置描边的位置，分别有"内部"、"居中"和"外部"三个选项，如图9-28所示。"端点"选项可以用来设置开放路径描边端点位置的类型，有"端面"、"圆形"和"方形"三种，如图9-29所示。"角点"选项可以用来设置路径转角处的转折样式，有"斜接"、"圆形"和"斜面"三种，如图9-30所示。

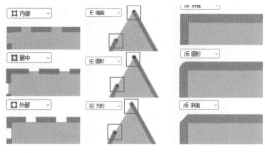

图 9-28　　　　图 9-29　　　　图 9-30

步骤 08 单击"更多选项"按钮，可以弹出"描边"对话框。在该对话框中，可以对描边选项进行设置，还可以勾选"虚线"选项，然后在"虚线"与"间隙"数值框内设置虚线的间距，如图9-31所示，效果如图9-32所示。

图 9-31　　　　　　　图 9-32

提示：编辑形状图层。

形状图层带有标志，它具有填充、描边等属性。在形状绘制完成后，还可以进行修改。选择形状图层，接着单击工具箱中的"直接选择工具""路径选择工具""钢笔工具"或"形状工具组"中的工具，随即会在选项栏中显示当前形状的属性。接着在选项栏中进行修改即可。

课后练习：使用"钢笔工具"制作圣诞矢量插画

文件路径	第9章\课后练习：使用"钢笔工具"制作圣诞矢量插画
难易指数	★★★★★
技术掌握	钢笔工具、自由钢笔工具、转换为选区
操作思路	(1)使用"钢笔工具"绘制路径，然后将路径转换为选区并填充颜色，绘制出圣诞老人的头部、身体等部分。 (2)置入背景素材。 (3)制作老人脚下的阴影，然后置入前景素材，效果如图9-33所示。

图 9-33

扫一扫 看视频

9.1.5　像素模式

在像素模式下绘制的图形是以当前的前景色进行填充的，并且是在当前所选的图层中绘制的。首先设置一个合适的前景色，然后选择"形状工具组"中的任意一个工具，接着在选项栏中设置绘制模式为"像素"，设置合适的混合模式与不透明度。然后选择一个图层，按住鼠标左键拖动进行绘制，如图9-34所示。绘制完成后只有一个纯色的图形，没有路径，也没有新出现的图层，如图9-35所示。

图 9-34　　　　　图 9-35

课后练习：使用"钢笔工具"制作童装款式图

文件路径	第9章\课后练习：使用"钢笔工具"制作童装款式图
难易指数	★★★★★
技术掌握	钢笔工具、自由钢笔工具、描边的设置
操作思路	(1) 打开背景素材，使用"钢笔工具"绘制出童装的轮廓。 (2) 置入卡通图案，通过"混合模式"使图案与衣服融合。 (3) 绘制衣袖、荷叶边等装饰。用同样的方法绘制另外一件衣服，效果如图9-36所示。

扫一扫 看视频

图 9-36

9.2　使用"形状工具组"

扫一扫 看视频

右击工具箱中的"形状工具组"按钮▣，在弹出的工具列表中可以看到六个形状工具，如图9-37所示。使用这些形状工具可以绘制出各种各样的常见形状，如图9-38所示。

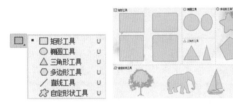

图 9-37　　　　　　图 9-38

1. 使用绘图工具绘制简单图形

绘图工具能够绘制出不同类型的图形，但是它们的使用方法是比较接近的。以"矩形工具"为例，右击工具箱中的"形状工具组"按钮，在弹出的工具列表中选择"矩形工具"，在选项栏里设置绘制模式以及描边、填充等属性，设置完成后在画面中按住鼠标左键并拖动，可以看到出现了一个矩形，如图9-39所示。

2. 绘制精确尺寸的图形

前面学习的使用形状工具的绘制方法比较"随意"，如果想要得到精确尺寸的图形，那么可以使用图形绘制工具（如"矩形工具"）在画面中单击，然后会弹出一个用于设置精确选项数值的对话框，参数

设置完成后单击"确定"按钮，如图9-40所示，即可得到一个精确尺寸的图形，如图9-41所示。

图 9-39

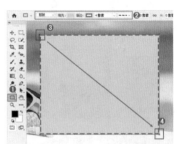

图 9-40　　　　　图 9-41

3. 将直角转换为圆角

使用"矩形工具""三角形工具"和"多边形工具"绘制的图形内部都带有圆形控制点◉，将光标移动至控制点上方，光标会变为 状，按住鼠标左键向图形内部拖动可以将直角转换为圆角，如图9-42所示。

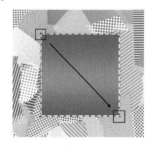

- 从中心：以任何方式创建矩形时，勾选该选项，鼠标单击点即为矩形的中心。

在绘制的过程中，按住Shift键的同时拖动鼠标，可以绘制正方形，如图9-46所示。按住 Alt 键的同时拖动鼠标可以绘制以鼠标落点为中心向四周延伸的矩形，如图9-47所示。同时按住Shift 键和 Alt 键并拖动鼠标，可以绘制以鼠标落点为中心的正方形，如图9-48所示。

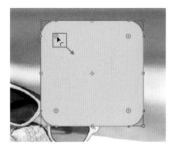

图 9-42

【重点】9.2.1　矩形工具

"矩形工具"可以绘制出标准的矩形和正方形对象。矩形在设计中的应用非常广泛。单击工具箱中的"矩形工具" ，在画面中按住鼠标左键拖动，释放鼠标后即可完成一个矩形对象的绘制，如图9-43和图9-44所示。在选项栏中单击 按钮，打开"矩形工具"的设置选项，如图9-45所示。

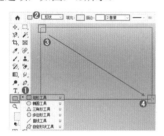

图 9-43

图 9-44　　　　　　　　图 9-45

图 9-46

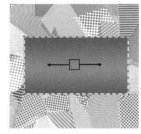
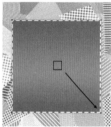

图 9-47　　　　　　　图 9-48

单击工具箱中的"矩形工具" ，在要绘制矩形对象的一个角点位置单击，此时会弹出"创建矩形"对话框，如图9-49所示。在该对话框中进行相应设置，单击"确定"按钮，即可创建精确的矩形对象，如图9-50所示。

图 9-49　　　　　　图 9-50

- 不受约束：勾选该选项，可以绘制出任何大小的矩形。
- 方形：勾选该选项，可以绘制任何大小的正方形。
- 固定大小：勾选该选项后，可以在其后面的数值输入框中输入宽度（W）和高度（H），在图像上单击即可创建出矩形。
- 比例：勾选该选项后，可以在其后面的数值输入框中输入宽度（W）和高度（H）比例，此后创建的矩形始终保持这个比例。

使用"矩形工具"可以绘制出标准的圆角矩形和圆角正方形对象。选择"矩形工具"，然后在选项栏中对"半径" 进行设置，"半径"选项 用来设置圆角的半径，设置数值越大，圆角越大。设置完成后，在画面中按住鼠标左键拖动，如图9-51所示，拖动到理想大小后释放鼠标，绘制就完成了，如图9-52所示。图9-53所示为不同"半径"的对比效果。

图 9-51	图 9-52	图 9-53

在矩形绘制完成后会弹出"属性"面板，在该面板中可以对图像的大小、位置、填充、描边等选项进行设置，还可以设置"半径"参数，如图9-54所示。当处于"链接"状态时，"链接"按钮为深灰色。此时在数值框内输入数值，按Enter键确定操作，圆角四个角的半径都将改变，如图9-55所示。单击"链接"按钮取消链接状态，此时可以更改单个圆角的参数，如图9-56所示。

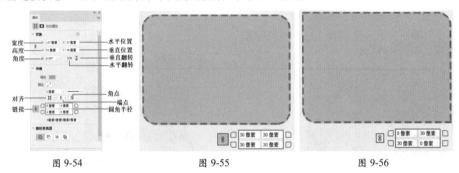

图 9-54	图 9-55	图 9-56

提示：绘制"圆角矩形"的小技巧。

按住 Shift 键的同时拖动鼠标，可以绘制圆角正方形。

按住 Alt 键的同时拖动鼠标，可以绘制以鼠标落点为中心点向四周延伸的圆角矩形。

按快捷键 Shift+Alt 并拖动鼠标，可以绘制以鼠标落点为中心的圆角正方形。

课后练习：使用"矩形工具"制作手机 App 启动页面

文件路径	第9章\课后练习：使用"矩形工具"制作手机App启动页面
难易指数	⭐⭐⭐⭐⭐
技术掌握	矩形工具
操作思路	(1) 绘制一个细长的梯形，通过复制并自由变换制作出旋转一周的放射状背景。 (2) 使用"矩形工具"绘制大量不同颜色、不同透明度的图形。 (3) 使用"文字工具"创建出前景文字，并添加装饰元素，效果如图9-57所示。

扫一扫 看视频

图 9-57

课后练习：使用"矩形工具"制作名片

文件路径	第9章\课后练习：使用"矩形工具"制作名片
难易指数	★★★★★
技术掌握	矩形工具
操作思路	(1) 使用"矩形工具"绘制卡片底色，然后为其添加投影图层样式。 (2) 使用"矩形工具"绘制四个圆角矩形组成的图形，然后添加文字。 (3) 使用"图层蒙版"将多出卡片的内容隐藏。用同样的方法制作另外一张卡片，效果如图9-58所示。

图 9-58

扫一扫 看视频

〔重点〕9.2.2 三角形工具

使用"三角形工具"可以创建三角形和圆角三角形。选择工具箱中的"三角形工具" △，接着按住鼠标左键拖动即可绘制一个三角形，如图9-59所示。

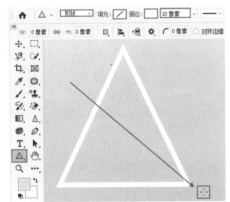

图 9-59

选项栏中的"半径"选项用来控制转角的半径，设置"半径"数值后在画面中按住鼠标左键拖动即可绘制圆角三角形，如图9-60所示。

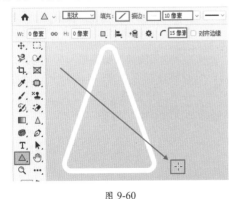

图 9-60

〔重点〕9.2.3 椭圆工具

使用"椭圆工具"可以创建椭圆形和圆形。在"形状工具组"上右击，选择"椭圆工具" ◯。如果要创建椭圆形，可以在画面中按住鼠标左键并拖动，如图9-61所示，松开光标即可创建出椭圆形，如图9-62所示。如果要创建圆形，可以按住Shift键或快捷键Shift+Alt（以鼠标单击点为中心）进行绘制。

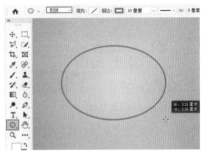

图 9-61

图 9-62

单击工具箱中的"椭圆工具" ◯，在要绘制椭圆形对象的位置单击，此时会弹出"创建椭圆"对话框，如图9-63所示。在该对话框中进行相应设置，单击"确定"按钮，可创建精确尺寸的椭圆形对象，如

图9-64所示。

图 9-63

图 9-64

9.2.4　多边形工具

使用"多边形工具"可以创建出各种边数的多边形（最少为3条边）。在"形状工具组"上右击，选择"多边形工具"，在选项栏中可以设置"边"数，还可以在"多边形工具"选项中设置半径、星形比例、平滑星形缩进、从中心的参数，设置完成后在画面中按住鼠标左键拖动，松开鼠标完成绘制操作，如图9-65所示。

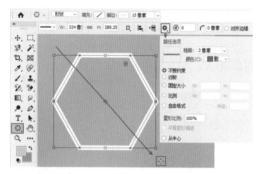

图 9-65

- 边：设置多边形的边数。边数设置为3时，可以绘制出正三角形；设置为5时，可以绘制出五边形；设置为8时，可以绘制出八边形。

- 半径：用来设置圆角半径。

- 星形比例：用来设置星形边缘向中心缩进的百分比，数值越高，缩进量越大。图9-66所示为不同参数的对比效果。

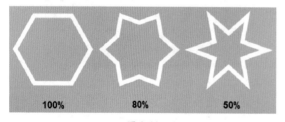

100%　　　80%　　　50%

图 9-66

- 平滑星形缩进：勾选该选项后，可以使星形的每条边向中心平滑缩进。图9-67所示为对比效果。

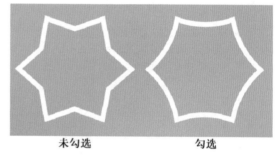

未勾选　　　　　　勾选

图 9-67

- 从中心：勾选该选项后，从中心绘制多边形。

9.2.5　直线工具

使用"直线工具"可以创建出直线和带有箭头的形状，如图9-68所示。在"形状工具组"上右击，在其中选择"直线工具"，首先在选项栏中设置合适的填充、描边，调整"粗细"数值设置直线的合适宽度，接着按住鼠标左键拖动进行绘制，如图9-69所示。

"直线工具"还能够绘制箭头。单击按钮，在下拉列表中能够设置箭头的起点、终点、宽度、长度和凹度等参数。设置完成后按住鼠标左键拖动绘制，即可绘制箭头形状，如图9-70所示。

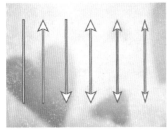
图 9-68

图 9-69

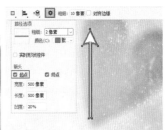
图 9-70

- 起点/终点：勾选"起点"选项，可以在直线的起点处添加箭头；勾选"终点"选项，可以在直线的终点处添加箭头；勾选"起点"和"终点"选项，则可以在两头都添加箭头，如图9-71所示。

- 宽度：用来设置箭头宽度与直线宽度的百分比，范围为10%~1000%，图9-72所示分别为使用300%、400%和500%创建的箭头。

- 长度：用来设置箭头长度与直线宽度的百分比，范围为10%~5000%，图9-73所示分别为使用300%、400%和500%创建的箭头。

- 凹度：用来设置箭头的凹陷程度，范围为−50%~50%。值为0时，箭头尾部平齐；值大于0时，箭头尾部向内凹陷；值小于0时，箭头尾部向外凸出，如图9-74所示。

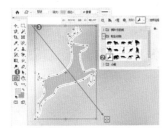
图 9-71

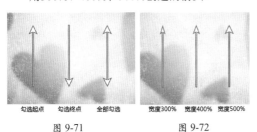
图 9-72

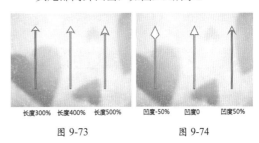
图 9-73　　　图 9-74

9.2.6　练一练：自定形状工具

步骤01 使用"自定形状工具" 可以创建出非常多的形状。右击工具箱中的"形状工具组"，在其中选择"自定形状工具"。在选项栏中单击"形状"按钮，在下拉列表中选择一种形状，然后在画面中按住鼠标左键拖动进行绘制，如图9-75所示。

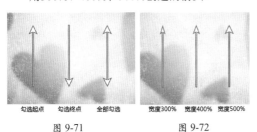
图 9-75

步骤02 通过"形状"面板可以载入"旧版形状"。执行"窗口→形状"命令打开"形状"面板，接着

单击"面板菜单"按钮，执行"旧版形状及其他"命令，即可将"旧版形状及其他"形状载入"形状"面板，如图9-76所示。接着在"自定形状工具"的列表中可以看到"旧版形状及其他"形状组，展开可以看到更多的形状，如图9-77所示。

图 9-76　　　图 9-77

步骤03 如果有外挂形状库文件，可以先找到外挂形状素材（格式为.csh），接着按住鼠标左键向"形

状"面板中拖动，释放鼠标后完成载入操作，如图9-78所示。接着展开形状组，即可看到载入的形状，如图9-79所示。

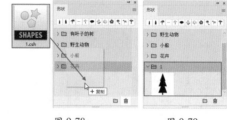

图 9-78   图 9-79

课后练习：使用"钢笔工具"与"矩形工具"制作企业网站宣传图

文件路径	第9章\课后练习：使用"钢笔工具"与"矩形工具"制作企业网站宣传图
难易指数	★★★★★
技术掌握	钢笔工具、矩形工具
操作思路	(1) 使用"矩形工具"绘制背景中的元素。 (2) 置入人像素材，使用"钢笔工具"进行抠图。 (3) 使用"矩形工具"绘制画面右侧的按钮。 (4) 使用"横排文字工具"输入画面中的文字，效果如图9-80所示。

图 9-80

扫一扫 看视频

9.3 矢量对象的编辑操作

在矢量绘图时，最常用到的就是"路径""形状"这两种矢量对象。因为"形状"对象是单独的图层，所以操作方式与图层的操作基本相同。但是因为"路径"对象是一种"非实体"对象，不依附于图层，也不具有填色、描边等属性，只能通过转换为选区后进行其他操作，所以"路径"对象的操作方法与其他对象有所不同，想要调整"路径"位置，对"路径"进行对齐分布等操作，都需要使用特殊的工具。

扫一扫 看视频

想要更改"路径"或"形状"对象的形态，则需要使用"直接选择工具""转换点工具"等对路径上锚点的位置进行移动。这部分知识在6.3节中讲解过。图9-81～图9-84所示为优秀的矢量设计作品。

图 9-81

图 9-82

图 9-83

图 9-84

重点 9.3.1 移动路径

如果绘制的是"形状"对象或"像素"对象，那么只需选中该图层，然后使用"移动工具"进行移动。如果绘制的是"路径"，想要改变图形的位置，可以单击工具箱中的"路径选择工具" ，然后在路径上单击，即可选中该路径，如图9-85所示。按住鼠标左键并拖动，可以移动路径所处的位置，如图9-86所示。

扫一扫 看视频

图 9-85　　　　　　　图 9-86

【重点】9.3.2　练一练：路径操作

扫一扫 看视频

当想要制作一些中心镂空的对象，或者想要制作出由几个形状组合在一起的形状或路径，或者想要从一个图形中去除一部分图形时，都可以使用"路径操作"功能。

在使用"钢笔工具"或"形状工具"以"形状"模式或"路径"模式进行绘制时，选项栏中就可以看到"路径操作"按钮，单击该按钮，在下拉列表中可以看到多种路径的操作方式。想要使路径"相加""相减"，需要在绘制之前就在选项栏中设置好"路径操作"的方式，然后进行绘制。（在绘制第一个路径/形状时，选择任何方式都会以"新建图层"的方式进行绘制。在绘制第二个图形时，才会以选定的方式进行运算。）

步骤01 首先单击选项栏中的"路径操作"按钮，选择"新建图层"；然后绘制一个图形，如图9-87所示；接着在"新建图层"状态下绘制下一个图形，生成一个新图层，如图9-88所示。

图 9-87　　　　　　　图 9-88

步骤02 若设置"路径操作"为"合并形状"，然后绘制图形，新绘制的图形将添加到原有的图形中，如图9-89所示。若设置"路径操作"为"减去顶层形状"，然后绘制图形，可以从原有的图形中减去新绘制的图形，如图9-90所示。

图 9-89　　　　　　　图 9-90

步骤03 若设置"路径操作"为"与形状区域相交"，然后绘制图形，可以得到新图形与原有图形的相交区域，如图9-91所示。若设置"路径操作"为"排除重叠形状"，然后绘制图形，可以得到新图形与原有图形重叠部分以外的区域，如图9-92所示。

图 9-91　　　　　　　图 9-92

步骤04 选中多个路径，如图9-93所示。接着选择"合并形状组件"即可将多个路径合并为一个路径，如图9-94所示。

图 9-93　　　　　　　图 9-94

步骤05 如果已经绘制了一个对象，然后设置"路径操作"，可能会直接产生路径运算效果。例如，先绘制了一个图形，如图9-95所示。然后设置"路径操作"为"减去顶层形状"，即可得到反方向的内容，如图9-96所示。

图 9-95

图 9-96

课后练习：设置合适的路径操作制作抽象图形

文件路径	第9章\课后练习：设置合适的路径操作制作抽象图形
难易指数	★★★★★
技术掌握	合并图层、减去顶层形状
操作思路	（1）使用形状工具绘制形状，并使用路径的运算制作出特殊的图形效果。 （2）输入横排文字和路径文字。 （3）置入纹理素材并通过混合模式将其与画面融合，效果如图9-97所示。

图 9-97

扫一扫 看视频

9.3.3 变换路径

选择路径或形状对象，按快捷键Ctrl+T调出定界框，接着可以进行变换，也可以右击，在弹出的快捷菜单中选择相应的变换命令，如图9-98所示。还可以选择"编辑→变换路径"菜单下的命令对其进行相应的变换。变换路径与变换图像的使用方法是相同的。

扫一扫 看视频

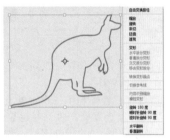

图 9-98

9.3.4 对齐、分布路径

扫一扫 看视频

对齐与分布可以对路径或形状中的路径进行操作。如果是形状中的路径，则需要所有路径在一个图层内，使用"路径选择工具" ▶ 选择多个路径，接着单击选项栏中的"路径对齐方式"按钮，在下拉列表中可以对所选路径进行对齐、分布，如图9-99所示。图9-100所示为底对齐的效果。路径的对齐与分布与图层的对齐分布的使用方法是一样的。

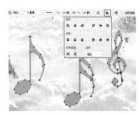

图 9-99

图 9-100

9.3.5 调整路径排列方式

当文档中包含多个路径，或者一个形状图层中包含多个路径时，可以调整这些路径的上下排列顺序，不同的排列顺序会影响到路径运算的结果。选择路径，单击选项栏中的"路径排列方法"按钮 ，在下拉列表中单击并执行相关命令。可以将选中的路径按层级关系进行相应的排列，如图9-101所示。

图 9-101

9.3.6 定义为自定形状

如果某个图形比较常用，可以将其定义为"形状"，以便于随时在"自定形状工具"中使用。首先选择需要定义的路径，如图9-102所示。

图 9-102

接着执行"编辑→定义自定形状"命令，在弹出的"形状名称"对话框中设置合适的名称，单击"确定"按钮完成定义操作，如图9-103所示。接着单击工具箱中的"自定形状工具" ，在选项栏中单击"形状"后的下拉按钮，在形状预设中可以看到刚刚自定义的形状，如图9-104所示。

图 9-103   图 9-104

9.3.7　练一练：填充路径

　　"路径"对象与"形状"对象不同，"路径"不能够直接通过选项栏进行填充，但是可以通过"填充路径"对话框进行填充。

　　首先绘制路径，然后在使用"钢笔工具"或形状工具（"自定义形状工具"除外）的状态下，在路径上右击，执行"填充路径"命令，如图9-105所示。随即会打开"填充路径"对话框，在该对话框中可以以前景色、背景色、图案等内容进行填充，使用方法与"填充"对话框一样，如图9-106所示。使用图案进行填充的效果如图9-107所示。

图 9-105　　　　　　　　　图 9-106　　　　　　　　图 9-107

9.3.8　练一练：描边路径

　　"描边路径"命令能够以设置好的绘图工具沿路径的边缘创建描边，如使用画笔、铅笔、橡皮擦、仿制图章等进行路径描边。

扫一扫 看视频

步骤01　设置绘图工具。选择工具箱中的"画笔工具"，设置合适的前景色和笔尖大小，如图9-108所示。选择一个图层，接着使用"钢笔工具"，设置绘制模式为"路径"，然后绘制路径。路径绘制完成后右击，执行"描边路径"命令，如图9-109所示。

图 9-108　　　　　　　　图 9-109

步骤02　弹出"描边路径"对话框，单击"工具"后的下拉按钮，在下拉列表中可以看到多种绘图工具。在这里选择"画笔"，如图9-110所示。此时单击"确定"按钮，描边效果如图9-111所示。

步骤03　"模拟压力"选项用来控制描边路径的渐隐效果，若取消勾选该选项，描边为线性、均匀的效果。"模拟压力"选项可以模拟手绘描边效果。若勾选"模拟压力"选项，需要在设置"画笔工具"时，

启用"画笔设置"面板中的"形状动态"选项，并设置"控制"为"钢笔压力"，如图9-112所示。接着在"描边路径"对话框中设置"工具"为"画笔"，勾选"模拟压力"选项，效果如图9-113所示。

图 9-110　　　　　　　　　图 9-111

图 9-112　　　　　　　　　图 9-113

提示：快速描边路径。

　　如果设置好画笔的参数以后，在使用画笔状态下按Enter键可以直接转为路径描边。

课后练习：使用矢量绘图工具制作唯美卡片

文件路径	第9章\课后练习：使用矢量绘图工具制作唯美卡片
难易指数	★★★★★
技术掌握	椭圆工具、矩形工具、路径描边
操作思路	（1）使用"钢笔工具"绘制曲线路径，并进行描边路径，然后绘制圆点装饰。 （2）使用"矩形工具"绘制圆角矩形，并填充相应的渐变颜色。 （3）使用"钢笔工具"绘制前景中的心形装饰。 （4）通过置入素材并设置混合模式为画面添加光效，效果如图9-114所示。

图 9-114

扫一扫 看视频

【重点】9.3.9 删除路径

在进行路径描边之后经常需要删除路径。使用"路径选择工具" ▶ 单击需要删除的路径，接着按Delete键进行删除。也可以在使用矢量绘图工具的状态下，右击执行"删除路径"命令。

9.3.10 使用"路径"面板管理路径

"路径"面板主要用来存储、管理以及调用路径，在面板中显示了存储的所有路径、工作路径和矢量蒙版的名称和缩略图。执行"窗口→路径"命令，打开"路径"面板，如图9-115所示。

图 9-115

- 用前景色填充路径 ● ：单击该按钮，可以用前景色填充路径区域。
- 用画笔描边路径 ○ ：单击该按钮，可以用设置好的"画笔工具"对路径进行描边。
- 将路径作为选区载入 ⊙ ：单击该按钮，可以将路径转换为选区。
- 从选区生成工作路径 ◇ ：如果当前文档中存在选区，单击该按钮，可以将选区转换为工作路径。

- 添加蒙版 □ ：单击该按钮，能够以当前选区为图层添加图层蒙版。
- 创建新路径 ⊞ ：单击该按钮，可以创建一个新路径层，此后使用钢笔等工具绘制的路径都将包含在该路径层中。将临时路径拖动到"创建新路径"按钮上，可以将临时路径转变为存储在路径面板中的路径。
- 删除当前路径 🗑 ：如果要删除某个不需要的路径，可以将其拖动到"路径"面板下方的"删除当前路径"按钮 🗑 上，或者直接按Delete键将其删除。

> 提示：路径操作技巧。
>
> 隐藏/显示路径：在"路径"面板中单击路径以后，文档窗口中就会始终显示该路径，如果不希望它妨碍我们的操作，可以在"路径"面板的空白区域单击，取消对路径的选择，将其隐藏起来。如果要将路径在文档窗口中显示出来，可以在"路径"面板中单击该路径。
>
> 存储工作路径：直接绘制的路径是"工作路径"，属于一种临时路径，是在没有新建路径的情况下使用钢笔等工具绘制的路径。一旦重新绘制了路径，原有的路径将被当前路径所替代。如果不想工作路径被替换掉，可以双击其缩略图，打开"存储路径"对话框，将其保存起来。

综合实例：使用矢量绘图工具制作网页广告

文件路径	第9章\综合实例：使用矢量绘图工具制作网页广告
难易指数	★★★★★
技术掌握	椭圆工具、剪贴蒙版、图层样式、钢笔工具

案例效果

案例效果如图9-116所示。

扫一扫 看视频

图 9-116

操作步骤

步骤01 执行"文件→新建"命令，新建一个空白文档，如图9-117所示。设置前景色为青色，按快捷键Alt+Delete填充前景色，如图9-118所示。

图 9-117　　　　　　图 9-118

步骤02 选择工具箱中"椭圆工具"，在选项栏上设置绘制模式为"形状"，填充为白色，然后在画面的右上角绘制圆形，如图9-119所示。接着在选项栏中设置路径操作为"合并形状"，继续绘制其他椭圆形，如图9-120所示。

图 9-119　　　　　　图 9-120

步骤03 选择该图层，在"图层"面板中设置"不透明度"为50%，如图9-121所示。此时画面效果如图9-122所示。

图 9-121　　　　　　图 9-122

步骤04 用同样的方式绘制其他的云朵图形，如

图9-123所示。

图 9-123

步骤05 新建一个图层，设置前景色为深青色，单击工具箱中的"椭圆工具"，设置绘制模式为"像素"。在画面上绘制一个圆形，如图9-124所示。新建一个图层，用同样的方式绘制另外两个圆形，如图9-125所示。

图 9-124　　　　　　图 9-125

步骤06 在"图层"面板中加选两个小圆的图层，右击执行"创建剪切蒙版"命令。此时画面效果如图9-126所示。

图 9-126

步骤07 新建一个图层，设置前景色为黄色。单击工具箱中的"钢笔工具"，在选项栏上设置绘制模式为"路径"，接着在画面上多次单击，绘制一个闭合路径，按快捷键Ctrl+Enter将路径转换为选区，如图9-127所示。按快捷键Alt+Delete以前景色进行填充，接着按快捷键Ctrl+D取消选区，如图9-128所示。

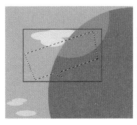

图 9-127　　　　　　图 9-128

步骤08 执行"文件→置入嵌入对象"命令，将素材

2.png置入画面，调整置入对象到合适的大小、位置，然后按Enter键完成置入操作，选择该图层，执行"图层→栅格化→智能对象"命令，如图9-129所示。

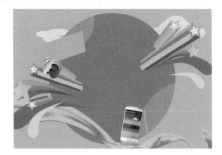

图 9-129

步骤 09 单击工具箱中的"横排文字工具"，在选项栏中设置合适的字体、字号，设置文本颜色为黄色，然后输入文字，如图9-130所示。接着选中文字，单击选项栏中的"创建文字变形"按钮，在弹出的"变形文字"对话框中设置"样式"为"上弧"，勾选"水平"选项，设置"弯曲"为−30%，"水平扭曲"为−5%，"垂直扭曲"为−65%，单击"确定"按钮，完成设置，如图9-131所示，文字效果如图9-132所示。

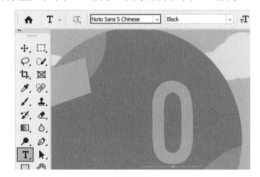

图 9-130

图 9-131

图 9-132

步骤 10 选择该文字图层，执行"图层→图层样式→描边"命令，在弹出的"描边"对话框中设置"大小"为20像素，"位置"为"外部"，"不透明度"为100%，"颜色"为深青色。单击"确定"按钮，完成设置，如图9-133所示，效果如图9-134所示。

图 9-133

图 9-134

步骤 11 用同样的方式输入其他文字，如图9-135所示。单击工具箱中的"横排文字工具"，在选项栏中设置合适的字体、字号，设置文本颜色为白色，在画面上单击输入文字，如图9-136所示。

图 9-135

图 9-136

步骤 12 在"图层"面板中选择输入的文字图层，执行"图层→图层样式→投影"命令，在弹出的"投影"对话框中设置"混合模式"为"正片叠底"，投影颜色为土黄，设置"不透明度"为55%，"角度"为137度，"距离"为9像素，"大小"为1像素，单击"确定"按钮完成设置，如图9-137所示，效果如图9-138所示。用同样的方式输入另一段文字，并为其复制投影图层样式，效果如图9-139所示。

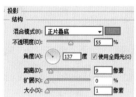

图 9-137

图 9-138

图 9-139

步骤 13 继续使用"横排文字工具"，在选项栏中设置合适的字体、字号，设置文本颜色为深青色，在画面上单击，输入文字，如图9-140所示。接着加选所有的文字图层，按快捷键Ctrl+T调出定界框，将文字适当旋转，旋转完成后，按Enter键完成变化，如图9-141所示。

图 9-140 　　　　　　图 9-141

步骤14 为文字对象添加图层样式。执行"窗口→样式"命令，打开"样式"窗口，找到素材文件夹选择素材4后按住鼠标左键向"样式"面板中拖动，如图9-142所示。释放鼠标后完成样式的载入操作，如图9-143所示。

图 9-142 　　　　　　图 9-143

步骤15 选择一个文字图层，单击"样式"面板中的新载入的样式，效果如图9-144所示。为数字0赋予另外一种图层样式，为最后一个文字赋予第一个图层样式，效果如图9-145所示。

图 9-144 　　　　　　图 9-145

步骤16 复制主体文字图层，按快捷键Ctrl+E进行合并。然后载入合并后图层的选区，如图9-146所示。执行"选择→修改→扩展"命令，设置"扩展量"为20像素，单击"确定"按钮，如图9-147所示。

图 9-146 　　　　　　图 9-147

步骤17 得到边缘选区，如图9-148所示。在文字图

层下方新建图层，设置前景色为白色，使用快捷键Alt+Delete进行填充，如图9-149所示。

图 9-148 　　　　　　图 9-149

步骤18 选择该图层，执行"图层→图层样式→描边"命令，设置"大小"为8像素，颜色为白色，如图9-150所示。执行"文件→置入嵌入对象"命令，置入素材3.jpg，将该图层适当旋转，摆放在白色文字边框图层的上方，如图9-151所示。

图 9-150 　　　　　　图 9-151

步骤19 并在该图层上右击并执行"创建剪贴蒙版"命令，如图9-152所示。此时该图层只显示出白色文字边框的部分，如图9-153所示。

图 9-152 　　　　　　图 9-153

步骤20 置入背景花纹素材1.png，将该素材摆放在圆形图层下方，如图9-154所示。继续置入前景素材5.png，摆放在"图层"面板顶部。最终效果如图9-155所示。

图 9-154 　　　　　　图 9-155

扫一扫 看视频

Chapter
10
第 10 章

文字

　　文字是设计作品中非常常见的元素。文字不仅仅用来表述信息，很多时候也起到美化版面的作用。Photoshop 有着非常强大的文字创建与编辑功能，不仅有多种文字工具可供使用，更有多个参数设置面板可以用来修改文字的效果。本章主要讲解多种类型文字的创建以及文字属性的编辑方法。

重点知识掌握：

- 熟练掌握文字工具的使用方法。
- 熟练使用"字符"面板与"段落"面板进行文字属性的更改。

通过本章学习，我能做：

　　通过本章的学习，可以向版面中添加多种类型的文字元素。掌握了文字工具的使用后，可以完成从标志设计到名片，从海报设计到杂志书籍排版等工作。而且，还可以结合前面所学的矢量工具以及绘图工具，制作出有趣的艺术字效果。

10.1 使用文字工具

在 Photoshop 的工具箱中可以看到文字工具 T，右击该工具，即可看到文字工具组中的四个工具："横排文字工具" T、"直排文字工具" IT、"直排文字蒙版工具" IT和"横排文字蒙版工具" T，如图 10-1 所示。"横排文字工具"和"直排文字工具"主要用来创建实体文字，如点文字、段落文字、路径文字、区域文字，如图 10-2 所示。而"直排文字蒙版工具"和"横排文字蒙版工具"则是用来创建文字形状的选区，如图 10-3 所示。

T	横排文字工具	T
IT	直排文字工具	T
IT	直排文字蒙版工具	T
T	横排文字蒙版工具	T

图 10-1　　　　　　　图 10-2　　　　　　　图 10-3

重点 10.1.1 文字工具及其选项

"横排文字工具" T 和"直排文字工具" IT 的使用方法相同，差别在于输入文字的排列方式不同，"横排文字工具"输入的文字是横向排列的，是目前最为常用的文字排列方式，如图 10-4 所示。而"直排文字工具"输入的文字是纵向排列的，常用于古典文学中文字以及日文版面的编排，如图 10-5 所示。

扫一扫 看视频

图 10-4　　　　　　　图 10-5

在输入文字之前，需要对文字的字体、大小、颜色等属性进行设置。这些设置都可以在文字工具的选项栏中进行。单击工具箱中的"横排文字工具"，其选项栏如图 10-6 所示。

图 10-6

提示：设置文字选项。

想要设置文字属性，可以先在选项栏中设置好合适的参数，再进行文字的输入，也可以在文字制作完成后，选中文字对象，然后在选项栏中更改参数。

- 更改文字方向：在选项栏中单击该按钮，横向排列的文字将变为直排，直排文字变横排。也可以执行"文字→取向→水平 / 垂直"命令。图 10-7 所示为对比效果。

图 10-7

- Arial　设置字体：在选项栏中单击"设置字体"后方的下拉按钮，并在下拉列表中选择合适的字体。图 10-8 所示为不同字体的效果。

图 10-8

- Regular　设置字体样式：字体样式只针对部分英文字体有效。输入字符后，可以在选项栏中设置字体的样式，包含 Regular（规则）、

Italic（斜体）、Bold（粗体）和 Bold Italic（粗斜体）。

- 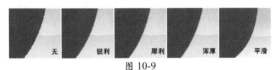 **设置字体大小**：想要设置文字的大小，可以直接在选项栏中输入数值，也可以在下拉列表中选择预设的字体大小。若要改变部分字符的大小，则选中需要更改的字符后进行设置。

- **消除锯齿**：输入文字以后，可以在选项栏中为文字指定一种消除锯齿的方式。选择"无"方式时，Photoshop 不会应用消除锯齿，文字边缘会呈现出不平滑的效果；选择"锐利"方式时，文字的边缘最为锐利；选择"犀利"方式时，文字的边缘比较锐利；选择"浑厚"方式时，文字会变粗一些；选择"平滑"方式时，文字的边缘会非常平滑。图 10-9所示为不同方式的对比效果。

图 10-9

- **设置对齐方式**：根据输入字符时光标的位置来设置文字的对齐方式。图 10-10 所示为不同对齐方式的对比效果。

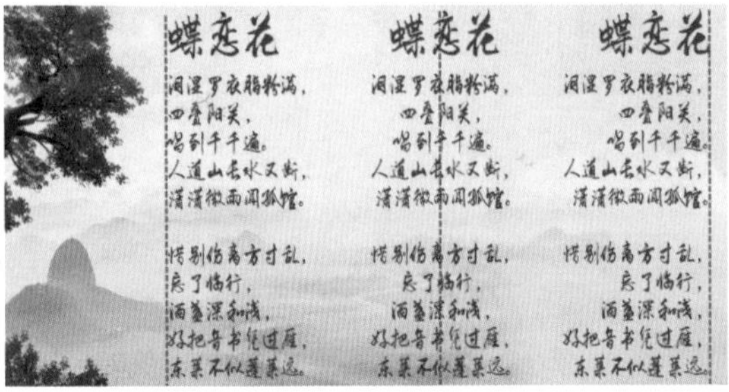

图 10-10

- **设置文字颜色**：单击色块，在弹出的"拾色器"对话框中可以设置文字颜色。如果要修改已有文字的颜色，可以先在文档中选择文字，然后在选项栏中单击颜色块，接着在弹出的对话框中设置所需要的颜色。

- **创建文字变形**：选中文字，单击该按钮即可在弹出的对话框中为文字设置变形效果。

- **切换字符 / 段落面板**：单击该按钮即可打开"字符"面板或"段落"面板。

- **取消当前编辑操作**：在文字输入或编辑状态下显示该按钮，单击即可取消当前的编辑操作。

- ✔ **提交当前编辑操作**：在文字输入或编辑状态下显示该按钮，单击即可确定并完成当前的文字输入或编辑操作。文字输入完成后需要单击该按钮完成操作，或者按快捷键 Ctrl+Enter 完成操作。

- **3D 从文字创建 3D**：单击该按钮，即可将文字对象转换为带有立体感的 3D 对象，关于 3D 对象的编辑将在后面章节进行讲解。

> **提示："直排文字工具"的选项栏。**
>
> "直排文字工具"与"横排文字工具"的选项栏参数基本相同，差别在于"对齐方式"。⬛：顶对齐文本；⬛：水平居中对齐文本；⬛：底对齐文本，如图 10-11 所示。图 10-12 所示为"直排文字工具"的三种对齐方式的对比效果。
>
>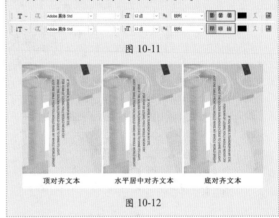
> 图 10-11
>
> 顶对齐文本　　水平居中对齐文本　　底对齐文本
> 图 10-12

重点 10.1.2 练一练：创建点文字

扫一扫 看视频

"点文字"是最常用的文字形式，在点文字输入状态下输入的文字会一直沿着横向或纵向进行排列，输入过多的文字甚至会超出画面的区域，如果想要换行，需要按 Enter 键才能开始下一行的输入。点文字常用于较短文字的输入，如文章标题、海报上的少量的宣传文字、艺术字等。

步骤 01 点文字的创建方法非常简单，单击工具箱中的"横排文字工具"T，在选项栏中可以进行字体、字号、颜色的设置。设置完成后在画面中单击（单击处为文字的起点），画面中出现闪烁的光标，如图 10-13 所示。输入文字，文字会沿横向进行排列。单击选项栏中的 ✔ 按钮（或按快捷键 Ctrl+Enter），完成文字的输入，如图 10-14 所示。

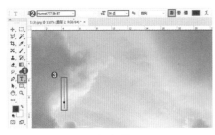

图 10-13

图 10-14

步骤 02 "图层"面板中出现了一个新的文字图层。如果要修改整个文字图层的字体、字号等属性，可以在"图层"面板中单击选中文字图层，如图 10-15 所示。接着可以在选项栏或"字符"面板、"段落"面板中更改字符属性，如图 10-16 所示。

图 10-15

图 10-16

步骤 03 如果要修改部分字符的属性颜色，可以在文

字上按住鼠标左键并拖动，选择要修改颜色的字符，如图 10-17 所示，然后在选项栏或"字符"面板中修改字号以及颜色，可以看到只有选中的文字发生了变化，如图 10-18 所示。

图 10-17 图 10-18

 提示：方便的字符选择方式。

在文字输入状态下，单击 3 次可以选择一行文字；单击 4 次可以选择整个段落的文字；按快捷键 Ctrl+A 可以选择所有的文字。

步骤 04 如果要修改文字内容，可以将光标放置在要修改的内容的前面，按住鼠标左键并向后拖动，如图 10-19 所示。选中需要更改的字符，如图 10-20 所示。然后输入新的字符，如图 10-21 所示。

图 10-19 图 10-20 图 10-21

 提示：文字输入状态下变换文字。

在使用文字工具或文字蒙版工具进行文字输入的状态下，按住 Ctrl 键，文字蒙版四周会出现类似自由变换的定界框，如图 10-22 所示。可以对该文字蒙版进行移动、旋转、缩放、斜切等操作，如图 10-23 所示。

图 10-22 图 10-23

步骤 05 在文字输入的状态下，想要移动文字的时候，可以将光标移动到文字内容的旁边，光标变为时，如

图 10-24 所示，按住鼠标左键并移动即可，如图 10-25 所示。

图 10-24　　　　图 10-25

提示：如何在设计作品中使用其他字体？

平面设计作品的制作中经常需要用到各种风格的字体，而计算机自带的字体样式可能无法满足实际需求，这时就需要安装额外的字体。由于 Photoshop 中所使用的字体其实是调用操作系统中

的系统字体，所以用户只需要把字体文件安装在操作系统的字体文件夹下即可。市面上常见的字体安装文件有多种形式，安装方式也略有区别。安装好字体以后，重新启动 Photoshop 就可以在文字工具选项栏中的字体系列中查找到新安装的字体。

下面列举几种比较常见的字体安装方法。

很多时候我们使用到的字体文件是 EXE 格式的可执行文件，这种字库文件的安装比较简单，双击运行并按照提示进行操作即可。

当遇到后缀名为 ".ttf" ".fon" 等没有自动安装程序的字体文件时，需要打开"控制面板"（单击计算机桌面左下角的"开始"按钮，执行"控制面板"命令），然后在"控制面板"中打开"字体"对话框，接着将 ".ttf" ".fon" 格式的字体文件复制到打开的"字体"对话框中即可。

课后练习：在选项栏中设置文字属性

文件路径	第10章\课后练习：在选项栏中设置文字属性
难易指数	★★★☆☆
技术掌握	横排文字工具
操作思路	（1）新建文档，将背景图层填充为淡青色，然后使用"横排文字工具"输入数字。 （2）新建图层，绘制一个四边形，然后填充粉色并设置混合模式。 （3）输入前景中的文字，并绘制图形装饰，效果如图10-26所示。

图 10-26

扫一扫 看视频

课后练习：创建点文字制作简约标志

文件路径	第10章\课后练习：创建点文字制作简约标志
难易指数	★★★★★
技术掌握	横排文字工具、矩形工具
操作思路	（1）新建文档，将背景图层填充为灰色系的渐变颜色。 （2）使用"矩形工具"绘制三个彩色正方形。 （3）使用"横排文字工具"在画面中输入文字，效果如图10-27所示。

图 10-27

扫一扫 看视频

【重点】10.1.3　练一练：创建段落文字

扫一扫 看视频

顾名思义，"段落文字"是一种用来制作大段文字的常用方式。"段落文字"可以使文字限定在一个矩形区域内，在这个矩形区域内文字会自动换行，还可以方便地调整文字区域的大小。配合对齐方式的设置，可以制作出整齐排列的效果。"段落文字"常用于书籍、杂志、报纸或其他包括大量整齐排列文字的版面设计中。

步骤01 单击工具箱中的"横排文字工具"，在选项栏中设置合适的字体、字号、文字颜色、对齐方式。然后在画布中按住鼠标左键并拖动，绘制出一个矩形文本框，如图 10-28 所示。在其中输入文字，

文字会自动排列在文本框中，如图 10-29 所示。

步骤 02 如果想要调整文本框的大小，可以将光标移动到文本框边缘处，按住鼠标左键并拖动即可调整文本框的大小，如图 10-30 所示。随着文本框大小的改变，文字也会重新排列。当定界框较小而不能显示全部文字时，它右下角的控制点会变为 状，如图 10-31 所示。

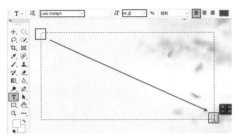

图 10-28

图 10-29

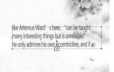

图 10-30

步骤 03 文本框还可以进行旋转，将光标放在文本框一角处，当指针变为弯曲的双向箭头 时，按住鼠标左键并拖动，即可旋转文本框，文本框中的文字也会随之旋转，在旋转过程中如果按住 Shift 键，能够以 15°角为增量进行旋转，如图 10-32 所示。如果完成了对文本的编辑操作，可以单击选项栏中的 ✔ 按钮或者按快捷键 Ctrl+Enter 确认。如果要放弃对文字的修改，可以单击选项栏中的 ⊘ 按钮或者按 Esc 键取消。

图 10-31

图 10-32

提示：点文字和段落文字的转换。

如果当前选择的是点文字，执行"文字→转换为段落文字"命令，可以将点文字转换为段落文字；如果当前选择的是段落文字，执行"文字→转换为点文字"命令，可以将段落文字转换为点文字。

练习实例：创建段落文字制作男装宣传页

文件路径	第10章\练习实例：创建段落文字制作男装宣传页
难易指数	★★★★★
技术掌握	创建段落文字、"段落"面板

案例效果

案例效果如图 10-33 所示。

扫一扫 看视频

图 10-33

操作步骤

步骤 01 新建一个宽度为17厘米、高度为12厘米的空白文档。接着设置前景色为蓝灰色，如图 10-34 所示。按快捷键 Alt+Delete 为背景填充颜色，如图 10-35 所示。

图 10-34

步骤 02 执行"文件→置入嵌入对象"命令，置入素材 1.png。接着将置入对象调整到合适的大小、位置，然后按 Enter 键完成置入操作。执行"图层→栅格化→智能对象"命令，将其栅格化，如图 10-36 所示。

图 10-35

图 10-36

步骤 03 单击工具箱中的"横排文字工具"，在选项栏中设置合适的字体、字号，设置"文字颜色"为白色，在画面右下角单击并输入标题文字，然后单击选项栏中的"提交当前编辑操作"按钮，如图 10-37 所示。用同样的方式输入其他标题文字，如图 10-38 所示。

图 10-37

步骤 04 继续使用"横排文字工具"，在标题文字下方，按住鼠标左键向右下角拖动，绘制一个段落文本框，如图 10-39 所示。然后在选项栏中设置合适的字体、字号，设置文字颜色为白色，在文本框中输入文字，如图 10-40 所示。

图 10-38   图 10-39

图 10-40

步骤 05 选择段落文字，执行"窗口→段落"命令，设置对齐方式为"最后一行左对齐"，如图 10-41 所示。最终效果如图 10-42 所示。

图 10-41   图 10-42

【重点】10.1.4 练一练：创建路径文字

扫一扫 看视频

前面介绍的两种文字排列得都是比较规则的，但是有时我们可能需要一些排列不那么规则的文字效果。例如，使文字围绕在某个图形周围，使文字像波浪线一样排列。这时就可以使用"路径文字"这一功能。"路径文字"并不是一个单独的工具，而是使用"横排文字工具"或"直排文字工具"创建出的依附于"路径"的一种文字类型。依附于路径的文字会按照路径的形态进行排列。

步骤 01 制作路径文字需要先绘制路径，如图 10-43 所示。然后将"横排文字工具"移动到路径上并单击，此时路径上出现了文字的输入点，如图 10-44 所示。

图 10-43   图 10-44

步骤 02 输入文字后，文字会沿着路径进行排列，如图 10-45 所示。改变路径形状时，文字的排列方式也会随之发生改变，如图 10-46 所示。

图 10-45   图 10-46

10.1.5 练一练：创建区域文字

扫一扫 看视频

"区域文字"与"段落文字"较为相似，都是被限定在某个特定的区域内。"段落文字"处于一个矩形的文本框内，而"区域文字"的外框可以是任何图形。

步骤01 绘制一条闭合路径。单击工具箱中的"横排文字工具"按钮，在选项栏中设置合适的字体、字号及文字颜色。将光标移动至路径内，光标会改变为①状，如图10-47所示。单击插入光标，可以观察到圆形周围出现了文本框，如图10-48所示。

图 10-47

图 10-48

步骤02 输入文字，可以观察到文字只在路径内排列，文字输入完成后，单击选项栏中的"提交当前编辑操作"按钮√，完成区域文字的制作，如图10-49所示。单击其他图层即可隐藏路径，图10-50所示。

图 10-49

图 10-50

课后练习：创建区域文字制作杂志内页

文件路径	第10章\课后练习：创建区域文字制作杂志内页
难易指数	★★★★★
技术掌握	创建区域文字
操作思路	(1) 新建文档，置入风景素材，然后利用图层蒙版制作出梯形的效果。 (2) 使用"钢笔工具"在空白位置绘制多边形路径，然后使用文字工具在多边形内输入文字。 (3) 在版面的右侧制作出折叠的效果，效果如图10-51所示。

图 10-51

扫一扫 看视频

10.2　对文字进行变形

在制作艺术字效果时，经常需要对文字进行变形。Photoshop 提供了对文字进行变形的功能。首先需要创建好文字，然后在变形样式列表中选择一个合适的变形方式进行文字的变形。

扫一扫 看视频

选中需要变形的文字图层，在使用文字工具的状态下，在选项栏中单击"创建文字变形"按钮工，打开"变形文字"对话框，在该对话框中首先单击"样式"列表，从中可以选择变形文字的方式。接着可以选择变形方向，并对"弯曲""水平扭曲""垂直扭曲"的数值进行设置，如图10-52所示。图10-53所示为不同变形方式的文字效果。

- **水平/垂直**：选择"水平"选项时，文字扭曲

的方向为水平方向，如图10-54所示；选择"垂直"选项时，文字扭曲的方向为垂直方向，如图10-55所示。

- **弯曲**：用来设置文字的弯曲程度，图10-56所示为不同参数的变形效果。

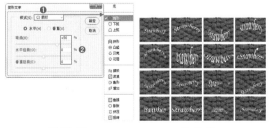

图 10-52　　　　　　　　　图 10-53

图 10-54

图 10-55

水平扭曲：100　　　水平扭曲：-100

图 10-57

弯曲：-60

弯曲：60

图 10-56

- **垂直扭曲**：设置垂直方向的透视扭曲变形的程度，图 10-58 所示为不同参数的变形效果。

垂直扭曲：-60　　　垂直扭曲：60

图 10-58

- **水平扭曲**：设置水平方向的透视扭曲变形的程度，图 10-57 所示为不同参数的变形效果。

提示：为什么"变形文字"不可用？

如果所选的文字对象被添加了"仿粗体"样式 **T**，那么在使用"变形文字"功能时可能会出现不可用的提示，此时单击"确定"按钮，即可去除"仿粗体"样式，并继续使用"变形文字"功能。

课后练习：变形艺术字

文件路径	第10章\课后练习：变形艺术字
难易指数	★★★★★
技术掌握	变形文字、图层样式
操作思路	(1) 使用"横排文字工具"输入文字。 (2) 选中文字后将其进行变形。 (3) 为文字添加描边、投影图层样式。 (4) 添加卡通装饰，效果如图10-59所示。

图 10-59

扫一扫 看视频

10.3　使用"文字蒙版工具"

扫一扫 看视频

"文字蒙版工具"与其被称为"文字工具"，不如被称为"选区工具"。"文字蒙版工具"主要用于创建文字的选区，而不是实体文字。

步骤 01 使用"文字蒙版工具"创建文字选区的使用方法与使用文字工具创建文字对象的方法基本相同。而且设置字体、字号等属性的方式也是相同的。Photoshop 中包含两种文字蒙版工具："横排文字蒙版工具" **T** 和"直排文字蒙版工具" **IT**。这两种工具的区别在于创建出的文字方向不同，如图 10-60 和图 10-61 所示。

图 10-60

图 10-61

步骤 02 单击工具箱中的"横排文字蒙版工具" **T**，在选项栏中进行字体、字号、对齐方式的设置。然后在画面中单击，画面被半透明的蒙版所覆盖，如图 10-62 所示。输入文字，文字部分显现出原始图像内容，如图 10-63 所示。文字输入完成后在选项栏中单击"提交当前编辑操作"按钮 ✔，文字将以选区的形式出现，如图 10-64 所示。

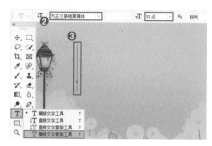

图 10-62

图 10-63

图 10-64

步骤 03 在使用文字蒙版工具输入文字时，将鼠标移动到文字以外区域，光标会变为移动状态 ⊕，此时按住鼠标左键并拖动可以移动文字蒙版的位置，如图 10-65 所示。在文字选区中，可以进行填充（前景色、背景色、渐变色、图案等），也可以对选区中的图案内容进行编辑，效果如图 10-66 所示。

图 10-65

图 10-66

10.4 编辑文字属性

在文字属性的设置方面，文字工具选项栏是最方便的设置方式，但是选项栏只能对一些常用的属性进行设置，而类似间距、样式、缩进、避头尾法则等选项的设置则需要使用"字符"面板和"段落"面板。这两个面板是进行文字版面编排时最常用到的功能。图 10-67～图 10-70 所示为优秀的文

扫一扫 看视频

字版面编排作品。

图 10-67　　　　　　图 10-68

图 10-69　　　　　　图 10-70

重点 10.4.1 使用"字符"面板

虽然在文字工具的选项栏中可以进行一些文字属性的设置，但是选项栏中并不是全部的文字属性。执行"窗口→字符"命令，可打开"字符"面板。该面板专门用来定义页面中字符的属性。在"字符"面板中，除了包括常见的字体系列、字体样式、字体大小、文字颜色和消除锯齿等设置，还包括行距、字距等设置，如图 10-71 所示。

图 10-71

• 设置行距：行距就是上一行文字基线与下一行文字基线之间的距离。选择需要调整的文字图层，然后在"设置行距"数值框中输入行距数值

或在其下拉列表中选择预设的行距值，按 Enter 键即可。图 10-72 所示为不同数值的对比效果。

行距：24点　　　　行距：48点

图 10-72

- **字距微调**：用于设置两个字符之间字距的微调。在设置时先要将光标插入到需要进行字距微调的两个字符之间，然后在数值框中输入所需的数值。输入正值时，字距会扩大；输入负值时，字距会缩小。图 10-73 所示为不同数值的对比效果。

字距微调：0　　　　字距微调：150

图 10-73

- **字距调整**：字距调整用于设置文字的字符间距。输入正值时，字距会扩大；输入负值时，字距会缩小。图 10-74 所示为不同数值的对比效果。

字距：-100　　字距：0　　字距：300

图 10-74

- **比例间距**：比例间距是按指定的百分比来减少字符周围的空间。因此，字符本身并不会被伸展或挤压，而是字符之间的间距被伸展或挤压了。图 10-75 所示为不同数值的对比效果。

比例间距：0　　　　比例间距：100

图 10-75

- **垂直缩放 / 水平缩放**：用于设置文字的垂直或水平缩放比例，以调整文字的高度或宽度。

- **基线偏移**：基线偏移用来设置文字与文字基线之间的距离。输入正值时，文字会上移；输入负值时，文字会下移。图 10-76 所示为不同数值的对比效果。

基线偏移：0　　　基线偏移：100　　基线偏移：60

图 10-76

- **文字样式**：设置文字的效果。仿粗体 **T**、仿斜体 *T*、全部大写字母 TT、小型大写字母 Tт、上标 T¹、下标 T₁、下划线 T、删除线，如图 10-77 所示。

图 10-77

- **Open Type 功能**：有标准连字、上下文替代字、自由连字、花饰字、文体替代字、标题替代字、序数字、分数字½。

- **语言**：用于设置文本连字符和拼写的语言类型。

- **消除锯齿**：输入文字以后，可以在选项栏为文字指定一种消除锯齿的方式。

【重点】10.4.2　使用"段落"面板

"段落"面板用于设置段落文字的属性，如文字的对齐方式、缩进方式、避头尾设置、标点挤压设置、连字等属性。单击文字工具选项栏中的"段落"按钮或执行"窗口→段落"命令，可以打开"段落"面板，如图10-78所示。

- **左对齐文本**：文字左对齐，段落右端参差不齐，如图 10-79 所示。

图 10-78　　　　图 10-79

- **居中对齐文本**：文字居中对齐，段落两端参差不齐，如图 10-80 所示。

- **右对齐文本**：文字右对齐，段落左端参差不齐，如图 10-81 所示。

图 10-80 　　　　　　图 10-81

- **最后一行左对齐**：最后一行左对齐，其他行左右两端强制对齐。段落文字、形状文字可用，点文字不可用，如图 10-82 所示。

- **最后一行居中对齐**：最后一行居中对齐，其他行左右两端强制对齐。段落文字、形状文字可用，点文字不可用，如图 10-83 所示。

图 10-82 　　　　　　图 10-83

- **最后一行右对齐**：最后一行右对齐，其他行左右两端强制对齐。段落文字、形状文字可用，点文字不可用，如图 10-84 所示。

- **全部对齐**：在字符间添加额外的间距，使文本左右两端强制对齐。段落文字、形状文字、路径文字可用，点文字不可用，如图 10-85 所示。

图 10-84 　　　　　　图 10-85

- **左缩进**：用于设置段落文字向右（横排文字）或向下（直排文字）的缩进量，如图 10-86 所示。

- **右缩进**：用于设置段落文字向左（横排文字）或向上（直排文字）的缩进量，如图 10-87 所示。

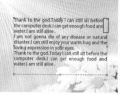

图 10-86 　　　　　　图 10-87

- **首行缩进**：用于设置段落文字中每个段落的第 1 行向右（横排文字）或第 1 列文字向下（直排文字）的缩进量。

- **段前添加空格**：设置光标所在段落与前一个段落之间的间隔距离。

- **段后添加空格**：设置当前段落与另外一个段落之间的间隔距离，如图 10-88 所示。

- **避头尾法则设置**：在中文书写习惯中，标点符号通常不会位于每行文字的第一位（日文的书写也有相同的规则），如图 10-89 所示。在 Photoshop 中可以通过设置"避头尾"来设定不允许出现在行首或行尾的字符。"避头尾"功能只能对段落文字或区域文字起作用。默认情况下"避头尾法则设置"为无，单击后方的下拉按钮，在其中选择"严格"或"宽松"，此时位于行首的标点符号的位置就会发生改变。

图 10-88 　　　　　　图 10-89

- **间距组合设置**：间距组合用于设置日语字符、罗马字符、标点和特殊字符在行开头、行结尾和数字的间距的文本编排方式。选择"间距组合 1"选项，可以对标点使用半角间距；选择"间距组合 2"选项，可以对行中除最后一个字符外的大多数字符使用全角间距；选择"间距组合 3"选项，可以对行中的大多数字符和最后一个字符使用全角间距；选择"间距组合 4"选项，可以对所有字符使用全角间距。

- **连字**：勾选"连字"选项以后，在输入英文单词时，如果段落文本框的宽度不够，英文单词将自动换行，并将单词之间用连字符连接起来。

课后练习：网店粉笔字公告

文件路径	第10章\课后练习：网店粉笔字公告
难易指数	★★★★★
技术掌握	文字工具的使用、栅格化文字、图层蒙版
操作思路	（1）打开背景素材，然后输入不同颜色的文字。
	（2）将文字栅格化，随后进行滤镜处理。
	（3）使用不规则笔尖的"橡皮擦工具"擦除文字上的局部，效果如图10-90所示。

扫一扫 看视频

图 10-90

课后练习：制作圣诞贺卡

扫一扫 看视频

文件路径	第10章\课后练习：制作圣诞贺卡
难易指数	★★★★★
技术掌握	横排文字工具
操作思路	（1）制作卡片的背景部分。
	（2）输入文字，将其适当旋转，接着为文字添加描边、投影等图层样式。
	（3）用同样的方式制作其他的文字，最后添加前景中的光效，效果如图10-91所示。

图 10-91

10.5 编辑文字

文字对象是一类特殊的对象，既具有文字属性，又具有图像属性。Photoshop 虽然不是专业的文字处理软件，但也具有文字内容的编辑功能，如可以进行查找替换文本、英文拼写检查等操作。除此之外，还可以将文字对象转换为位图、形状图层，还可以自动识别图像中包含的文字字体。

重点 10.5.1 将文字栅格化为普通图层

扫一扫 看视频

"栅格化"在 Photoshop 中经常会遇到，如栅格化智能对象、栅格化图层样式、栅格化 3D 对象等。而这些操作通常都是指将特殊对象变为普通对象的过程。文字对象也是比较特殊

的对象，无法直接进行形状或内部像素的更改。如果想要进行这些操作，就需要将文字对象转换为普通图层，"栅格化文字"命令就派上用场了。

在"图层"面板中选择文字图层，然后在图层名称上右击，在弹出的菜单中选择"栅格化文字"命令，如图 10-92 所示，就可以将文字图层转换为普通图层，如图 10-93 所示。

图 10-92

图 10-93

课后练习：栅格化文字对象制作火焰字

扫一扫 看视频

文件路径	第10章\课后练习：栅格化文字对象制作火焰字
难易指数	★★★★★
技术掌握	"栅格化文字"命令、"栅格化图层样式"命令、"液化"滤镜
操作思路	（1）打开背景素材，然后输入文字，为文字添加描边、投影的图层样式。
	（2）将文字图层栅格化，然后使用"液化"滤镜将文字进行液化使其产生流动的效果。
	（3）置入火焰素材，效果如图10-94所示。

图 10-94

10.5.2 将文字转换为形状

"转换为形状"命令可以将文字对象转换为矢量的形状对象。转换为形状对象后，就可以通过使用"钢笔工具组"和"选择工具组"中的工具对文字的外形进行编辑。由于文字对象变为了矢量对象，所以在变形的过程中，文字是不会变模糊的。通常在制作一些变形艺术字的时候需要将文字对象转换为形状对象。

选择文字图层，然后在图层名称上右击，接着在弹出的菜单中执行"转换为形状"命令，如图 10-95 所示，文字图层变为了形状图层，如图 10-96 所示。接着可以使用"直接选择工具"调整锚点位置，或者使用"钢笔工具组"在形状上添加锚点并调整锚点形态，与矢量制图的方法相同，可以制作出形态各异的艺术字效果，如图 10-97 所示。

图 10-95   图 10-96   图 10-97

10.5.3 创建文字路径

想要获取文字对象的路径，可以选中文字图层，如图 10-98 所示，在文字图层上右击，执行"创建工作路径"命令，即可得到文字的路径，如图 10-99 所示。得到了文字的路径后，可以对路径进行描边、填充或创建矢量蒙版等操作，效果如图 10-100 所示。

图 10-98   图 10-99   图 10-100

课后练习：创建文字路径制作烟花字

文件路径	第10章\课后练习：创建文字路径制作烟花字
难易指数	★★★★★
技术掌握	创建文字路径、路径描边
操作思路	(1) 打开背景素材，然后输入文字。 (2) 选择"画笔工具"设置画笔的形状动态、散布、传递等参数。 (3) 创建文字路径，新建图层后进行描边路径的操作。 (4) 为文字添加内发光、外发光图层样式，效果如图10-101所示。

图 10-101

综合实例：使用文字工具制作具有设计感的文字招贴

文件路径	第10章\综合实例：使用文字工具制作具有设计感的文字招贴
难易指数	★★★★★
技术掌握	横排文字工具

案例效果

案例效果如图 10-102 所示。

图 10-102

操作步骤

步骤 01 执行"文件→打开"命令，打开素材 1.jpg，如图 10-103 所示。单击工具箱中的"矩形工具"按钮，在选项栏中设置绘制模式为"形状"，填充为洋红色，半径为 20 像素，然后在画布上绘制一个圆角矩形，如图 10-104 所示。

图 10-103　　　　图 10-104

步骤 02 单击工具箱中的"钢笔工具"，在画布上绘制一个不规则图形，如图 10-105 所示。

图 10-105

步骤 03 选择工具箱中的"自定形状工具"，在选项栏中设置绘制模式为"形状"，设置填充为黄色系的渐变颜色，展开"旧版形状及其他 - 所有旧版默认形状 .csh - 自然"组，在其中选择合适的形状，并在画面右下角绘制图形，如图 10-106 所示。（如果没有该图形，可以在"形状"面板中执行"旧版形状及其他"命令载入旧版形状，然后在形状列表中找到合适的图形。）

图 10-106

步骤 04 继续使用"自定形状工具"，在选项栏中设置"形状"为叶形装饰 3，并在画面上绘制图形，如图 10-107 所示。执行"文件→置入嵌入对象入"命令，置入素材 1.jpg。接着将置入对象调整到合适的大小、位置，然后按 Enter 键完成置入操作。执行"图层→栅格化→智能对象"命令，如图 10-108 所示。

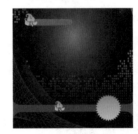

图 10-107　　　　图 10-108

步骤 05 单击工具箱中的"横排文字工具"按钮，在选项栏中设置合适的字体、字号，设置文本颜色为黑色，在画面的中间区域单击输入标题文字，如图 10-109 所示。

图 10-109

步骤 06 在"图层"面板中选择文字图层，执行"图层→图层样式→斜面和浮雕"命令，在弹出的"斜面和浮雕"参数设置对话框中设置"样式"为"内斜面"，"方法"为"平滑"，"深度"为299%，"方向"为"上"，"大小"为10像素，"角度"为-47度，如图10-110所示。

图 10-110

步骤 07 勾选样式列表中的"渐变叠加"，设置渐变为蓝色系渐变，"样式"为"线性"，"角度"为90度，单击"确定"按钮完成设置，如图10-111所示。此时效果如图10-112所示。

图 10-111　　　　　图 10-112

步骤 08 输入下方文字，如图10-113所示。选择带有图层样式的图层，右击执行"拷贝图层样式"命令，如图10-114所示。

图 10-113　　　　　图 10-114

步骤 09 选择刚刚输入的文字图层，右击执行"粘贴图层样式"命令，如图10-115所示。此时文字具有了相同的图层样式，效果如图10-116所示。

图 10-115　　　　　图 10-116

步骤 10 继续使用"横排文字工具"输入其他文字，如图10-117所示。单击工具箱中的"横排文字工具"，在选项栏中设置合适的字体、字号，单击"居中对齐文本"按钮，设置文字颜色为白色，在右下角图形上输入文字，效果如图10-118所示。

图 10-117　　　　　图 10-118

步骤 11 单击选项栏中的"创建文字变形"按钮，在弹出的"变形文字"对话框中设置"样式"为"凸起"，勾选"水平"，"弯曲"为50%，单击"确定"按钮完成设置，如图10-119所示。文字效果如图10-120所示。

图 10-119　　　　　图 10-120

步骤 12 案例完成效果如图10-121所示。

图 10-121

滤镜

滤镜主要用来实现图像的各种特殊效果。Photoshop 中有数十种滤镜，有些滤镜效果通过几个参数的设置就能让图像"改头换面"，如"油画"滤镜、"液化"滤镜。有的滤镜效果则让人摸不着头脑，如"纤维"滤镜、"彩色半调"滤镜。这是因为在某些情况下，需要几种滤镜相结合才能制作出令人满意的效果。这就需要我们掌握各个滤镜的特点，然后开动脑筋，将多种滤镜结合使用，制作出神奇的效果。除此之外，还可以通过网络进行学习，在网页的搜索引擎中输入"Photoshop 滤镜 教程"关键词，能搜索出许多有用的学习资源，为我们开启一个更广阔的学习空间。

重点知识掌握：

- 掌握滤镜库的使用方法。
- 掌握"液化"滤镜、"高斯模糊"滤镜、"智能锐化"滤镜、"滤镜组"滤镜的使用方法。

通过本章学习，我能做：

本章所讲解的滤镜种类非常多，不同类型的滤镜制作出的效果也大不相同。通过本章的学习，能够对数码照片进行各种操作，如增强清晰度（锐化）、模拟大光圈的景深效果（模糊）、对人像进行液化瘦身、美化五官结构等；还可以通过多个滤镜的协同使用制作一些特殊效果，如素描效果、油画效果、水彩画效果、拼图效果、火焰效果、做旧杂色效果、雾气效果等。

11.1 使用滤镜

在很多手机拍照App中都会出现"滤镜"这样的词语，我们也经常会在拍完照片后为照片加一个"滤镜"，让照片变美一些。手机拍照App中的"滤镜"大多是起到为照片调色的作用，而Photoshop中的"滤镜"则是为图像添加一些"特殊效果"。例如，把照片变成木刻画效果，为图像加上马赛克，使整个照片变模糊，把照片变成"石雕"等，如图11-1和图11-2所示。

图 11-1   图 11-2

Photoshop 中的"滤镜"与手机拍照 App 中的滤镜概念虽然不太相同，但是有一点非常相似，那就是大部分 Photoshop 滤镜使用起来都非常简单，只需要简单调整几个参数就能够实时地观察到效果。Photoshop 中的滤镜集中在"滤镜"菜单中，单击菜单栏中的"滤镜"命令，在"滤镜"菜单中可以看到很多种滤镜，如图 11-3 所示。

图 11-3

位于"滤镜"菜单上半部分的几个滤镜通常称为"特殊滤镜"，因为这些滤镜的功能比较强大，有些像独立的软件。这几种特殊滤镜的使用方法也各不相同，在后面会逐一进行讲解。

"滤镜"菜单的第二大部分为"滤镜组"，"滤镜组"的每个菜单命令下都包含多个滤镜效果，这些滤镜大多数使用起来非常简单，只需要执行相应的命令，并调整简单参数就能够得到有趣的效果。

"滤镜"菜单的第三大部分为"外挂滤镜"，Photoshop 支持使用第三方开发的滤镜，这种滤镜通常被称为"外挂滤镜"。外挂滤镜的种类非常多，如"人像皮肤美化"滤镜、"照片调色"滤镜、"降噪"滤镜、"材质模拟"滤镜等。这部分可能并没有显示在菜单中，这是因为没有安装其他外挂滤镜（也可能是没有安装成功）。

> **提示：关于外挂滤镜。**
>
> 这里所说的"皮肤美化"滤镜、"照片调色"滤镜是一类外挂滤镜的统称，并不是某一个滤镜的名称，如 Imagenomic Portraiture 就是一款"皮肤美化"滤镜。除此之外，还可能有许多其他磨皮滤镜。感兴趣的朋友可以在网络上搜索这些关键词。外挂滤镜的安装方法也各不相同，具体安装方式也可以通过网络搜索得到答案。需要注意的是，有的外挂滤镜可能无法在我们当前使用的 Photoshop 版本上使用。

重点 11.1.1 练一练：使用滤镜库

滤镜库中集合了很多滤镜，虽然滤镜效果风格迥异，但是使用方法非常相似。在滤镜库中不仅能够添加一个滤镜，还可以添加多个滤镜，制作多种滤镜混合的效果。

扫一扫 看视频

步骤01 打开一张图片，如图11-4所示。执行"滤镜→滤镜库"命令，打开"滤镜库"对话框，在中间的滤镜列表中选择一个滤镜组，单击即可展开。然后在该滤镜组中选择一个滤镜，单击即可为当前画面应用滤镜效果。然后在右侧适当调节参数，即可在左侧预览图中观察到滤镜效果。滤镜设置完成后单击"确定"按钮完成操作，如图11-5所示。

图 11-4

步骤 02 如果要制作两个滤镜叠加在一起的效果，可以单击窗口右下角的"新建效果图层"按钮 ⊞，然后选择合适的滤镜并进行参数设置，如图 11-6 所示。设置完成后单击"确定"按钮。

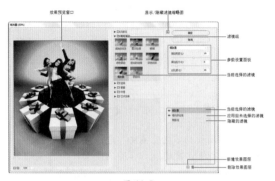

图 11-5

图 11-6

练习实例：制作具有涂鸦感的绘画

扫一扫 看视频

文件路径	第11章\练习实例：制作具有涂鸦感的绘画
难易指数	★★★★★
技术掌握	海报边缘

案例效果

案例效果如图 11-7 所示。

图 11-7

操作步骤

步骤 01 执行"文件→打开"命令，打开素材 1.jpg，如

图 11-8 所示。执行"滤镜→滤镜库"命令，在弹出的对话框中单击"艺术效果"文件夹，然后单击"海报边缘"选项，设置"边缘厚度"为10，"边缘强度"为1，单击"确定"按钮完成设置，如图 11-9 所示。

图 11-8

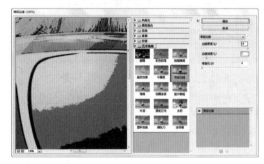

图 11-9

步骤 02 此时画面效果如图 11-10 所示。执行"文件→置入嵌入对象"命令置入素材 2.png，接着将置入对象调整到合适的大小、位置，然后按 Enter 键完成置入操作。最终效果如图 11-11 所示。

图 11-10

图 11-11

课后练习：制作风景画

扫一扫 看视频

文件路径	第11章\课后练习：制作风景画
难易指数	★★★★★
技术掌握	"干画笔"滤镜、色相/饱和度、曲线
操作思路	(1) 对风景照片使用"干画笔"滤镜进行处理，使之产生绘画效果。 (2) 去除原图的天空，并更换为绘画感的天空。 (3) 进行调色，使画面更具有绘画感，效果如图11-12所示。

图 11-12

11.1.2　练一练：使用"自适应广角"滤镜

"自适应广角"滤镜可以对广角、超广角及鱼眼效果进行变形校正。

步骤01 打开一张存在变形问题的图片，从该图片中可以看出桥向上凸起，左侧的楼也发生了变形，如图11-13所示。执行"滤镜→自适应广角"命令，打开该滤镜的对话框。在"校正"下拉列表中可以选择校正的类型，包括鱼眼、透视、自动、完整球面等。选择不同的校正方式，即可对图像进行自动校正，如图11-14所示。

扫一扫 看视频

图 11-13

图 11-14

步骤02 设置"校正"为"透视"，然后向右拖动"焦距"滑块，此时在左侧预览图中可以看到桥变成水平效果，如图11-15所示。接着单击"约束工具" ，在楼的左侧按住鼠标左键拖动绘制约束线，此时楼变成垂直效果，如图11-16所示。单击"确定"按钮，效果如图11-17所示。

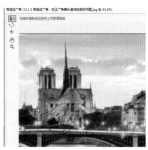

图 11-15

图 11-16

图 11-17

- 约束工具：单击图像或拖动端点可添加或编辑约束。按住 Shift 键单击可添加水平 / 垂直约束。按住 Alt 键单击可删除约束。

- 多边形约束工具：单击图像或拖动端点可添加或编辑约束。按住 Shift 键单击可添加水平 / 垂直约束。按住 Alt 键单击可删除约束。

- ✛ **移动工具**：拖动以在画布中移动内容。
- ✋ **抓手工具**：放大窗口的显示比例后，可以使用该工具移动画面。
- 🔍 **缩放工具**：单击即可放大窗口的显示比例，按住 Alt 键单击即可缩小显示比例。

11.1.3 练一练：使用"镜头校正"滤镜

扫一扫 看视频

在使用单反相机拍摄数码照片时，可能会出现扭曲、歪斜、四角失光等现象，使用"镜头校正"滤镜可以轻松校正这一系列问题。

步骤01▶打开一张有问题的照片，从该照片中可以看到地面水平线向上弯曲（可以通过在画面中创建参考线，来观察画面中的对象是否水平或垂直），而且四角有失光的现象，如图11-18所示。接着执行"滤镜→镜头校正"命令，打开"镜头校正"对话框，由于现在画面有些变形，单击"自定"标签切换到"自定"选项卡中，然后向左拖动"移去扭曲"滑块或设置数值为−9。此时可以在左侧的预览窗口中查看效果，如图11-19所示。

图 11-18

图 11-19

步骤02▶设置"晕影"下的"数量"为25，此时可以看到四角的亮度提高了，如图11-20所示。设置完成后单击"确定"按钮，效果如图11-21所示。

- **移去扭曲工具** 🔲：使用该工具可以校正镜头桶形失真或枕形失真。

图 11-20

图 11-21

- **拉直工具** 🔲：绘制一条直线，以将图像拉直到新的横轴或纵轴。
- **移动网格工具** 🖑：使用该工具可以移动网格，以将其与图像对齐。
- **抓手工具** ✋ / **缩放工具** 🔍：这两个工具的使用方法与"工具箱"中的相应工具完全相同。在对话框右侧单击"自定"标签，打开"自定"选项卡，如图11-22所示。
- **几何扭曲**："移去扭曲"选项主要用来校正镜头桶形失真或枕形失真。数值为正时，图像将向外扭曲；数值为负时，图像将向中心扭曲。
- **色差**：用于校正色边。在进行校正时，放大预览窗口的图像，可以清楚地查看色边校正情况。
- **晕影**：校正由于镜头缺陷或镜头遮光处理不当而导致边缘较暗的图像。"数量"选项用于设置沿图像边缘变亮或变暗的程度，"中点"选项用来指定受"数量"数值影响的区域的宽度。
- **变换**："垂直透视"选项用于校正由于相机向上或向下倾斜而导致的图像透视错误；"水平透视"选项用于校正图像在水平方向上的透视效果；"角度"选项用于旋转图像，以针对相机歪斜加以校正；"比例"选项用来控制镜头校正的比例。

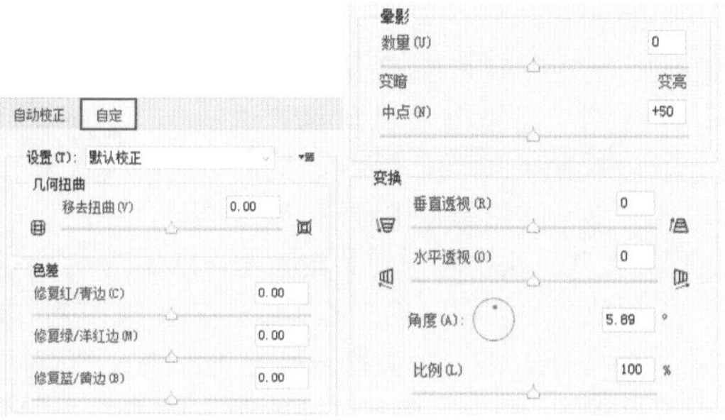

图 11-22

扫一扫 看视频

{重点} 11.1.4 练一练：使用"液化"滤镜

"液化"滤镜主要是制作图形的变形效果，在"液化"滤镜中的图片就如同刚画好的油画，用手指"推"一下画面中的油彩，就能使图像内容发生变形。"液化"滤镜主要应用在两个方向：一个是更改图形的形态，另一个是修饰人像面部结果以及身形，效果如图 11-23 和图 11-24 所示。

图 11-23

图 11-24

步骤01 打开一张人像图片，该人像脸部略宽，眼睛较小，如图 11-25 所示。接着使用"脸部工具" ⚬ 进行瘦脸，单击该工具，将光标移动至脸部的边缘会显示控制点，拖动控制点即可对面部进行变形，如图 11-26 所示。

- 向前变形工具 ⚬：可以向前推动像素。
- 重建工具 ⚬：用于恢复变形的图像。在变形区域单击或拖动鼠标进行涂抹时，可以使变形区

域的图像恢复到原来的效果。

图 11-25

图 11-26

- 平滑工具 ⚬：对变形位置进行平滑操作。
- 顺时针旋转扭曲工具 ⚬：拖动鼠标可以顺时针旋转像素。如果按住 Alt 键进行操作，则可以逆时针旋转像素。
- 褶皱工具 ⚬：可以使像素向画笔区域的中心移动，使图像产生内缩效果。
- 膨胀工具 ⚬：可以使像素向画笔区域中心以外的方向移动，使图像产生向外膨胀的效果。
- 左推工具 ⚬：当向上拖动鼠标时，像素会向左移动；当向下拖动鼠标时，像素会向右移动。
- 冻结蒙版工具 ⚬：如果需要对某个区域进行处理，并且不希望操作影响到其他区域，可以使用该工具绘制出冻结区域（该区域将受到保护且不会发生变形）。
- 解冻蒙版工具 ⚬：使用该工具在冻结区域涂抹，可以将其解冻。
- 脸部工具 ⚬：单击该按钮，进入面部编辑状态，软件会自动识别人物的五官，并在面部添加一些控制点，可以通过拖动控制点调整面部五官的形态，也可以在右侧参数列表中进行调整。
- 抓手工具 ⚬ / 缩放工具 ⚬：这两个工具的使用方法与"工具箱"中的相应工具完全相同。

步骤02 将光标移动至眼睛附近，然后拖动控制点将眼睛进行放大，如图 11-27 所示。也可以使用"面部识别液化"选项组对面部进行调整。首先展开"眼睛"选项组，因为要调整右侧眼睛，所以调整右侧的各项参数，拖动滑块随时查看调整效果，如图 11-28 所示。调整完成后，单击"确定"按钮。效

图 11-27

果如图 11-29 所示。

步骤 03 单击左侧工具箱中的"向前变形工具"，在右侧工具选项中可以进行画笔大小、密度、压力等参数的设置，设置完成后可以直接在画面中按住鼠标左键并拖动，被涂抹的区域的像素会发生移动，如图 11-30 所示。

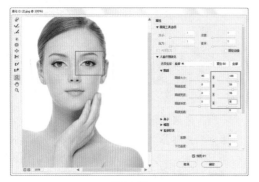

图 11-28

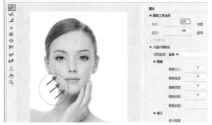

图 11-29   图 11-30

提示："向前变形"工具的画笔工具选项。

大小：用来设置扭曲图像的画笔的大小。
浓度：控制画笔边缘的羽化范围。画笔中心产生的效果最强，边缘处最弱。
压力：控制画笔在图像上产生扭曲的速度。
速率：设置使工具（如"旋转扭曲工具"）在预览图像中保持静止时扭曲所应用的速度。
光笔压力：当计算机配有压感笔或数位板时，勾选该选项可以通过压感笔的压力来控制工具。
固定边缘：勾选该选项，在对画面边缘进行变形时，不会出现透明的缝隙。

11.1.5 练一练：使用"消失点"滤镜

如果想要对图片中某个部分的细节进行去除，或者想要在某个位置添置一些内容，不带有透视感的图像直接使用"仿制图章""修补工具"等修饰工具即

可。而对于要修饰的部分具有明显的透视感时，这些工具可能就不那么合适了。而"消失点"滤镜则可以在包含透视平面（如建筑物的侧面、墙壁、地面或任何矩形对象）的图像中进行细节的修补。

扫一扫 看视频

步骤 01 打开一张带有透视关系的图片，如图 11-31 所示。接着执行"滤镜→消失点"命令，在修补之前首先要让 Photoshop 知道图像的透视方式。单击"创建平面工具" ▦ ，然后在要修饰对象所在的透视平面的一角处单击，接着将光标移动到下一个位置单击，如图 11-32 所示。

图 11-31

图 11-32

步骤 02 沿着透视平面对象边缘位置单击绘制出带有透视的网格，如图 11-33 所示。在绘制的过程中若有错误操作，可以按 Backspace 键删除控制点，也可以单击工具箱中的"编辑平面工具" ▶ ，拖动控制点调整网格形状，如图 11-34 所示。

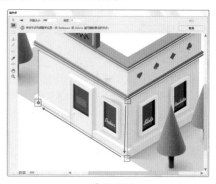

图 11-33

步骤03 单击工具箱中的"选框工具" ，这里的"选框工具"是用于限定修补区域的工具。使用该工具在网格中按住鼠标左键拖动绘制选区，绘制出的选区也带有透视效果，如图 11-35 所示。

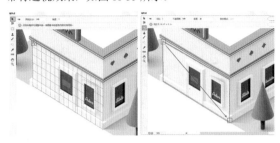

图 11-34   图 11-35

步骤04 单击"图章工具" ，然后在需要仿制的位置按住 Alt 键单击进行拾取，然后在空白位置单击，按住鼠标左键拖动，可以看到绘制出的内容与当前平面的透视相符合，如图 11-36 所示。继续进行涂抹，仿制效果如图 11-37 所示。

图 11-36   图 11-37

步骤05 制作完成后，单击"确定"按钮，效果如图 11-38 所示。

图 11-38

- **编辑平面工具** ：用于选择、编辑、移动平面的节点以及调整平面的大小。
- **创建平面工具** ：用于定义透视平面的 4 个节点。创建好 4 个节点以后，可以使用该工具对节点进行移动、缩放等操作。如果按住 Ctrl 键拖动节点，可以拉出一个垂直平面。另外，如果节点的位置不正确，可以按 Backspace 键删除该节点。

- **选框工具** ：使用该工具可以在创建好的透视平面上绘制选区，以选中平面上的某个区域。建立选区以后，将光标放置在选区内，按住 Alt 键拖动选区，可以复制图像。如果按住 Ctrl 键拖动选区，则可以用源图像填充该区域。
- **图章工具** ：使用该工具时，按住 Alt 键在透视平面内单击可以设置取样点，然后在其他区域拖动鼠标即可进行仿制操作。
- **画笔工具** ：该工具主要用来在透视平面上绘制选定的颜色。
- **变换工具** ：该工具主要用来变换选区，其作用相当于"编辑→自由变换"命令。
- **吸管工具** ：可以使用该工具在图像上拾取颜色，以用作"画笔工具"的绘画颜色。
- **测量工具** ：使用该工具可以在透视平面中测量项目的距离和角度。
- **抓手工具** / **缩放工具** ：这两个工具的使用方法与"工具箱"中的相应工具完全相同。

【重点】11.1.6　练一练：使用滤镜组

Photoshop 的滤镜多达几十种，一些效果相近的、工作原理相似的滤镜被集合在滤镜组中，滤镜组中的滤镜的使用方法非常相似：几乎都是按照"选择图层"→"执行命令"→"设置参数"→"单击确定"这几个步骤执行。差别在于不同的滤镜，其参数选项略有不同，但是好在滤镜的参数效果大部分都是可以实时预览的，所以可以随意调整参数来观察效果。

扫一扫 看视频

步骤01 选择需要进行滤镜操作的图层，如图 11-39 所示。执行"滤镜→模糊→动感模糊"命令，随即可以打开"动感模糊"对话框，接着进行参数的设置，如图 11-40 所示。

 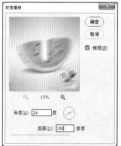

图 11-39   图 11-40

步骤02 如果图像中存在选区，则滤镜效果只应用在选区之内，如图 11-41 和图 11-42 所示。

图 11-41　　　　　　　图 11-42

 提示：滤镜组的使用技巧。

在图像的某个点上单击，可以在预览窗口中显示出该区域的效果。

如果要终止滤镜效果，即在应用滤镜的过程中，如果要终止处理，可以按 Esc 键。

在任何一个滤镜对话框中按住 Alt 键，"取消"按钮都将变成"复位"按钮。单击"复位"按钮，可以将滤镜参数恢复到默认设置。继续进行参数的调整，然后单击"确定"按钮。

11.1.7　练一练：使用智能滤镜

对图层进行滤镜操作时是直接应用于画面本身的，是具有"破坏性"的。所以也可以使用智能滤镜，使其变为"非破坏性"可再次调整的滤镜。应用于智能对象的任何滤镜都是智能滤镜，智能滤镜属于"非破坏性"滤镜。因为智能滤镜可以进行参数调整、移除、隐藏等操作，而且智能滤镜还带有一个蒙版，可以调整智能滤镜的作用范围。

步骤01 选择图层，执行"滤镜→转换为智能滤镜"命令，选择的图层即可变为智能图层，如图 11-43 所示。接着为该图层使用滤镜命令（如使用"滤镜→风格化→查找边缘"命令），此时可以看到"图层"面板中的智能图层发生了变化，如图 11-44 所示。

 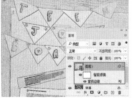

图 11-43　　　　　　　图 11-44

步骤02 在智能滤镜的蒙版中使用黑色画笔涂抹以隐藏部分区域的滤镜效果，如图 11-45 所示。还可以设置智能滤镜与图像的"混合模式"，双击滤镜名称右侧的 图标，可以在弹出的"混合选项"对话框中调节滤镜的"模式"和"不透明度"，如图 11-46 所示。

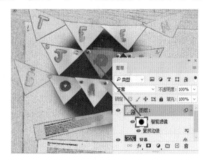

图 11-45

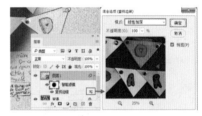

图 11-46

11.2　"风格化"滤镜组

扫一扫 看视频

执行"滤镜→风格化"命令，在子菜单中可以看到多种滤镜，如图 11-47 所示。这些滤镜效果风格各异，执行某一项命令即可对图层应用该滤镜，滤镜效果如图 11-48 所示。

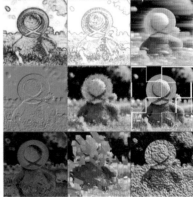

图 11-47　　　　　　　图 11-48

11.2.1 查找边缘

　　"查找边缘"滤镜可以制作出具有线条感的画面。打开一张图片,如图11-49所示。执行"滤镜→风格化→查找边缘"命令,无须设置任何参数。该滤镜会将图像的高反差区变亮,低反差区变暗,而其他区域则介于两者之间;同时硬边会变成线条,柔边会变粗,从而形成一个清晰的轮廓,如图11-50所示。

图 11-49　　　　　　　图 11-50

11.2.2 等高线

　　"等高线"滤镜常用于将图像转换为具有线条感的等高线图。打开一张图片,如图11-51所示。执行"滤镜→风格化→等高线"命令,设置色阶值、边缘类型后,单击"确定"按钮,如图11-52所示。"等高线"滤镜会以某个特定的色阶值查找主要亮度区域,并为每个颜色通道勾勒主要亮度区域。

图 11-51　　　　　　　图 11-52

- 色阶:用来设置区分图像边缘亮度的级别。
- 边缘:用来设置处理图像边缘的位置,以及边界的产生方法。选择"较低"选项时,可以在基准亮度等级以下的轮廓上生成等高线;选择"较高"选项时,可以在基准亮度等级以上生成等高线。

11.2.3 风

　　"风"滤镜可以制作出火苗效果、羽毛效果。打开一张图片,如图11-53所示。执行"滤镜→风格化→风"命令,在弹出的"风"对话框中进行参数的设置,如图11-54所示。"风"滤镜能够将像素朝着指定的方向进行虚化,通过产生一些细小的水平线条来模拟风吹效果。

图 11-53　　　　　　　图 11-54

- 方法:包含"风""大风"和"飓风"3种。
- 方向:用来设置风源的方向,包含"从右"和"从左"两种。

11.2.4 浮雕效果

　　"浮雕效果"滤镜可以用来制作模拟金属雕刻的效果,该滤镜常用于制作硬币、金牌的效果。打开一张图片,如图11-55所示。接着执行"滤镜→风格化→浮雕效果"命令,在打开的"浮雕效果"对话框中进行参数设置,如图11-56所示。该滤镜的工作原理是通过勾勒图像或选区的轮廓和降低周围颜色值来生成凹陷或凸起的浮雕效果。

图 11-55　　　　　　　图 11-56

- 角度:用于设置浮雕效果的光线方向。光线方向会影响浮雕的凸起位置。

- **高度**：用于设置浮雕效果的凸起高度。

- **数量**：用于设置"浮雕效果"滤镜的作用范围。数值越高，边界越清晰（小于 40% 时，图像会变灰）。

11.2.5 扩散

"扩散"滤镜可以制作类似于磨砂玻璃观察物体时的分离模糊效果。打开一张图片，如图 11-57 所示。接着执行"滤镜→风格化→扩散"命令，在弹出的对话框中选择合适的"模式"，然后单击"确定"按钮，如图 11-58 所示。该滤镜的工作原理是将图像中相邻的像素按指定的方式进行移动。

图 11-57   图 11-58

- **正常**：使图像的所有区域都进行扩散处理，与图像的颜色值没有任何关系。

- **变暗优先**：用较暗的像素替换亮部区域的像素，并且只有暗部像素产生扩散。

- **变亮优先**：用较亮的像素替换暗部区域的像素，并且只有亮部像素产生扩散。

- **各向异性**：使用图像中较暗和较亮的像素产生扩散效果，即在颜色变化最小的方向上搅乱像素。

11.2.6 拼贴

"拼贴"滤镜常用于制作拼图效果。打开一张图片，如图 11-59 所示。接着执行"滤镜→风格化→拼贴"命令，在弹出的对话框中设置合适的参数，如图 11-60 所示。单击"确定"按钮，即可将图像分解为一系列块状，并使其偏离原来的位置，以产生不规则拼砖的图像效果，如图 11-61 所示。

- **拼贴数**：用来设置在图像每行和每列中要显示

的贴块数。

- **最大位移**：用来设置拼贴偏移原始位置的最大距离。

- **填充空白区域用**：用来设置填充空白区域的方法。

图 11-59   图 11-60

图 11-61

11.2.7 曝光过度

"曝光过度"滤镜可以模拟出传统摄影术中，暗房显影过程中短暂增加光线强度而产生的过度曝光效果。打开一张图片，如图 11-62 所示。接着执行"滤镜→风格化→曝光过度"命令，画面效果如图 11-63 所示。

图 11-62   图 11-63

11.2.8 凸出

"凸出"滤镜通常可以制作出立方体向画面外"飞溅"的 3D 效果，用于制作创意海报、新锐设计作品等。打开一张图片，如图 11-64 所示。执行"滤镜→

风格化→凸出"命令,在弹出的"凸出"对话框中进行参数的设置,如图 11-65 所示。单击"确定"按钮,凸出效果如图 11-66 所示。该滤镜可以将图像分解成一系列大小相同且有机重叠放置的立方体或锥体,以生成特殊的 3D 效果。

图 11-64

图 11-65

图 11-66

- 类型:用来设置三维方块的形状,包含"块"和"金字塔"两种。
- 大小:用来设置立方体或金字塔底面的大小。
- 深度:用来设置凸出对象的深度。"随机"选项表示为每个块或金字塔设置一个随机的任意深度;"基于色阶"选项表示使每个对象的深度与其亮度相对应,亮度越亮,图像越凸出。
- 立方体正面:勾选该选项以后,将失去图像的整体轮廓,生成的立方体上只显示单一的颜色。
- 蒙版不完整块:使所有图像都包含在凸出的范围之内。

11.2.9 油画

"油画"滤镜主要用于将照片快速地转换为"油画效果",使用"油画"滤镜能够产生笔触鲜明、厚重,质感强烈的画面效果。打开一张图片,如图 11-67 所示。

执行"滤镜→风格化→油画"命令,打开"油画"对话框,在这里可以对参数进行调整,如图 11-68 所示。

图 11-67   图 11-68

- 描边样式:通过调整参数调整笔触样式。
- 描边清洁度:通过调整参数设置纹理的柔化程度。图 11-69 和图 11-70 所示为数值为 0 和 10 的对比效果。

图 11-69   图 11-70

- 缩放:设置纹理缩放程度。
- 硬毛刷细节:设置画笔细节程度,数值越大,毛刷纹理越清晰。
- 光照:勾选该选项,画面中会显现出画笔肌理受光照后的明暗感。图 11-71 和图 11-72 所示为未勾选与勾选该选项后的对比效果。

图 11-71   图 11-72

- 角度:勾选"光照"选项,可以通过"角度"设置光线的照射方向。
- 闪亮:勾选"光照"选项,可以通过"闪亮"控制纹理的清晰度,产生锐化效果。

11.3 "模糊"滤镜组

扫一扫 看视频

"模糊"滤镜组中集合了多种模糊滤镜，为图像应用模糊滤镜能够使图像内容变得柔和，淡化边界的颜色。使用"模糊"滤镜组中的滤镜可以进行磨皮、制作景深效果或者模拟高速摄像机跟拍效果。图11-73~图11-76所示为可以使用模糊滤镜制作的作品。

执行"滤镜→模糊"命令，可以在子菜单中看到多种用于模糊图像的滤镜，如图11-77所示。这些滤镜适合应用的场合不同：高斯模糊是最常用的图像模糊滤镜；模糊、进一步模糊属于"无参数"滤镜，没有参数可供调整，适合于轻微模糊的情况；表面模糊、特殊模糊常用于图像降噪；动感模糊、径向模糊会沿一定方向进行模糊；方框模糊、形状模糊是以特定的形状进行模糊；镜头模糊常用于模拟大光圈摄影效果；平均用于获取整个图像的平均颜色值。

图 11-73

图 11-74

图 11-75

图 11-76

图 11-77

11.3.1 表面模糊

"表面模糊"滤镜常用于将接近的颜色融合为一种颜色，从而减少画面的细节或降噪。打开一张图片，如图11-78所示。执行"滤镜→模糊→表面模糊"命令，在弹出的对话框中设置合适的参数，单击"确定"按钮，如图11-79所示。此时图像在保留边缘的

同时模糊了图像，如图 11-80 所示。

"半径"用于设置模糊取样区域的大小。"阈值"用于控制相邻像素色调值与中心像素值相差多大时才能成为模糊的一部分。色调值差小于阈值的像素将被排除在模糊之外。

图 11-78　　　　图 11-79　　　　图 11-80

【重点】11.3.2 动感模糊

"动感模糊"滤镜可以模拟出高速跟拍而产生的带有运动方向的模糊效果。打开一张图片，如图 11-81 所示。接着执行"滤镜→模糊→动感模糊"命令，在弹出的"动感模糊"对话框中进行设置，如图 11-82 所示。然后单击"确定"按钮确认操作。"动感模糊"滤镜可以沿指定的方向（–360°~360°），以指定的距离（1~999）进行模糊，所产生的效果类似于在固定的曝光时间拍摄一个高速运动的对象。

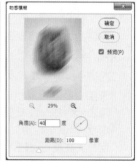
图 11-81　　　　　图 11-82

- **角度**：用来设置模糊的方向。
- **距离**：用来设置像素模糊的程度。数值越大，模糊强度越大。

11.3.3 方框模糊

"方框模糊"滤镜能够以"方块"的形状对图像进行模糊处理。打开一张图片，如图 11-83 所示。执

行"滤镜→模糊→方框模糊"命令,如图11-84所示。此时软件基于相邻像素的平均颜色值来模糊图像,生成的模糊效果类似于方块的模糊感。"半径"数值用于调整用于计算指定像素平均值的区域大小。数值越大,产生的模糊效果越强。

图 11-83　　　　　　　　图 11-84

重点 11.3.4　高斯模糊

"高斯模糊"滤镜是"模糊"滤镜组中使用频率最高的滤镜之一。"高斯模糊"滤镜的应用十分广泛,如制作景深效果、制作模糊的投影效果等。打开一张图片(也可以绘制一个选区,在选区内进行操作),如图11-85所示。接着执行"滤镜→模糊→高斯模糊"命令,在弹出的"高斯模糊"对话框中设置合适的参数,然后单击"确定"按钮,如图11-86所示。"高斯模糊"滤镜的工作原理是在图像中添加低频细节,使图像产生一种朦胧的模糊效果。

图 11-85　　　　　　　　图 11-86

半径:调整用于计算指定像素平均值的区域大小。数值越大,产生的模糊效果越强烈。

11.3.5　进一步模糊

"进一步模糊"滤镜的模糊效果比较弱,也没有参数设置对话框。打开一张图片,如图11-87所示。

接着执行"滤镜→模糊→进一步模糊"命令,画面效果如图11-88所示。该滤镜可以平衡已定义的线条和遮蔽区域的清晰边缘旁边的像素,使变化显得柔和。"进一步模糊"滤镜生成的效果比"模糊"滤镜强3～4倍。

图 11-87　　　　　　　　图 11-88

11.3.6　径向模糊

"径向模糊"滤镜用于模拟缩放或旋转相机时所产生的模糊。打开一张图片,如图11-89所示。执行"滤镜→模糊→径向模糊"命令,在弹出的"径向模糊"对话框中可以设置模糊的方法、品质以及数量,然后单击"确定"按钮,如图11-90所示。画面效果如图11-91所示。

图 11-89　　　图 11-90　　　图 11-91

- 数量:用于设置模糊的强度。数值越高,模糊效果越明显。

- 模糊方法:勾选"旋转"选项时,图像可以沿同心圆环线产生旋转的模糊效果。勾选"缩放"选项时,可以从中心向外产生反射模糊效果。

- 中心模糊:将光标放置在设置框中,按住鼠标左键拖动可以定位模糊的原点,原点位置不同,模糊中心也不同。

- 品质:用来设置模糊效果的质量。"草图"选项的处理速度较快,但会产生颗粒效果;"好"和"最好"选项的处理速度较慢,但是生成的效果比较平滑。

【重点】11.3.7 练一练：使用"镜头模糊"滤镜

摄影爱好者对"大光圈"这个词肯定不陌生，使用大光圈镜头可以拍摄出主体物清晰、背景虚化柔和的效果，也就是专业术语中所说的"浅景深"。这种"浅景深"效果在拍摄人像或景物时非常常用。而 Photoshop 的"镜头模糊"滤镜能模仿出非常逼真的浅景深效果。这里所说的"逼真"是因为"镜头模糊"滤镜可以通过"通道"或"蒙版"中的黑白信息为图像中的不同部分施加不同程度的模糊。而"通道"和"蒙版"中的信息则是我们可以轻松控制的。

步骤01 打开一张图片，然后制作出需要进行模糊位置的选区，如图 11-92 所示。接着进入"通道"面板，新建 Alpha 1 通道。由于需要模糊的部分为铁轨以外的部分，所以可以将铁轨部分在通道中填充为黑色。铁轨以外的部分需要按照远近关系进行填充（因为真实世界中的景物存在"近实远虚"的视觉效果，越近的部分应该越清晰，越远的部分应该越模糊）。此处为铁轨以外的部分按照远近填充由白色到黑色的渐变，如图 11-93 所示。在通道中白色的区域为被模糊的区域，所以天空位置为白色，地平线的位置为灰色，而且前景为黑色。

图 11-92

图 11-93

步骤02 单击 RGB 通道，按快捷键 Ctrl+D 取消选区的选择。然后回到"图层"面板中，选择风景图层。执行"滤镜→模糊→镜头模糊"命令，在弹出的"镜头模糊"对话框中，先设置"源"为 Alpha 1，"模糊

焦距"为 20，"半径"为 50，如图 11-94 所示。设置完成后单击"确定"按钮，景深效果如图 11-95 所示。

图 11-94

图 11-95

- 预览：用来设置预览模糊效果的方式。选择"更快"选项，可以提高预览速度；选择"更加准确"选项，可以查看模糊的最终效果，但生成的预览时间更长。

- 深度映射：从"源"下拉列表中可以选择使用 Alpha 通道或图层蒙版来创建景深效果（前提是图像中存在 Alpha 通道或图层蒙版），其中通道或蒙版中的白色区域将被模糊，而黑色区域则保持原样；"模糊焦距"选项用来设置位于焦点内的像素的深度；"反相"选项用来反转 Alpha 通道或图层蒙版。

- 光圈：该选项组用来设置模糊的显示方式。"形状"选项用来选择光圈的形状；"半径"选项用来设置模糊的数量；"叶片弯度"选项用来设置对光圈边缘进行平滑处理的程度；"旋转"选项用来旋转光圈。

- 镜面高光：该选项组用来设置镜面高光的范围。"亮度"选项用来设置高光的亮度；"阈值"选项用来设置亮度的停止点，比停止点值亮的所有像素都被视为镜面高光。

- 杂色："数量"选项用来在图像中添加或减少杂色；"分布"选项用来设置杂色的分布方式，包含"平均"和"高斯分布"两种；"单色"选项表示添加的杂色为单一颜色。

11.3.8 模糊

"模糊"滤镜因为比较"轻柔",所以主要应用于为颜色变化显著的地方消除杂色。打开一张图片,如图 11-96 所示。接着执行"滤镜→模糊→模糊"命令,画面效果如图 11-97 所示。该滤镜没有参数设置对话框。"模糊"滤镜与"进一步模糊"滤镜都属于轻微模糊滤镜。相比于"进一步模糊"滤镜,"模糊"滤镜的模糊效果要低 3~4 倍左右。

图 11-96　　　　　　图 11-97

11.3.9 平均

"平均"滤镜常用于提取出画面中颜色的"平均值"。打开一张图片或者在图像上绘制一个选区,如图 11-98 所示。接着执行"滤镜→模糊→平均"命令,该区域变为了平均色效果,如图 11-99 所示。"平均"滤镜可以查找图像或选区的平均颜色,并使用该颜色填充图像或选区,以创建平滑的外观效果。

图 11-98　　　　　　图 11-99

使用该滤镜得到的颜色与画面整体色感非常统一,所以使用这个颜色可以作为与原图相搭配的其他元素的颜色,如图 11-100 和图 11-101 所示。

图 11-100　　　　　　图 11-101

11.3.10 特殊模糊

"特殊模糊"滤镜常用于模糊画面中的褶皱、重叠的边缘,还可以进行图片"降噪"处理。图 11-102 所示为一张图片的细节图,可以看到有轻微噪点。接着执行"滤镜→模糊→特殊模糊"命令,然后在弹出的对话框中进行参数的设置,如图 11-103 所示。设置完成后单击"确定"按钮。"特殊模糊"滤镜只对有微弱颜色变化的区域进行模糊,模糊效果细腻,添加该滤镜后既能在最大程度上保留画面内容的真实形态,又能够使小的细节变得柔和。

图 11-102　　　　　　图 11-103

11.3.11 形状模糊

"形状模糊"滤镜能够以特定的"图形"对画面进行模糊化处理。选择一张需要模糊的图片,如图 11-104 所示,执行"滤镜→模糊→形状模糊"命令,在弹出的"形状模糊"对话框中选择一个合适的形状,接着设置"半径"数值,然后单击"确定"按钮,如图 11-105 所示。

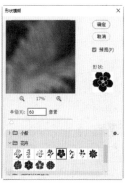

图 11-104　　　　　　图 11-105

11.4 "模糊画廊"滤镜组

扫一扫 看视频

"模糊画廊"滤镜组中的滤镜同样是对图像进行模糊处理的，但这些滤镜主要用于为数码照片制作特殊的模糊效果，如模拟景深效果、旋转模糊、移轴摄影、微距摄影等特殊效果。这些简单、有效的滤镜非常适合摄影工作者使用。图 11-106 所示为"模糊画廊"中不同滤镜的效果。

图 11-106

11.4.1 练一练：使用"场景模糊"滤镜

以往的模糊滤镜几乎都是以同一个参数对整个画面进行模糊。而"场景模糊"滤镜则可以在画面中不同的位置添加多个控制点，并为每个控制点设置不同的模糊数值，这样就能使画面中不同的部分产生不同的模糊效果。

步骤 01 打开一张图片，如图 11-107 所示。接着执行"滤镜→模糊画廊→场景模糊"命令，随即打开"模糊画廊"对话框，默认情况下，在画面的中央位置有一个"控制点"，这个控制点用来控制模糊的位置，在对话框的右侧通过设置"模糊"数值控制模糊的强度，如图 11-108 所示。

图 11-107

图 11-108

步骤 02 控制点的位置可以进行调整，将光标移动至"控制点"的中央位置，按住鼠标左键拖动即可移动。在画面中将控制点移动到船的位置，因为该位置不需要被模糊，所以设置"模糊"为 0 像素，如图 11-109 所示。接着将光标移动到需要模糊的位置单击即可添加"控制点"，然后设置合适的"模糊"参数，如图 11-110 所示。

图 11-109

图 11-110

步骤03 继续添加"控制点",然后设置合适的模糊数值,需要注意"近大远小"的规律,越远的地方模糊程度要越大。然后单击对话框上方的"确定"按钮,如图 11-111 所示。画面效果如图 11-112 所示。

图 11-111

图 11-112

- 光源散景:用于控制光照亮度。数值越大,高光区域的亮度就越高。
- 散景颜色:通过调整数值控制散景区域颜色的程度。
- 光照范围:通过调整滑块用色阶来控制散景的范围。

{重点}11.4.2 练一练:使用"光圈模糊"滤镜

"光圈模糊"滤镜是一个单点模糊滤镜,使用"光圈模糊"滤镜可以根据不同的要求对焦点(也就是画面中清晰的部分)的大小与形状、图像其余部分的模糊数量以及清晰区域与模糊区域之间的过渡效果进行相应的设置。

步骤01 打开一张图片,如图 11-113 所示。执行"滤镜→模糊画廊→光圈模糊"命令,打开"模糊画廊"对话框。在该对话框中可以看到画面中带一个控制点并且带有控制框,该控制框以外的区域为被模糊的区域。在对话框的右侧可以设置"模糊"选项控制模糊的程度,如图 11-114 所示。

图 11-113   图 11-114

步骤02 拖动控制框右上角的控制点即可改变控制框的形状,如图 11-115 所示。拖动控制框内侧的圆形控制点可以调整模糊过渡的效果,如图 11-116 所示。

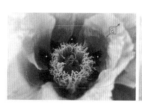

图 11-115   图 11-116

步骤03 拖动控制框上的控制点可以将控制框进行旋转,如图 11-117 所示。拖动"中心点"可以调整模糊的位置,如图 11-118 所示。

图 11-117   图 11-118

步骤04 设置完成后,单击"确定"按钮,效果如图 11-119 所示。

图 11-119

【重点】11.4.3 练一练：使用"移轴模糊"滤镜

"移轴摄影"是一种特殊的摄影类型，从画面上看所拍摄的照片效果就像是缩微模型一样，非常特别。图 11-120 和图 11-121 所示为移轴摄影作品。移轴摄影，也称为移轴镜摄影，泛指利用移轴镜头创作的作品。没有"移轴镜头"，但想要制作移轴效果怎么办？答案当然是通过 Photoshop 进行后期调整。在 Photoshop 中可以使用"移轴模糊"滤镜轻松地模拟"移轴摄影"效果。

图 11-120

图 11-121

步骤 01 打开一张图片，如图 11-122 所示。接着执行"滤镜→模糊画廊→移轴模糊"命令，打开"模糊画廊"对话框，在对话框的右侧设置模糊的强度，如图 11-123 所示。

图 11-122

图 11-123

步骤 02 如果想要调整画面中清晰区域的范围，可以通过按住并拖动"中心点"的位置来实现，如图 11-124 所示。拖动上下两端的"虚线"可以调整清晰和模糊范围的过渡效果，如图 11-125 所示。按住鼠标左键拖动实线上圆形的控制点可以旋转控制框。参数调整完成后单击"确定"按钮。

图 11-124

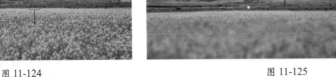

图 11-125

11.4.4 练一练：使用"路径模糊"滤镜

"路径模糊"滤镜可以沿着一定方向进行画面模糊，使用该滤镜可以在画面中创建任何角度的直线或弧线的控制杆，像素沿着控制杆的走向进行模糊。"路径模糊"滤镜可以用于制作带有运动感的模糊效果，并且能够制作出多角度、多层次的模糊效果。

步骤01 打开一张图片或者选定一个需要模糊的区域，如图11-126所示。接着执行"滤镜→模糊画廊→路径模糊"命令，打开"模糊画廊"对话框。默认情况下，画面中央有一个箭头形的控制杆。在对话框右侧进行参数的设置，可以看到画面中所选的部分发生了横向的带有运动感的模糊效果，如图11-127所示。

步骤02 拖动控制点可以改变控制杆的形状，同时会影响模糊的效果，如图11-128所示，也可以在控制杆上单击添加控制点，并调整箭头的形状，如图11-129所示。

图 11-126

图 11-127

图 11-128

步骤03 在画面中按住鼠标左键拖动即可添加控制杆，如图11-130所示。勾选"编辑模糊形状"选项，会显示红色的控制线，拖动控制点也可以改变模糊效果，如图11-131所示。若要删除控制杆，可以按Delete键。在对话框右侧可以通过调整"速度"参数调整模糊的强度，调整"锥度"参数调整模糊边缘的渐隐强度。调整完成后单击"确定"按钮。

图 11-129

图 11-130

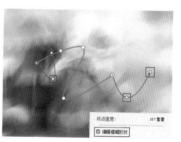

图 11-131

11.4.5 练一练：使用"旋转模糊"滤镜

"旋转模糊"滤镜与"径向模糊"滤镜较为相似，但是"旋转模糊"滤镜比"径向模糊"滤镜的功能更加强大。"旋转模糊"滤镜可以一次性在画面中添加多个模糊点，还能够随意控制每个模糊点的模糊范围、形状与强度。"旋转模糊"滤镜可以用于模拟拍照时旋转相机所产生的模糊效果，以及旋转的物体产生的模糊效果。

步骤01 打开一张图片，如图11-132所示。接着执行"滤镜→模糊画廊→旋转模糊"命令，打开"模糊画廊"对话框。在该对话框中，画面中央位置有一个

"控制点"用来控制模糊的位置，在对话框的右侧调整"模糊"数值用来调整模糊的强度，如图11-133所示。

图 11-132

图 11-133

步骤02 拖动外侧圆形控制点即可调整控制框的形状、大小，如图11-134所示。拖动内侧圆形控制点可以调整模糊的过渡效果，如图11-135所示。在画面中还可以继续单击添加控制点，并进行参数调整。设置完成后单击"确定"按钮，效果如图11-136所示。

图 11-134

图 11-135

图 11-136

11.5 "扭曲"滤镜组

扫一扫 看视频

执行"滤镜→扭曲"命令，在"扭曲"子菜单中可以看到多种滤镜，如图 11-137 所示。使用该滤镜组的效果对比如图 11-138 所示。

图 11-137　　　图 11-138

11.5.1 波浪

"波浪"滤镜可以在图像上创建类似于波浪起伏的效果。使用"波浪"滤镜可以制作带有波浪纹理的效果，或者制作带有波浪线边缘的图片。首先绘制一个矩形，如图 11-139 所示。接着执行"滤镜→扭曲→波浪"命令，在弹出的对话框中进行类型以及参数的设置，如图 11-140 所示。设置完成后单击"确定"按钮，图形效果如图 11-141 所示。这种图形应用非常广泛，如包装边缘的撕口、平面设计中的元素、服装设计中的元素等。

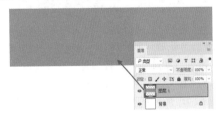
图 11-139

- 生成器数：用来设置波浪的强度。
- 波长：用来设置相邻两个波峰之间的水平距离，包含"最小"和"最大"两个选项，其中"最小"数值不能超过"最大"数值。

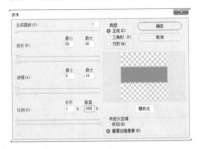
图 11-140

图 11-141

- 波幅：设置波浪的宽度（最小）和高度（最大）。
- 比例：设置波浪在水平方向和垂直方向上的波动幅度。
- 类型：选择波浪的形态，包括"正弦""三角形"和"方形"3 种，如图11-142 ~图11-144 所示。

图 11-142

图 11-143

图 11-144

- 随机化：如果对波浪效果不满意，可以单击该按钮，以重新生成波浪效果。
- 未定义区域：用来设置空白区域的填充方式。选择"折回"选项，可以在空白区域填充溢出的内容；选择"重复边缘像素"选项，可以填充扭曲边缘的像素颜色。

11.5.2 波纹

"波纹"滤镜可以通过控制波纹的数量和大小制作出类似水面的波纹效果。打开一张图片素材，如图 11-145 所示。接着执行"滤镜→扭曲→波纹"命令，

在弹出的"波纹"对话框进行参数的设置,如图 11-146
所示。设置完成后单击"确定"按钮确认操作。

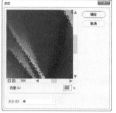

图 11-145　　　　　　图 11-146

【重点】11.5.3　练一练:使用"极坐标"滤镜

"极坐标"滤镜可以将图像从平面坐标转换成极
坐标,或从极坐标转换成平面坐标。简单来说,该滤
镜能够以两种方式分别实现以下两种效果:第一种是
将水平排列的图像以图像左右两侧为边界,首尾相
连,中间的像素会被挤压,四周的像素会被拉伸,从
而形成一个"圆形";第二种是相反,将原本环形内
容的图像,从中"切开",并"拉"成平面。"极坐标"
滤镜常用于制作"鱼眼镜头"特效。

步骤01 打开一张图片,然后将"背景"图层转换为普
通图层,如图 11-147 所示。接着执行"滤镜→扭曲→
极坐标"命令,在弹出的"极坐标"对话框中勾选
"平面坐标到极坐标"选项,如图 11-148 所示。

图 11-147

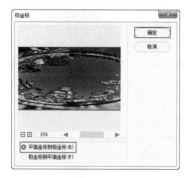

图 11-148

步骤02 单击"确定"按钮,画面效果如图 11-149 所示。

按快捷键 Ctrl+T 调出定界框,然后将其不等比缩放。这
样鱼眼镜头的效果就制作完成了,如图 11-150 所示。

图 11-149

图 11-150

11.5.4　挤压

"挤压"滤镜可以将选区内的图像或整个图像向
外或向内挤压。与"液化"滤镜中的"膨胀工具"与
"收缩工具"类似。打开一张图片,如图 11-151 所示。
接着执行"滤镜→扭曲→挤压"命令,在弹出的"挤
压"对话框中进行参数的设置,如图 11-152 所示。
然后单击"确定"按钮,完成挤压变形操作。

图 11-151

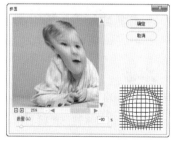

图 11-152

数量:用来控制挤压图像的程度。当数值为负值时,
图像会向外挤压;当数值为正值时,图像会向内挤压。

11.5.5 切变

"切变"滤镜可以将图像按照设定好的"路径"进行左右移动，图像一侧被移出画面的部分会出现在画面的另外一侧。该滤镜可以用来制作飘动的彩旗。打开一张图片，如图 11-153 所示。接着执行"滤镜→扭曲→切变"命令，在打开的"切变"对话框中拖动曲线，此时可以沿着这条曲线进行图像的扭曲，如图 11-154 所示。设置完成后单击"确定"按钮。

 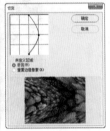

图 11-153　　　　　　图 11-154

- 曲线调整框：可以通过控制曲线的弧度来控制图像的变形效果。
- 折回：在图像的空白区域中填充溢出图像之外的图像内容。
- 重复边缘像素：在图像边界不完整的空白区域填充扭曲边缘的像素颜色。

11.5.6 球面化

"球面化"滤镜可以将选区内的图像或整个图像向外"膨胀"为球形。打开一张图像，可以在画面中绘制一个选区，如图 11-155 所示。接着执行"滤镜→扭曲→球面化"命令，在弹出的"球面化"对话框中进行数量和模式的设置，如图 11-156 所示。

 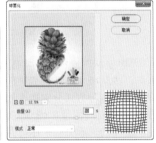

图 11-155　　　　　　图 11-156

延伸学习：制作"大头照"

想要制作"大头照"，首先就要在头部绘制一个圆形选区，如图 11-157 所示。接着为该选区添加"球面化"滤镜。将滑块向右调整，增大数值，如图 11-158 所示。可以看到小狗的头部明显变大了很多，而且看起来也更加贴近"镜头"，效果如图 11-159 所示。

扫一扫 看视频

图 11-157　　　　　　图 11-158　　　　　　图 11-159

11.5.7 水波

"水波"滤镜可以模拟石子落入平静水面而形成的涟漪效果。例如，绿茶广告中常见的茶叶掉落在水面上形成的波纹，就可以使用"水波"滤镜制作。选择一个图层或者绘制一个选区，如图 11-160 所示。接着执行"滤镜→扭曲→水波"命令，在打开的"水波"对话框中进行参数的设置，如图 11-161 所示。设置完成后单击"确定"按钮，效果如图 11-162 所示。

- 数量：用来设置波纹的数量。当设置为负值时，将产生下凹的波纹；当设置为正值时，将产生上凸的波纹。

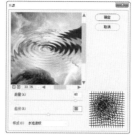

图 11-160 　　　　　 图 11-161 　　　　　 图 11-162

- 起伏：用来设置波纹的数量。数值越大，波纹越多。
- 样式：用来选择生成波纹的方式。选择"围绕中心"选项时，可以围绕图像或选区的中心产生波纹；选择"从中心向外"选项时，波纹将从中心向外扩散；选择"水池波纹"选项时，可以产生同心圆形状的波纹。

11.5.8 旋转扭曲

"旋转扭曲"滤镜可以围绕图像的中心进行顺时针或逆时针的旋转。打开一张图片，如图 11-163 所示。接着执行"滤镜→扭曲→旋转扭曲"命令，打开"旋转扭曲"对话框，如图 11-164 所示。接着调整"角度"选项，当设置为正值时，会沿顺时针方向进行扭曲，如图 11-165 所示；当设置为负值时，会沿逆时针方向进行扭曲，如图 11-166 所示。

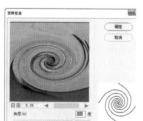

图 11-163 　　　　　 图 11-164

图 11-165 　　　　　 图 11-166

11.5.9 练一练：使用"置换"滤镜

"置换"滤镜是利用一个图像文件（必须为 PSD

格式的文件）的亮度值来置换另外一个图像像素的排列位置。"置换"滤镜常用于制作形态复杂的透明体，或带有褶皱的服装印花等。

步骤 01 打开一张图片，如图 11-167 所示。接着准备一个 PSD 格式的文件（无须打开该 PSD 文件），如图 11-168 所示。

图 11-167 　　　　　 图 11-168

步骤 02 选择图片的图层，执行"滤镜→扭曲→置换"命令，在弹出的"置换"对话框中进行参数的设置，如图 11-169 所示。单击"确定"按钮，然后在弹出的"选取一个置换图"窗口中选择之前准备的 PSD 格式文件，单击"打开"按钮，如图 11-170 所示。此时画面效果如图 11-171 所示。

图 11-169

图 11-170

图 11-171

- 水平 / 垂直比例：可以用来设置水平方向和垂直方向所移动的距离，数值越大，置换效果越明显。
- 置换图：用来设置置换图像的方式，包括"伸展以适合"和"拼贴"两种。
- 未定义区域：选择因置换后像素位移而产生空缺的填充方式。选择"折回"会使用超出画面区域的内容填充空缺部分，选择"重复边缘像素"则会将边缘处的像素多次复制并填充到整个画面区域。

11.6 "锐化"滤镜组

扫一扫 看视频

在 Photoshop 中，"锐化"与"模糊"是相反的关系。"锐化"就是使图像"看起来更清晰"，而这里所说的"看起来更清晰"并不是增加了画面的细节，而是使图像中像素与像素之间的颜色反差增大，利用对比增强带给人的视觉冲击，产生一种"锐利"的视觉感受，如图 11-172 和图 11-173 所示。执行"滤镜→锐化"命令，可以在"锐化"子菜单中看到多种用于锐化的滤镜，如图 11-174 所示。

图 11-172

图 11-173

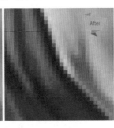

图 11-174

> **提示**：在进行锐化时，有两个误区。
>
> 误区一："将图片进行模糊后再进行锐化，能够使图像变成原图的效果。"这是一个错误的观点，这两种操作是不可逆转的，画面一旦模糊操作后，原始细节会彻底丢失，不会因为锐化操作而被找回。
> 误区二："一张特别模糊的图像，经过锐化可以变得很清晰、很真实。"这也是一个很常见的错误观点。锐化操作是对模糊图像的一个"补救"，实属"没有办法的办法"。只能在一定程度上增强画面感官上的锐利度，因为无法增加细节，所以不会使图像变得更真实。如果图像损失特别严重，是很难仅通过锐化将其变得清晰又自然的。就像用 30 万像素镜头的手机，无论把镜头擦得多干净，也拍不出 2000 万像素镜头的效果。

重点 11.6.1 USM 锐化

"USM 锐化"滤镜可以查找图像中颜色差异明显的区域，然后将其锐化。这种锐化方式能够在锐化画面的同时，不增加过多的噪点。打开一张图片，如图 11-175 所示。接着执行"滤镜→锐化→USM锐化"命令，在打开的"USM 锐化"对话框中进行设置，如图 11-176 所示。单击"确定"按钮，效果如图 11-177 所示。

图 11-175　　　　图 11-176　　　　图 11-177

- 数量：用来设置锐化效果的精细程度。
- 半径：用来设置图像锐化的半径范围大小。
- 阈值：只有相邻像素之间的差值达到所设置的"阈值"数值时，才会被锐化。该值越高，被锐化的像素就越少。

{重点} 11.6.2 练一练：使用"防抖"滤镜

"防抖"滤镜是用于减少由于相机震动而产生拍照模糊的问题，如线性运动、弧形运动、旋转运动、Z字形运动产生的模糊。"防抖"滤镜适合处理对焦正确、曝光适度、杂色较少的照片。

步骤 01 打开一张图片，如图11-178所示。接着执行"滤镜→锐化→防抖"命令，随即会打开"防抖"对话框，在该对话框中，画面的中央会显示"模糊评估区域"，并以默认数值进行防抖锐化处理，如图11-179所示。

图 11-178

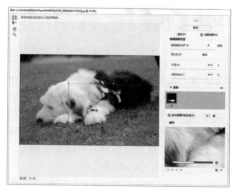

图 11-179

步骤 02 如果对锐化的处理不够满意，可以调整"模糊描摹边界"选项，该选项用来增加锐化的强度，这是该滤镜中最基础的锐化，如图11-180所示。"模糊描摹边界"选项数值越高，锐化效果越好，但是过度的数值会产生一定的晕影。这时就可以用"平滑"和"伪像抑制"选项进行调整，如图11-181所示。

步骤 03 如果对"模糊描摹边界"的位置不满意，可以拖动"控制点"进行更改，如图11-182所示。调整完成后，单击"确定"按钮完成操作，效果如图11-183所示。

图 11-180

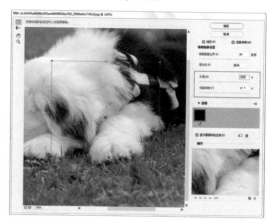

图 11-181

图 11-182

图 11-183

- 模糊评估工具：使用该工具在画面中单击可以弹出小窗口，在小窗口中可以定位画面细节。按住鼠标左键拖动可以手动定义模糊评估区域，并且在"高级"选项中设置"模糊评估区域"的显示、隐藏与删除。
- 模糊方向工具：根据相机的震动类型，在图像上画出表示模糊的方向线，并配合"模糊描摹长度"和"模糊描摹方向"进行调整。该工具可以按"["键或"]"键微调长度，按快捷键Ctrl+]或快捷键Ctrl+[可微调角度，得到一个合适的效果后，单击"确定"按钮完成操作。

11.6.3 进一步锐化

"进一步锐化"滤镜没有参数设置对话框，同时它的效果也比较弱，适合那种只有轻微模糊的图片。打开一张图片，如图 11-184 所示。接着执行"滤镜→锐化→进一步锐化"命令，如果锐化效果不明显，那么可多次按快捷键 Ctrl+Shift+F 进行锐化，图 11-185 所示为应用三次"进一步锐化"滤镜以后的效果。

图 11-184　　　　　图 11-185

11.6.4 锐化

"锐化"滤镜也没有参数设置对话框，它的锐化效果比"进一步锐化"滤镜的锐化效果更弱一些，执行"滤镜→锐化→锐化"命令，即可应用该滤镜。

11.6.5 锐化边缘

对于画面中内容和色彩清晰、边界分明、颜色区分强烈的图像，使用"锐化边缘"滤镜就可以轻松进行锐化处理。这个滤镜既简单又快捷，而且锐化效果明显，对于不太会调参数的新手非常实用。打开一张图片，如图 11-186 所示。执行"滤镜→锐化→锐化边缘"命令（该滤镜没有参数设置对话框），接着就可以看到锐化效果，此时的画面可以看到颜色差异的边界被锐化了，而颜色差异边界以外的区域内容仍然较为平滑，如图 11-187 所示。

图 11-186　　　　　图 11-187

【重点】11.6.6 智能锐化

"智能锐化"滤镜是"锐化"滤镜组中最为常用的滤镜之一，"智能锐化"滤镜具有"USM 锐化"滤镜所

没有的锐化控制功能，可以设置锐化算法或控制在阴影和高光区域中的锐化量，而且能避免"色晕"等问题。如果想达到更好的锐化效果，那么必须学会这个滤镜。

步骤 01 打开一张图片，如图 11-188 所示。接着执行"滤镜→锐化→智能锐化"命令，打开"智能锐化"对话框。首先设置"数量"增加锐化强度，使效果看起来更加锐利。接着设置"半径"，该选项用来设置受锐化影响的边缘像素数量。数值无须调太大，否则会产生白色晕影。此时在预览图中查看一下效果，如图 11-189 所示。

图 11-188

图 11-189

步骤 02 设置"减少杂色"，该选项数值越高，效果越强烈，画面效果越柔和（别忘了是在锐化，所以要适度）。接着设置"移去"，该选项用来区别影像边缘与杂色噪点，重点在于提高中间调的锐度和分辨率，如图 11-190 所示。设置完成后单击"确定"按钮，锐化前后的对比效果如图 11-191 所示。

图 11-190

图 11-191

- **数量**：用来设置锐化的精细程度。数值越高，越能强化边缘之间的对比度。
- **半径**：用来设置受锐化影响的边缘像素的数量。数值越高，受影响的边缘就越宽，锐化的效果也就越明显。
- **减少杂色**：用来消除锐化产生的杂色。
- **移去**：选择锐化图像的算法。选择"高斯模糊"选项，可以使用"USM 锐化"滤镜的方法锐化图像；选择"镜头模糊"选项，可以查找图像中的边缘和细节，并对细节进行更加精细的锐化，以减少锐化的光晕；选择"动感模糊"选项，可以激活下面的"角度"选项，通过设置"角度"值减少由于相机或对象移动而产生的模糊效果。
- **渐隐量**：用于设置阴影或高光中的锐化程度。
- **色调宽度**：用于设置阴影和高光中色调的修改范围。
- **半径**：用于设置每个像素周围区域的大小。

11.7　"视频"滤镜组

　　"视频"滤镜组包含两种滤镜："NTSC颜色"和"逐行"滤镜。这两种滤镜可以处理从以隔行扫描方式显示图像的设备中提取的图像，如图11-192所示。

NTSC 颜色
逐行...

图 11-192

11.7.1　NTSC 颜色

　　"NTSC 颜色"滤镜可以将色域限制在电视机重现图像可接受的范围内，以防止过饱和颜色渗到电视扫描行中。

11.7.2　逐行

　　"逐行"滤镜可以移去视频图像中的奇数或偶数隔行线，使在视频上捕捉的运动图像变得平滑。图 11-193 所示是"逐行"对话框。

图 11-193

- **消除**：用来控制消除逐行的方式，包括"奇数行"和"偶数行"两种。
- **创建新场方式**：用来设置消除场以后用何种方式来填充空白区域。选择"复制"选项，可以复制被删除部分周围的像素来填充空白区域；选择"插值"选项，可以利用被删除部分周围的像素，通过插值的方法进行填充。

11.8　"像素化"滤镜组

扫一扫 看视频

　　"像素化"滤镜组可以将图像进行分块或平面化处理。"像素化"滤镜组包含7 种滤镜："彩块化""彩色半调""点状化""晶格化""马赛克""碎片"和"铜版雕刻"滤镜。执行"滤镜→像素化"命令，即可看到该滤镜组中的命令，如图 11-194 所示。图 11-195 所示为滤镜效果。

彩块化
彩色半调...
点状化...
晶格化...
马赛克
碎片
铜版雕刻

图 11-194　　　　　图 11-195

11.8.1　彩块化

　　"彩块化"滤镜常用来制作手绘图像、抽象派绘画等艺术效果。打开一张图片，如图 11-196 所示。接着执行"滤镜→像素化→彩块化"命令（该滤镜没有参数设置对话框），"彩块化"滤镜可以将纯色或相近色的像素结成相近颜色的像素块效果，如图 11-197 所示。

图 11-196

图 11-197

11.8.2　彩色半调

"彩色半调"滤镜可以模拟在图像的每个通道上使用放大的半调网屏的效果。打开一张图片，如图 11-198 所示。接着执行"滤镜→像素化→彩色半调"命令，在弹出的"彩色半调"对话框中进行参数的设置，如图 11-199 所示。设置完成后单击"确定"按钮，效果如图 11-200 所示。

- **最大半径**：用来设置生成的最大网点的半径。
- **网角（度）**：用来设置图像各个原色通道的网点角度。

图 11-198　　　　　　图 11-199

图 11-200

11.8.3　点状化

"点状化"滤镜可以从图像中提取颜色，并以彩色斑点的形式将画面内容重新呈现出来。该滤镜常用来模拟制作"点彩绘画"效果。打开一张图片，如图 11-201 所示。接着执行"滤镜→像素化→点状化"命令，在弹出的"点状化"对话框中进行设置，如图 11-202 所示。设置完成后单击"确定"按钮确认操作。

图 11-201　　　　　　图 11-202

单元格大小：用来设置每个多边形色块的大小。

11.8.4　晶格化

"晶格化"滤镜可以使图像中相近的像素集中到多边形色块中，产生类似结晶颗粒的效果。打开一张图片，如图 11-203 所示。接着执行"滤镜→像素化→晶格化"命令，在弹出的"晶格化"对话框中进行参数的设置，如图 11-204 所示。然后单击"确定"按钮确认操作。

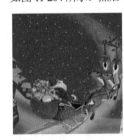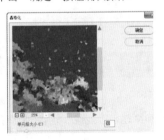

图 11-203　　　　　　图 11-204

〔重点〕11.8.5　马赛克

"马赛克"滤镜常用于隐藏画面的局部信息，也可以用来制作一些特殊的图案效果。打开一张图片，如图 11-205 所示。接着执行"滤镜→像素化→马赛克"命令，在弹出的"马赛克"对话框中进行参数的设置，如图 11-206 所示。然后单击"确定"按钮，该滤镜可以使像素结为方形色块。

 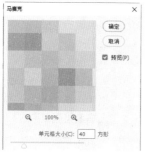

图 11-205　　　　　　图 11-206

11.8.6　碎片

"碎片"滤镜可以将图像中的像素复制4次，然后将复制的像素平均分布，并使其相互偏移。打开一张图片素材，如图11-207所示。接着执行"滤镜→像素化→碎片"命令（该滤镜没有参数设置对话框），效果如图11-208所示。

图 11-207　　　　　　图 11-208

11.8.7　铜版雕刻

"铜版雕刻"滤镜可以将图像转换为黑白区域的随机图案或彩色图像中完全饱和颜色的随机图案。打开一张图片，如图11-209所示。接着执行"滤镜→像素化→铜版雕刻"命令，在弹出的"铜版雕刻"对话框中选择合适的"类型"，如图11-210所示。然后单击"确定"按钮确认操作。

图 11-209　　　　　　图 11-210

类型：选择铜版雕刻的类型，包含"精细点""中等点""粒状点""粗网点""短直线""中长直线""长直线""短描边""中长描边""长描边"10种类型。

11.9　"渲染"滤镜组

执行"滤镜→渲染"命令，即可看到该滤镜组中的滤镜，如图11-211所示。图11-212所示为使用该组中的滤镜的效果。

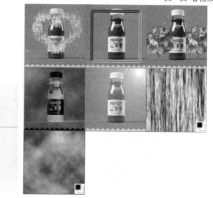

图 11-211　　　　　　图 11-212

11.9.1　火焰

"火焰"滤镜可以轻松打造出沿路径排列的火焰。在使用"火焰"滤镜命令之前，首先需要在画面中绘制一条路径，选择一个图层（可以是空图层），如图11-213所示。执行"滤镜→渲染→火焰"命令，弹出"火焰"对话框。在"基本"选项卡中可以针对火焰类型进行设置，在下拉列表中可以看到多种火焰的类型，选择火焰类型，接下来可以针对火焰的长度、宽度、角度以及时间间隔数值进行设置，如图11-214所示。保持默认状态，单击"确定"按钮，图层中即可出现火焰效果，如图11-215所示。接着可以按 Delete 键删除路径。如果火焰应用于透明的空图层，那么可以继续对火焰进行移动、编辑等操作。

- 长度：用于控制火焰的长度。数值越大，每个火焰越长。
- 宽度：用户控制火焰的宽度。数值越大，每个火焰越宽。

图 11-213

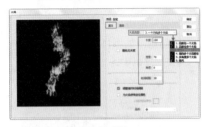

图 11-214

图 11-215

- **角度**：用于控制火焰的旋转角度。
- **时间间隔**：用于控制火焰之间的间隔。数值越大，火焰之间的距离越大。
- **为火焰使用自定颜色**：默认的火焰与真实火焰颜色非常接近，如果想要制作出其他颜色的火焰，可以勾选"为火焰使用自定颜色"选项，然后在下方设置火焰的颜色。

选择"高级"选项卡，可以对湍流、锯齿、不透明度、火焰线条（复杂性）、火焰底部对齐、火焰样式、火焰形状等参数进行设置，如图 11-216 所示。

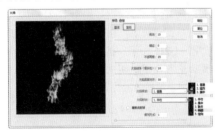

图 11-216

- **湍流**：用于设置火焰左右摇摆的动态效果。数值越大，波动越强。

- **锯齿**：设置较大的数值后，火焰边缘呈现出更加尖锐的效果。
- **不透明度**：用于设置火焰的透明效果。数值越小，火焰越透明。
- **火焰线条（复杂性）**：该选项用于设置构成火焰的火苗的复杂程度。数值越大，火苗越多，火焰效果越复杂。
- **火焰底部对齐**：用于设置构成每一簇火焰的火苗底部是否对齐。数值越小，对齐程度越高；数值越大，火苗底部越分散。

11.9.2　图片框

"图片框"滤镜可以在图像边缘处添加各种风格的花纹相框。使用方法非常简单，打开一张图片，如图 11-217 所示。新建图层，执行"滤镜→渲染→图片框"命令，在弹出的对话框的"图案"列表中选择一个合适的图案样式，接着可以在下方进行图案上的颜色以及细节参数的设置，如图 11-218 所示。设置完成后单击"确定"按钮，效果如图 11-219 所示。选择"高级"选项卡，还可以对图片框的其他参数进行设置，如图 11-220 所示。

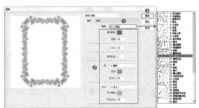

图 11-217　　　　　图 11-218

图 11-219　　　　　图 11-220

11.9.3　树

使用"树"滤镜可以轻松创建出多种类型的树。首先仍需要在画面中绘制一条路径，如图 11-221 所示。新建一个图层（在新建图层中操作，方便后期调整树的位置和形态），接着执行"滤镜→渲染→树"命令，在弹出的对话框中单击"基本树类型"列表，在其中可以选择一个合适的树型，接着可以在下方进行参数设置，参数设置效果非常直观，只需尝试调整并观察效果即可，如图 11-222 所示。调整完成后单击"确定"按钮，效果如图 11-223 所示。

图 11-221

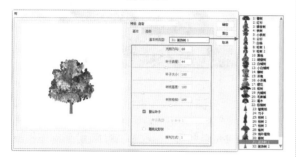

图 11-222

图 11-223

选择"高级"选项卡，还可以对"树"的其他参数进行设置，如图 11-224 所示。刚刚绘制的是一条直线路径，如果绘制的是带有弧度的路径，那么创建出的树也会带有弧度，如图 11-225 所示。

图 11-224　　　　图 11-225

11.9.4　分层云彩

"分层云彩"滤镜可以结合其他技术制作火焰、闪电等特效。该滤镜是通过将云彩数据与现有的像素以"差值"方式进行混合。打开一张图片，如图 11-226 所示。接着执行"滤镜→渲染→分层云彩"命令（该滤镜没有参数设置对话框），效果如图 11-227 所示。首次应用该滤镜时，图像的某些部分会被反相成云彩图案。

 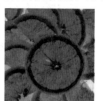

图 11-226　　　　图 11-227

11.9.5　光照效果

"光照效果"滤镜可以在二维的平面世界中添加灯光，并且通过参数的设置制作出不同效果的光照。除此之外，还可以使用灰度文件作为凹凸纹理图，制作出类似 3D 的效果。

步骤01 选择需要添加滤镜的图层，如图 11-228 所示。执行"滤镜→渲染→光照效果"命令打开"光照效果"对话框，默认情况下会显示一个"聚光灯"光源的控制框，如图 11-229 所示。

图 11-228

图 11-229

步骤 02 以这一盏灯的操作为例。按住鼠标左键拖动控制点可以更改光源的位置、形状，如图 11-230 所示。配合右侧的"属性"面板可以对光源的颜色、强度等选项进行调整，如图 11-231 所示。

图 11-230

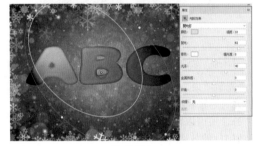

图 11-231

步骤 03 在选项栏中的"预设"下拉列表中包含多种预设的光照效果，如图 11-232 所示。选中某一项即可更改当前画面效果，图 11-233 所示为"蓝色全光源"画面效果。

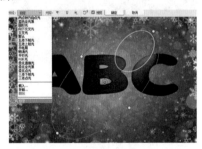

图 11-232

图 11-233

步骤 04 在选项栏中单击"光源"右侧的按钮即可快速在画面中添加光源，单击"重置当前光照" 按钮，即可对当前光源进行重置，图 11-234 ~ 图 11-236 所示分别为三种光源的对比效果。

图 11-234　　　　　　　图 11-235

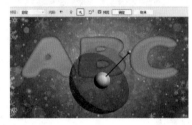

图 11-236

步骤 05 在"光源"面板（执行"窗口→光源"命令，打开"光源"面板）中可以看到当前场景中创建的光源。当然也可以利用"回收站"图标 删除不需要的光源，如图 11-237 所示。

图 11-237

重点 11.9.6　镜头光晕

"镜头光晕"滤镜常用于模拟由于光照射到相机镜头产生折射，在画面中出现眩光的效果。虽然在拍摄照片时经常需要避免这种眩光的出现，但是很多时候眩光的应用能使画面效果更加丰富。

打开一张图片，如图 11-238 所示。选择黑色的图层，执行"滤镜→渲染→镜头光晕"命令，接着会弹出"镜头光晕"对话框。在该对话框中可先在缩览图中拖动"十"字线的位置，即调整光源的位置。接着在对话框的下方调整光源的亮度、类型，如图 11-239 所示。设置完成后单击"确定"按钮确认操作。

图 11-238　　　　　　　　图 11-239

- 预览窗口：在该窗口中可以通过拖动"十"字线来调整光晕的位置。
- 亮度：用来控制镜头光晕的亮度，其取值范围为10%~300%。
- 镜头类型：用来选择镜头光晕的类型，包括"50-300毫米变焦""35毫米聚焦""105毫米聚焦"和"电影镜头"4种类型。

11.9.7　纤维

"纤维"滤镜可以在空白图层上根据前景色和背景色创建出纤维感的双色图案。首先设置合适的前景色与背景色，如图11-240所示。接着执行"滤镜→渲染→纤维"命令，在弹出的对话框中进行参数的设置，如图11-241所示，然后单击"确定"按钮。

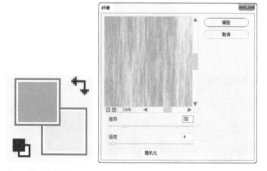

图 11-240　　　　　　　　图 11-241

- 差异：用来设置颜色变化的方式。较低的数值可以生成较长的颜色条纹；较高的数值可以生成较短且颜色分布变化较大的纤维。
- 强度：用来设置纤维外观的明显程度。数值越高，强度越强。
- 随机化：单击该按钮，可以随机生成新的纤维。

11.9.8　练一练：使用"云彩"滤镜

步骤 01　"云彩"滤镜常用于制作云彩、薄雾的效果。该滤镜可以根据前景色和背景色随机生成云彩图案。打开一张图片，新建一个图层。然后将前景色与背景色设置为黑与白（因为黑色部分可以通过图层的"滤色"混合模式去掉，而别的颜色不行），如图11-242所示。接着执行"滤镜→渲染→云彩"命令（该滤镜没有参数设置对话框），此时画面效果如图11-243所示。

图 11-242

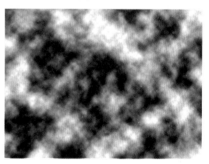

图 11-243

步骤 02　设置该图层的"混合模式"为"滤色"，此时画面中只保留了白色的"雾气"。为了让"雾气"更加自然，可以适当地降低"不透明度"，如图11-244所示。最后可以使用"橡皮擦工具"擦除挡住主体物的"雾气"，画面效果如图11-245所示。

图 11-244

图 11-245

11.10 "杂色"滤镜组

扫一扫 看视频

"杂色"滤镜组可以添加或移去图像中的杂色，这样有助于将选择的像素混合到周围的像素中。"杂色"又称"噪点"，一直都是大部分摄影爱好者最为头疼的元素。暗环境下拍照片，好好的照片放大仔细一看，全是细小的噪点，或者有时想要拍一张复古感的"年代照片"，却怎么也弄不出合适的杂点。这些问题都可以在"杂色"滤镜组中寻找答案。

"杂色"滤镜组包含 5 种滤镜："减少杂色""蒙尘与划痕""去斑""添加杂色""中间值"。"添加杂色"滤镜常用于在画面中添加杂点，如图 11-246 所示。

图 11-246

而另外 4 种滤镜都是用于降噪的，也就是去除画面中的杂点，效果如图 11-247 所示。

图 11-247

重点 11.10.1 练一练：使用"减少杂色"滤镜

"减少杂色"滤镜可以用于降噪和磨皮。该滤镜可以对整个图像进行统一参数设置，也可以对各个通道的降噪参数进行分别设置，尽可能多地在保留边缘的前提下减少图像中的杂色。

在打开的这张照片中，可以看到人物面部皮肤比较粗糙，如图 11-248 所示。

图 11-248

执行"滤镜→杂色→减少杂色"命令，打开"减少杂色"对话框。在"减少杂色"对话框中勾选"基本"选项，可以设置"减少杂色"滤镜的基本参数。接着进行参数的调整。调整完成后，通过预览图可以看到皮肤表面变得光滑了，如图 11-249 所示。

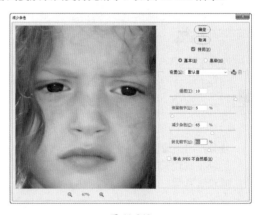

图 11-249

图 11-250 所示为对比效果。

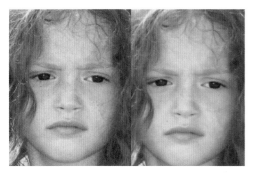

图 11-250

【重点】11.10.2 蒙尘与划痕

"蒙尘与划痕"滤镜常用于照片的降噪或"磨皮"（磨皮是指肌肤质感的修饰，使肌肤变得光滑柔和），也能够制作照片转手绘的效果。打开一张图片，如图 11-251 所示。接着执行"滤镜→杂色→蒙尘与划痕"命令，在弹出的对话框中进行参数的设置，如图 11-252 所示。随着参数的调整，我们会发现画面中的细节在不断减少，画面中大部分接近的颜色都被合并为一个颜色。设置完成后，单击"确定"按钮确认操作。通过这样的操作可以将噪点与周围正常的颜色融合以达到降噪的目的，也能够保留较少的照片细节，使其更接近绘画作品的目的。

图 11-251   图 11-252

- 半径：用来设置柔化图像边缘的范围。数值越大，模糊程度越大。
- 阈值：用来定义像素的差异有多大才被视为杂点。数值越高，消除杂点的能力越弱。

11.10.3 去斑

"去斑"滤镜可以检测图像的边缘（发生显著颜色变化的区域），并模糊那些边缘外的所有区域，同时会保留图像的细节。打开一张图片，如图 11-253 所示。接着执行"滤镜→杂色→去斑"命令（该滤镜没有参数设置对话框），此时画面效果如图 11-254 所示。此滤镜也常用于细节的去除和降噪操作。

图 11-253   图 11-254

【重点】11.10.4 添加杂色

"添加杂色"滤镜可以在图像中添加随机的单色或彩色的像素点。打开一张图片，如图 11-255 所示。接着执行"滤镜→杂色→添加杂色"命令，在弹出的"添加杂色"对话框中进行参数的设置，如图 11-256 所示。设置完成后，单击"确定"按钮确认操作。

图 11-255   图 11-256

"添加杂色"滤镜也可以用来修缮图像中经过重大编辑过的区域。图像在经过较大程度的变形或者绘制涂抹后，表面细节会缺失，使用"添加杂色"滤镜能够在一定程度上为该区域增添一些略有差异的像素点，以增强细节感。

- 数量：用来设置添加到图像中杂点的数量。
- 分布：选择"平均分布"选项，可以随机向图像中添加杂点，杂点效果比较柔和；选择"高斯分布"选项，杂点效果比较强烈。
- 单色：勾选该选项以后，杂点只影响原有像素的亮度，并且像素的颜色不会发生改变。

课后练习：使用"添加杂色"滤镜制作雪景

扫一扫 看视频

文件路径	第11章\课后练习：使用"添加杂色"滤镜制作雪景
难易指数	★★★★★
技术掌握	添加杂色滤镜
操作思路	（1）新建黑色图层，使用"添加杂色"滤镜进行单色杂点的添加。 （2）选取部分杂色图层，进行放大。 （3）对放大的杂色图层进行动感模糊处理。 （4）设置合适的混合模式，去除黑色部分，只保留雪花部分，效果如图11-257所示

图 11-257

11.10.5　中间值

　　"中间值"滤镜可以混合选区中像素的亮度来减少图像的杂色。打开一张图片，如图 11-258 所示。接着执行"滤镜→杂色→中间值"命令，在弹出的"中间值"对话框中进行参数的设置，如图 11-259 所示。设置完成后，单击"确定"按钮确认操作。该滤镜会搜索像素选区的半径范围以查找亮度相近的像素，并且会扔掉与相邻像素差异太大的像素，然后用搜索到的像素的中间亮度值来替换中心像素。

图 11-258　　　　　　　　图 11-259

　　半径：用于设置搜索像素选区的半径范围。

11.11　"其他"滤镜组

扫一扫 看视频

　　其他滤镜组中包含了 HSB/HSL、"高反差保留""位移""自定""最大值"与"最小值"滤镜。

11.11.1　HSB/HSL

　　色彩有三大属性，分别是色相、饱和度与明度。在计算机领域通常使用 RGB 颜色系统，在艺术创作中使用起来很不方便。使用 HSB/HSL 滤镜可以实现 RGB 到 HSL（色相、饱和度、明度）的相互转换，也可以实现从 RGB 到 HSB（色相、饱和度、亮度）的相互转换。

　　打开一张图片，如图 11-260 所示。接着执行"滤镜→其他→ HSB/HSL"命令，打开"HSB/HSL 参数"对话框，如图 11-261 所示。接着进行设置，然后单击"确定"按钮，画面效果如图 11-262 所示。

图 11-260　　　　　图 11-261　　　　　图 11-262

11.11.2　高反差保留

　　"高反差保留"滤镜可以在具有强烈颜色变化的地方按指定的半径来保留边缘细节，并且不显示图像的其余部分。打开一张图片，如图 11-263 所示。接着执行"滤镜→其他→高反差保留"命令，在弹出的"高反差保留"对话框中进行参数的设置，如图 11-264 所示。设置完成后单击"确定"按钮，效果如图 11-265 所示。

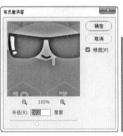

图 11-263　　　　　图 11-264　　　　　图 11-265

　　半径：用来设置滤镜分析处理图像像素的范围。数值越大，所保留的原始像素就越多；当数值为 0.1 像素时，仅保留图像边缘的像素。

11.11.3　位移

　　"位移"滤镜常用于制作无缝拼接的图案。该命令能够在水平或垂直方向上偏移图像。打开一张图片，如图11-266所示。接着执行"滤镜→其他→位移"命令，在弹出的"位移"对话框中进行设置，如图11-267所示。参数设置完成后，单击"确定"按钮，画面效果如图11-268所示。

- 水平：用来设置图像像素在水平方向上的偏移距离。数值为正值时，图像会向右偏移，同时左侧会出现空缺。
- 垂直：用来设置图像像素在垂直方向上的偏移距离。数值为正值时，图像会向下偏移，同时上方会出现空缺。

图 11-266　　　图 11-267　　　图 11-268

- 未定义区域：用来选择图像发生偏移后填充空白区域的方式。选择"设置为透明/背景"选项时，可以用透明/背景色填充空缺区域（当被选中的图层为普通图层时，此选项为"设置为透明"，当被选中的图层为背景图层时，此选项为"设置为背景"）；选择"重复边缘像素"选项时，可以在空缺区域填充扭曲边缘的像素颜色；选择"折回"选项时，可以在空缺区域填充溢出图像之外的图像内容。

11.11.4　自定

　　"自定"滤镜可以设计用户自己的滤镜效果。该滤镜可以根据预定义的"卷积"数学运算来更改图像中每个像素的亮度值，执行"滤镜→其他→自定"命令即可打开"自定"对话框，如图11-269所示。

图 11-269

11.11.5　最大值

　　"最大值"滤镜可以在指定的半径范围内，用周围像素的最高亮度值替换当前像素的亮度值。该滤镜对于修改蒙版非常有用。打开一张图片，如图11-270所示。接着执行"滤镜→其他→最大值"命令，打开"最大值"对话框，如图11-271所示。接着设置"半径"选项，该选项用来设置用周围像素的最高亮度值来替换当前像素的亮度值的范围。设置完成后，单击"确定"按钮，效果如图11-272所示。该滤镜具有阻塞功能，可以展开白色区域，而阻塞黑色区域。

图 11-270　　　图 11-275　　　图 11-272

11.11.6　最小值

　　"最小值"滤镜具有伸展功能，可以扩展黑色区域，而收缩白色区域。打开一张图片，如图11-273所示。执行"滤镜→其他→最小值"命令，打开"最小值"对话框，如图11-274所示。设置"半径"选项，该选项用来设置滤镜扩展黑色区域、收缩白色区域的范围。设置完成后，单击"确定"按钮，效果如图11-275所示。

图 11-273　　　图 11-274　　　图 11-275

综合实例：使用"彩色半调"滤镜制作音乐海报

文件路径	第11章\综合实例：使用"彩色半调"滤镜制作音乐海报
难易指数	★★★★★
技术掌握	彩色半调、黑白、阈值

案例效果

案例效果如图 11-276 所示。

扫一扫 看视频

图 11-276

操作步骤

步骤01 执行"文件→新建"命令，新建一个空白文档，如图 11-277 所示。执行"文件→置入嵌入对象"命令，置入素材 1.jpg，将置入对象调整到合适的大小、位置，然后按 Enter 键完成置入操作，接着将该图层栅格化，效果如图 11-278 所示。

图 11-277 　　　　　图 11-278

步骤02 单击工具箱中的"椭圆选框工具"，在人物头部按住 Shift 键绘制一个正圆选区，如图 11-279 所示。接着单击工具箱中的"多边形套索工具"，单击选项栏中的"从选区减去"按钮，然后在正圆左侧绘制一个图形，如图 11-280 所示。

图 11-279 　　　　　图 11-280

步骤03 得到一个不完整的圆形选区，然后使用快捷键 Ctrl+Shift+I 将选区反选，如图 11-281 所示。选择照片图层，然后按 Delete 键删除选区中的像素，如图 11-282 所示。

图 11-281 　　　　　图 11-282

步骤04 选中素材图层，执行"图像→调整→黑白"命令，在弹出的对话框中保持参数不变，单击"确定"按钮完成设置，如图 11-283 所示。将素材移动到合适位置，此时画面效果如图 11-284 所示。

图 11-283 　　　　　图 11-284

步骤05 选中素材图层，执行"像素化→彩色半调"命令，在弹出的对话框中设置"最大半径"为 8 像素，单击"确定"按钮完成设置，如图 11-285 所示。此时画面效果如图 11-286 所示。

图 11-285 　　　　　图 11-286

步骤06 单击工具箱中的"钢笔工具"按钮，在选项栏中设置绘制模式为"形状"，"填充"为中黄色，接着在画面上绘制一个半圆图形，如图 11-287 所示。在该图层上右击，执行"栅格化图层"命令。

图 11-287

步骤07▶选中绘制图形的图层，执行"像素化→彩色半调"命令，在弹出的对话框中设置"最大半径"为12像素，单击"确定"按钮完成设置，如图 11-288 所示。此时画面效果如图 11-289 所示。

图 11-288　　　　　　　　图 11-289

步骤08▶选中该图层设置"混合模式"为"正片底叠"，如图 11-290 所示。此时画面效果如图 11-291 所示。

图 11-290　　　　　　　　图 11-291

步骤09▶选中绘制图形的图层，执行"图层→新建调整图层→阈值"命令，在打开的"属性"面板中设置"阈值色阶"为128，单击"此调整剪切到此图层"按钮，如图 11-292 所示。此时画面效果如图 11-293 所示。

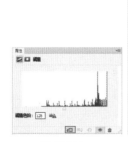 

图 11-292　　　　　　　　图 11-293

步骤10▶执行"图层→新建调整图层→渐变映射"命令，在打开的"属性"面板中，单击"渐变编辑器"，在弹出的对话框中设置一个黄色系渐变，单击"确定"按钮，完成设置。接着在"属性"面板中单击"此调整剪切到此图层"按钮，如图 11-294 所示。此时画面效果如图 11-295 所示。

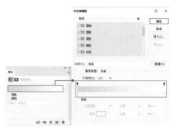 

图 11-294　　　　　　　　图 11-295

步骤11▶单击工具箱中的"钢笔工具"，在选项栏中设置绘制模式为"形状"，"填充"为无，"描边"为黑色，描边粗细为1像素，然后在画面中按住鼠标左键拖动绘制一段直线，如图 11-296 所示。

图 11-296

步骤12▶输入文字。单击工具箱中的"横排文字工具"按钮，在选项栏中设置合适的字体、字号，设置文字颜色为黑色，在画面上单击输入文字，如图 11-297 所示。继续输入文字，如图 11-298 所示。

图 11-297　　　　　　　　图 11-298

步骤13▶单击工具箱中的"椭圆工具"，在选项栏中设置绘制模式为"形状"，"填充"为黑色。然后在画面的左下角按住 Shift 键的同时按住鼠标左键拖动绘制一个正圆，如图 11-299 所示。接着再绘制一个正圆，如图 11-300 所示。

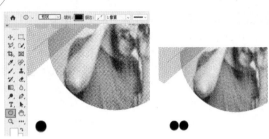

图 11-299　　　　　　　图 11-300

步骤 14 继续使用"横排文字工具"在画面的底部输入文字，如图 11-301 所示。接着参照文字的位置，使用"直线工具"绘制分割线，如图 11-302 所示。

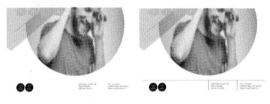

图 11-301　　　　　　　图 11-302

步骤 15 案例最终效果如图 11-303 所示。

图 11-303